新概念建筑结构设计丛书

建筑结构设计快速入门与提高

（第二版）

庄　伟　匡亚川　编著

U0250903

中国建筑工业出版社

图书在版编目（CIP）数据

建筑结构设计快速入门与提高/庄伟，匡亚川编著. —2版.
北京：中国建筑工业出版社，2018.7
（新概念建筑结构设计丛书）
ISBN 978-7-112-22006-9

Ⅰ.①建… Ⅱ.①庄…②匡… Ⅲ.①建筑结构-结构设计
Ⅳ.①TU318

中国版本图书馆 CIP 数据核字（2018）第 058391 号

作为"新概念建筑结构设计丛书"的第一本，《建筑结构设计快速入门与提高》（第一版）于 2013 年出版，旨在对结构设计入门者提供帮助和参考。作者多年来一直从事结构设计工作，有了更深的心得体会，第二版进行了更加详细且系统的总结。全书主要内容包括：绪论；结构设计本质的另一种阐述；让人头疼的超筋；受力状态；对铰接、固接及锚固的理解和分析；水平构件设计；竖向构件设计；上部结构其他构件设计；荷载；地下室设计；基础设计；软件的操作与应用；建筑识图；高层住宅剪力墙布置思路；剪力墙住宅标准化设计技术措施；结构专业施工图阶段重点问题审核；混凝土结构设计中的简化；建筑结构优化设计思维及实例。

本书可供建筑结构设计人员及高等院校相关专业学生参考使用。

责任编辑：郭 栋 辛海丽
责任校对：张 颖

新概念建筑结构设计丛书
建筑结构设计快速入门与提高（第二版）
庄 伟 匡亚川 编著

*

中国建筑工业出版社出版、发行（北京海淀三里河路 9 号）
各地新华书店、建筑书店经销
北京科地亚盟排版公司制版
北京富生印刷厂印刷

*

开本：787×1092 毫米 1/16 印张：19¼ 字数：465 千字
2018 年 6 月第二版 2018 年 6 月第三次印刷
定价：58.00 元
ISBN 978-7-112-22006-9
(31910)

前　言

　　本书解决的问题是让一个结构设计的入门者建立起基本的结构概念、学会基本的估算，学会上机操作，并能进行简单的分析判断，掌握设计中的一些基本要求和问题，按照这几个方面展开叙述。总的思路是把理论、规范、软件应用和工程实践有机结合起来，指导初学者尽快进入结构设计师的行列而不仅仅是一个学结构的学生或是没有概念的结构设计人员，懂怎么操作，更明白其中的道理和有关要求。

　　从不同的角度思考问题，往往有不同的启发。本书从变形与变形协调的角度阐述了结构设计的本质，于是问题变得更直观，通俗易懂。

　　全书由庄伟、匡亚川编写，书的编写过程中参考了大量的书籍、文献及所在公司的一些技术措施，并得到了戴夫聪、田伟、吴应昊、罗炳贵、吴建高、廖平平、刘栋、李清元、张露、余宽、黄子瑜、黄喜新、程良、姜亚鹏、陈荔枝、李刚、徐珂、唐习龙、鲁钟富、徐传亮、邓孝祥、曾宪芳、姜波、鞠小奇、李政、谢志成、莫志兵、张贤超、何义、刘远洋、李昌州、刘斌、段红蜜、黄静、汪亚、徐阳等人的帮助和鼓励，同行余宏、林求昌、刘强、谢杰光、彭汶、李子运、李佳瑶、姚松学、文艾、谢东江、郭枫、李伟、邱杰、杨志、苏霞、谭细生等参与了全书内容收集、编写及图片绘制，在此表示感谢。

　　由于作者理论水平和实践经验有限，书中难免存在不足甚至是谬误之处，恳请读者批评指正。

目　　录

1 绪论 ··· 1
1.1 中国建筑市场的发展前景与建筑发展趋势 ····································· 1
1.2 对结构设计的理解 ·· 3
1.3 对 PKPM 建模的理解 ·· 5
2 结构设计本质的另一种阐述 ··· 6
2.1 结构的布置要花最小的代价让变形合理 ··································· 6
2.1.1 剪力墙布置在结构外围 ··· 6
2.1.2 梁的布置应使力均匀分配 ··· 6
2.1.3 混凝土构件要从上到下贯通受压 ··································· 8
2.1.4 加大框架结构外围梁高 ··· 8
2.1.5 结构对称布置 ··· 8
2.1.6 设缝 ··· 8
2.1.7 加强层变形突变 ··· 9
2.1.8 在内力传递到结构基础之前，使内力形成自己平衡体系 ············· 9
2.2 对超筋的理解和分析 ·· 10
2.2.1 梁、墙超筋 ··· 10
2.2.2 结构扭转变形大引起超筋 ··· 11
2.2.3 竖向相对位过大引起超筋 ··· 11
2.3 控制大跨度结构的变形 ·· 11
2.3.1 预应力结构 ··· 11
2.3.2 空心楼盖 ··· 11
2.4 从变形的角度理解抗震计算方法与基础计算模型 ······················· 12
2.4.1 抗震计算模型 ··· 12
2.4.2 基础计算模型 ··· 12
2.5 小结 ·· 12
3 让人头疼的超筋 ··· 13
3.1 超筋的种类、查看方式及解决方法 ·· 13
3.1.1 超筋的种类 ··· 13
3.1.2 超筋的查看方式 ··· 13
3.1.3 超筋的解决方法 ··· 13
3.2 对"剪扭超筋"的认识及处理 ·· 14
3.2.1 "剪扭超筋"常出现的位置 ·· 14

    3.2.2 引起"剪扭超筋"的原因 ·· 14

    3.2.3 "剪扭超筋"的查看方式 ·· 15

    3.2.4 "剪扭超筋"的解决方法 ·· 15

    3.2.5 小结 ··· 16

  3.3 对"剪压比超筋"的处理 ·· 16

  3.4 对"配筋超筋、弯矩超筋"的认识及处理 ······················ 16

    3.4.1 "配筋超筋、弯矩超筋"常出现的位置 ······················ 16

    3.4.2 "配筋超筋、弯矩超筋"的查看方式 ·························· 16

    3.4.3 引起"配筋超筋、弯矩超筋"的原因 ························· 16

    3.4.4 "配筋超筋、弯矩超筋"的解决方法 ·························· 17

  3.5 对"抗剪超筋"的认识及处理 ·· 17

    3.5.1 "抗剪超筋"的查看方式 ·· 17

    3.5.2 "抗剪超筋"的解决方法 ·· 17

  3.6 对"结构布置引起的超筋"的认识及处理 ······················ 17

    3.6.1 "结构布置引起的超筋"的原因 ·································· 17

    3.6.2 "结构布置引起的超筋"的解决方法 ························· 17

  3.7 对"剪力墙中连梁超筋"的认识及处理 ··························· 17

    3.7.1 引起"剪力墙中连梁超筋"的原因 ···························· 17

    3.7.2 "剪力墙中连梁超筋"的解决方法 ···························· 18

  3.8 对"转换梁及转换层上一层剪力墙、连梁超筋"的认识及处理 ··· 18

    3.8.1 转换梁抗剪超筋 ·· 18

    3.8.2 转换梁上部的连梁抗剪超筋 ······································· 18

    3.8.3 转换梁上部的不落地剪力墙抗剪超筋 ······················ 18

4 受力状态 ·· 19

  4.1 抗剪原理及梁破坏形式 ·· 19

    4.1.1 对抗剪原理的理解 ·· 19

    4.1.2 对附加横向钢筋的认识及设计 ··································· 19

    4.1.3 梁正截面破坏与斜截面破坏 ······································· 20

  4.2 偏心受压 ··· 21

    4.2.1 理论分析 ··· 21

    4.2.2 设计中的偏心受力构件 ·· 22

5 对铰接、固接及锚固的理解和分析 ··· 23

  5.1 铰接、固接的理论分析 ·· 23

  5.2 设计时铰接、固接要注意的一些问题 ····························· 23

  5.3 设计时锚固要注意的一些问题 ··· 23

6 水平构件设计 ·· 25

  6.1 梁 ··· 25

    6.1.1 梁荷载估算 ·· 25

      6.1.2　梁截面 ··· 25

      6.1.3　梁配筋设计要点 ································· 26

      6.1.4　梁弯矩计算 ··· 29

      6.1.5　梁配筋估算公式 ································· 30

      6.1.6　梁设计时要注意的一些问题 ············· 30

      6.1.7　梁布置时应注意事项 ·························· 31

      6.1.8　剪力墙连梁设计 ································· 31

  6.2　板 ··· 35

      6.2.1　板荷载估算 ··· 35

      6.2.2　板截面 ··· 35

      6.2.3　板保护层厚度、强度等级的选取 ········· 36

      6.2.4　对板挠度与裂缝的认识及设计 ············· 37

      6.2.5　板支座方式的选取 ····························· 38

      6.2.6　楼板开洞时应注意的一些问题 ············· 39

      6.2.7　弹性与塑性分析方法 ·························· 40

      6.2.8　板配筋设计要点 ································· 40

      6.2.9　单向板设计 ··· 42

      6.2.10　楼板与梁有高差时的做法 ·················· 42

      6.2.11　板施工图 ··· 43

7　竖向构件设计 ·· 44

  7.1　柱 ··· 44

      7.1.1　柱荷载估算 ··· 44

      7.1.2　柱截面 ··· 44

      7.1.3　柱子轴压比的设计要点 ······················ 45

      7.1.4　柱子混凝土强度等级的选取 ············· 45

      7.1.5　柱子配筋设计要点 ····························· 46

      7.1.6　柱设计时要注意的一些问题 ············· 48

      7.1.7　柱施工图 ··· 48

  7.2　墙 ··· 49

      7.2.1　墙荷载估算 ··· 49

      7.2.2　墙截面及混凝土强度等级 ·················· 49

      7.2.3　墙轴压比的设计要点 ·························· 50

      7.2.4　剪力墙底部加强区高度的确定 ············· 51

      7.2.5　墙的分类 ··· 51

      7.2.6　对短肢剪力墙的认识及设计 ············· 51

      7.2.7　对暗柱、扶壁柱的认识及设计 ············· 53

      7.2.8　对约束边缘构件的认识及设计 ············· 53

      7.2.9　对构造边缘构件的认识及设计 ············· 55

  7.2.10 PKPM 程序操作 ·· 57

  7.2.11 剪力墙水平与竖向分布筋及拉接筋设计要点 ·········· 57

  7.2.12 对错层剪力墙结构的认识及设计 ······················· 60

  7.2.13 对大底盘多塔剪力墙结构的认识及设计 ·········· 61

  7.2.14 墙的布置方法 ·· 61

 7.3 某工程竖向构件结构布置要点 ·································· 62

 7.4 剪力墙设计、配筋及构造要求 ·································· 63

8 上部结构其他构件设计 ·· 64

 8.1 挑板、雨篷 ·· 64

  8.1.1 挑板 ··· 64

  8.1.2 雨篷 ··· 64

 8.2 窗、女儿墙及小塔楼 ·· 66

  8.2.1 转角窗 ·· 66

  8.2.2 飘窗 ··· 67

  8.2.3 女儿墙设计时要注意的一些问题 ······················· 68

  8.2.4 小塔楼设计时要注意的一些问题 ······················· 68

 8.3 楼梯、电梯 ·· 69

  8.3.1 楼梯 ··· 69

  8.3.2 电梯 ··· 72

9 荷载 ··· 74

 9.1 恒荷载 ··· 74

  9.1.1 楼面板 ·· 74

  9.1.2 屋面板 ·· 74

  9.1.3 卫生间板 ··· 74

  9.1.4 楼梯间 ·· 74

 9.2 活荷载 ··· 74

  9.2.1 规范规定 ··· 74

  9.2.2 经验 ··· 75

 9.3 线荷载 ··· 76

 9.4 施工和检修荷载及栏杆水平荷载 ······················ 76

 9.5 消防车荷载 ·· 76

 9.6 某高层剪力墙结构荷载取值 ······························· 78

  9.6.1 主要均布恒、活载 ···································· 78

  9.6.2 主要线荷载 ··· 79

  9.6.3 节点荷载 ··· 80

10 地下室设计 ··· 81

 10.1 荷载和地震作用 ·· 81

  10.1.1 竖向荷载 ··· 81

  10.1.2 水平荷载 ················ 81

  10.1.3 风荷载 ··················· 81

  10.1.4 地震作用 ················ 81

 10.2 荷载分项系数 ··················· 82

 10.3 地下室墙厚的确定 ··············· 82

 10.4 混凝土强度等级的选取 ··········· 82

 10.5 保护层厚度的选取 ··············· 82

 10.6 抗震等级的确定 ················ 83

 10.7 地下室外墙计算时要注意的一些问题 ···· 83

 10.8 程序操作 ····················· 83

 10.9 地下室配筋设计要点 ············· 85

  10.9.1 规范规定 ················ 85

  10.9.2 经验 ··················· 86

 10.10 地下室设计要点 ··············· 86

 10.11 地下室抗浮设计措施 ············ 87

 10.12 地下室设计时要注意的一些问题 ····· 88

 10.13 某工程地下室设计要点 ·········· 88

 10.14 地下室底板设计要点 ············ 89

11 基础设计 ······················ 90

 11.1 独立基础 ····················· 90

  11.1.1 适用条件 ················ 90

  11.1.2 荷载估算 ················ 90

  11.1.3 独立基础截面 ············ 90

  11.1.4 独立基础配筋设计要点 ····· 92

  11.1.5 PKPM 程序操作 ·········· 92

  11.1.6 拉梁设计 ················ 103

  11.1.7 独立基础大样图 ·········· 104

 11.2 条形基础 ····················· 105

  11.2.1 适用条件 ················ 105

  11.2.2 条形基础截面 ············ 105

  11.2.3 配筋 ··················· 106

  11.2.4 柱下混合条形基础 ········ 107

  11.2.5 条基大样 ················ 107

 11.3 筏板基础 ····················· 107

  11.3.1 适用条件 ················ 107

  11.3.2 荷载估算 ················ 108

  11.3.3 筏板基础板厚 ············ 108

  11.3.4 筏板基础分类 ············ 108

  11.3.5 地梁截面 ·· 108

  11.3.6 筏板基础配筋设计要点 ·· 109

  11.3.7 PKPM 程序操作 ·· 111

 11.4 桩基础 ··· 113

  11.4.1 适用条件 ··· 113

  11.4.2 桩基础分类 ·· 114

  11.4.3 桩基础设计步骤 ·· 115

  11.4.4 桩型确定方法 ··· 115

  11.4.5 桩身设计 ··· 116

  11.4.6 布桩方法 ··· 116

  11.4.7 承台设计 ··· 118

  11.4.8 桩基础设计时要注意的一些问题 ······························ 120

  11.4.9 PKPM 程序操作 ·· 121

  11.4.10 YJK 程序操作 ·· 122

  11.4.11 桩基础施工图 ··· 122

  11.4.12 某工程基础设计要点 ·· 123

12 软件的操作与应用 ··· 125

 12.1 SATWE 参数设置 ··· 125

 12.2 SATWE 计算结果分析与调整 ··· 156

  12.2.1 某工程模型调整思路 ·· 156

  12.2.2 剪重比 ··· 157

  12.2.3 周期比 ··· 160

  12.2.4 位移比 ··· 162

  12.2.5 弹性层间位移角 ·· 164

  12.2.6 轴压比 ··· 165

  12.2.7 楼层侧向刚度比 ·· 167

  12.2.8 刚重比 ··· 169

  12.2.9 受剪承载力比 ··· 170

  12.2.10 高层结构整体控制参数的关联性 ···························· 171

 12.3 结构计算步骤及控制点 ·· 171

 12.4 建模时应注意事项（以某高层剪力墙结构为例） ·················· 172

  12.4.1 模型建立 ··· 173

  12.4.2 模型前处理 ·· 173

13 建筑识图 ·· 175

 13.1 建筑功能识别 ·· 175

 13.2 建筑不规则与结构布置 ·· 182

14 高层住宅剪力墙布置思路 ·· 186

 14.1 理论知识 ·· 186

14.2 某高层住宅剪力墙布置思路 ··· 187

14.3 某高层住宅剪力墙布置（1） ··· 194

14.4 某高层住宅剪力墙布置（2） ··· 195

14.5 某高层住宅剪力墙布置（3） ··· 196

15 剪力墙住宅标准化设计技术措施 ··· 197

15.1 制图 ·· 197

15.2 技术措施 ··· 203

16 结构专业施工图阶段重点问题审核 ··· 232

16.1 独立基础 ··· 232

16.2 条形基础 ··· 233

16.3 墩基础 ·· 233

16.4 筏形基础 ··· 234

16.5 预应力管桩基础 ··· 235

16.6 灌注桩基础 ··· 236

16.7 总说明 ·· 237

16.8 地下室柱子配筋注意事项 ·· 237

16.9 地下室外墙注意事项 ··· 237

16.10 地下室底板注意事项 ··· 238

16.11 地下室底板梁注意事项 ·· 239

16.12 坡道注意事项 ·· 240

16.13 顶板模板及梁注意事项 ·· 240

16.14 人防构件设计注意事项 ·· 242

16.15 柱子配筋注意事项 ··· 242

16.16 墙以及墙梁注意事项 ··· 243

16.17 板注意事项 ·· 244

16.18 梁注意事项 ·· 244

16.19 楼梯注意事项 ·· 245

16.20 大样应注意事项 ·· 245

17 混凝土结构设计中的简化 ··· 246

17.1 结构设计之道 ·· 246

17.2 结构设计中的简化 ··· 246

17.2.1 标高的变化 ·· 246

17.2.2 结构或构件属性（长宽高）变化时要加强 ·················· 253

17.2.3 不连续的地方要加强 ·· 257

17.2.4 如何绘制大样 ·· 259

18 建筑结构优化设计思维及实例 ··· 262

18.1 建筑结构优化设计中的"加减分合"思维 ···························· 262

18.1.1 梁 ·· 262

　　　18.1.2　板 ··· 266

　　　18.1.3　墙 ··· 266

　　　18.1.4　柱 ··· 268

　　　18.1.5　基础 ··· 270

　　　18.1.6　其他 ··· 278

　18.2　项目1 ··· 281

　18.3　项目2 ··· 286

参考文献 ··· 295

1 绪 论

1.1 中国建筑市场的发展前景与建筑发展趋势

建筑业是国民经济的重要物质生产部门，它与整个国家经济的发展、人民生活的改善有着密切的关系。中国正处于经济建设快速发展时期，城市化、工业化与发达国家相比还有很大的差距，在今后很长的一段时间内，我国的基本建设、技术改造、房地产等固定资产投资规模都将保持在一个较高的水平。随着城市化进程的进一步加快，旧城改造、产业转移、西部大开发与中部的崛起，中国的建筑市场在今后几十年内都将有很大的发展空间。有国外分析师认为，未来几十年，中国城市化率将提高到76％以上，城市对整个国民经济的贡献率将达到95％以上。都市圈、城市群、城市带和中心城市的发展预示了中国城市化进程的高速起飞，也预示了建筑业更广阔的市场即将到来。

一些发达国家很早以前就开始提倡使用"绿色建筑"，通过采用新技术、新材料、新设备、新工艺、新方法，实行综合优化设计，探索实现可持续建筑之路，使建筑在满足功能需要时达到所消耗的资源、能源最少。而我国是一个人口多，但人均资源占有量很少的一个国家，在近些年，我国每年的建筑量世界排名第一，资源消耗总量增长迅速，所以在中国发展绿色建筑，是很有必要的。

随着经济的增长和社会的进步，人们会对自己的居住环境要求越来越高，未来的建筑会是什么样呢？浙江日报的一篇文章"未来建筑十大趋势"给了我们答案。

1. 全生态化

真正全生态绿色建筑。能在建筑的任意垂直表面种植各种植物，不管是屋顶或四个外墙立面，不管是多层、高层还是超高层建筑的任何高度和高空中都能够全面绿化。

2. 有家有园的生活

无论是高层还是超高层建筑，都将实现家家有绿地、户户有花园的居住理念。未来的建筑将通过主体建筑户型的周边外侧设置挑台式生态庭院，使家家户户在高空中都同时拥有绿地花园的美好生活。

3. 能够实现物质循环

植物、动物（人）、微生物通过高空中的生态庭院而形成一个物质循环，使建筑的绿化得以真正地实现。

4. 光合作用

利用空中生态庭院和植物的光合作用全面转化和利用太阳能，使太阳辐射对建筑的危害减少到最小，而通过植物光合作用和呼吸作用又能使建筑对太阳能的利用最大化，同时也使建筑达到冬暖夏凉且节能环保和健康居住的有益效果。

5. 高度智能化集成微灌

所有的绿色植物都将采用高度智能化的集成微灌技术，免除了人工施肥浇水的繁重劳作。

6. 菜篮子工程

除粮食、肉类等需要外界输入以外，其他大部分食用果蔬都可以从自家的绿地花园中随时获得，直接减少大笔的家庭支出，在吃得安全、放心和健康的同时降低生活成本。

7. 24h 热水系统

通过物质循环系统，可以从地下的消化池中直接获得沼能，通过锅炉燃烧供水，可获得 24h 热水供应，同时沼能还可用于发电或照明等其他用途。

8. 改善建筑的通风采光

在满足安全和节能规范要求的条件下，建筑外墙面的大部分都将采用宽大通透的中空落地玻璃，以最大限度地满足自然通风和采光的要求。

9. 跃层式设计

未来的建筑将向跃层式方向发展，使建筑空间更富人性化，也更符合植物生长空间的需求。

10. 低成本

将面向平民消费，平民的价格，使得家家都买得起、住得起这样高品质的生态住宅。

11. 装配式建筑

当今世界生产力快速发展的根本原因，无一例外是在于科学技术的日新月异。在被世界众多国家视为经济支柱的建筑业，科学技术的迅猛发展和不断创新极大地推动了建筑业的迅猛发展。随着建筑工业化的要求，世界发达国家都把建筑部件工厂化预制和装配化施工，作为建筑产业现代化的重要标志。发达国家早在 20 世纪四五十年代，首先对建筑墙体进行革新研究，由小块材料（烧结制品标准砖）向大块墙材转变，大块墙材向轻质板材和复合板材方向转变，即向装配式建筑墙体方向发展，随后对楼板、梁、柱由现浇向预制方向转变。经过半个多世纪的发展，各国已经基本形成了本国工业化建筑体系和与之配套的墙体材料的主导产品。日本在装配式建筑结构体系建筑方面研究工作比较先进，近年来建造了许多装配式结构体系建筑工程，它作为日本建筑业三大建筑体系（钢筋混凝土结构体系、钢结构体系和预制装配式结构体系）之一共同支撑着日本建筑市场，像英国、德国、美国等发达国家建筑工业化程度也很高，特别是瑞典建筑工业化程度在国内到达 80％以上，是世界上建筑工业化程度最高的国家。装配式建筑工业化是世界性的大潮流和大趋势，同时也是我国改革和发展的迫切要求。在我国建材工业和建筑业已成为国民经济的基础产业和支柱产业。"十二五"期间，我国各方面的改革进入深水区，建筑业也不例外，传统建筑方式人们开始逐渐发现已经不再完全符合时代的发展要求。对于日益发展的我国建筑市场，现浇结构体系所存在的弊端趋于明显化。面对这些问题，结合国外的建筑工业化成功经验，我国建筑行业必将掀起装配式建筑工业化的浪潮，使其发展进入一个崭新的时代，并将促进建筑领域生产方式的巨大变革。虽然在国内真正研究装配式建筑还处在起步阶段，装配式建筑技术也不太成熟，需要不断学习国外经验和不断改革创新。但是不少公司在这方面已经走在国内前列，公司内部已经有一套相对成熟的装配式建筑体系。

未来建筑发展的大趋势是以改善人类的居住品质，并以人、建筑与生态和谐共处为目的。它不仅适应于居住建筑，同时它也广泛适用于办公、商用、旅游和公共建筑等项目。

未来的建筑将不仅仅是低碳的理念，而是以固碳和循环碳的方式运行，除此之外的其他建筑都将被边缘化，逐渐退出现代建筑的舞台。

1.2　对结构设计的理解

结构设计由梁、板、柱、墙及类似梁、板、柱、墙的构件通过组合而成，在组合的过程中，有一个方案选型的过程，有一个构件截面渐变的过程。当不同构件之间组合搭接的过程中，大多的时候是有高差的，这个时候就需要通过变截面或者梁上立柱转换去完成高差的组合或大跨度转换，如图 1-1～图 1-4 所示。

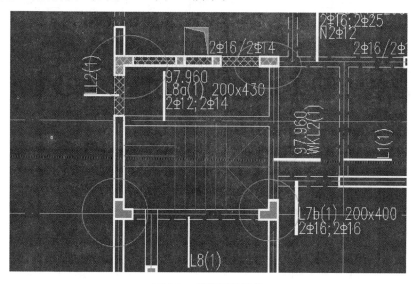

图 1-1　楼梯间的转换

注：不能做成异形柱时，可以做成 200mm×400mm 或 200mm×500mm 的柱子。异形柱，可以将翼缘长度做
　　成 400～500mm。

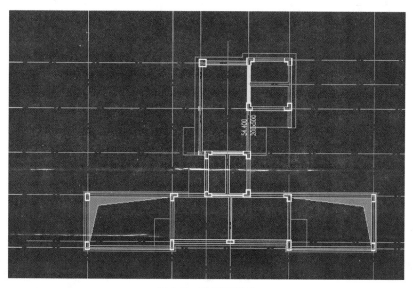

图 1-2　出屋面转换

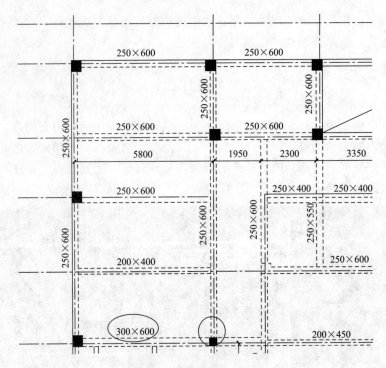

图 1-3　出屋面转换—结构

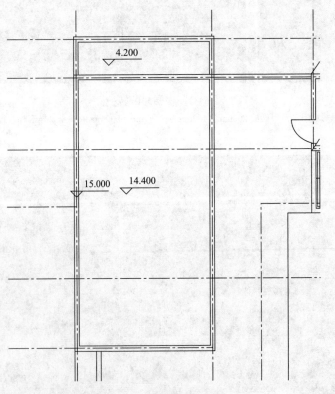

图 1-4　出屋面转换—建筑

注：因为屋面局部变高，高度有 2~3m，需要转换，由于跨度比较大，画圈中的柱子做成了 300mm×300mm，支撑该柱的梁宽也做成了 300mm。由于只有一层转换，不需要定义为转换梁，梁底筋放大 1.1~1.2 倍即可。

普通工程的结构设计调模型一般不难，但是施工图深度不同的设计院还是有差别的。制图标准怎么规定才好看，不连续的部位（边、角、不连续开洞、截面突变、异形部位等）要怎么去加强，配筋时如何去规避规范中的规定的陷阱，都是要依据公司具体的内部技术措施的。

结构设计的理论细节博大精深，要想弄得很清楚、很明白，实在没有必要（自己有兴趣可以多研究下，但别钻牛角尖），因为结构设计师主要是利用经验做生产，而不是搞科研，在一定程度上掌握好定性的调模型方案，能够准确地将软件参数填写正确，再根据修正模型与结构布置即可，去弄清楚软件计算过程中的黑夹子，一般是没有太多的必要的。

结构设计其实是不同构件之间的刚度协调或者刚度与外力协调的过程，但经验往往把这种协调的过程给规避或者简化了。很多人知道了经验，如果没有太多的工程实践，是很难感受到刚度协调的过程及力流变化的过程的。对于地基及基础这块，基床系数的填写是特别重要的。

1.3 对 PKPM 建模的理解

一个混凝土结构，从构件的角度来看，也就梁、板、柱、墙四种构件，或者类似于梁、板、柱、墙的四种构件。按照 PKPM 的布置方法原则（掌握构件布置时的偏心原则），用单击或者窗口的方式把构件布置上就行，再进行楼层组装，最后根据计算结果（轴压比、层间位移角、位移比）等进行模型的再次调整即可。

在 PKPM 中建模，一般问题不大，最重要的一点是正确导入轴网（或者只先导入 KL 之间的轴网，次梁的轴网在模型中后期补上）。

如何对构件进行经验取值呢？如果经验不足，可以先根据一个类似的项目参考下，先建一个标准层，然后用该标准层进行楼层组装，看看整体模型的各种指标怎么样。调好整体指标后，再进行其他标准层的细化。

就算在同一个标准层中，构件的个数也是比较多的，如何根据经验取值呢？其实对于一个常规的结构，很多东西都已经固定死了，比如对于一个建筑的边梁梁高，一般都是顶着窗户做的，除非结构梁高与建筑允许梁高差值在 200mm 以上。飘窗处的反梁梁高也一般是固定死了。楼板厚度一般都是 100mm，局部客厅，大跨度板、楼梯间、电梯井与洞口挨着的板做到 110mm、120mm、130mm 等，电梯机房底板一般做 150mm。对于常规剪力墙住宅，除了架空层，剪力墙厚度一般 200mm 即可，轴压比不满足时，往往调混凝土强度等级（不超过 C55 或 C50），实在没有办法了，再加大剪力墙宽度。内部剪力墙的厚度一般 1700mm 就够了（200mm 厚），除非梁跨度太大，有些剪力墙布置时挨在一起了就连起来，或者梁不好搭接时去利用剪力墙形成稳定的支座。首层架空层由于层高比较高，稳定性过不了时，往往加大剪力墙的厚度，一般 250~300mm 即可满足。对于柱子，一般受力不大或层数比较低时，400~500mm 的柱子可以解决大部分工程。对于一些酒店等，估算柱子的截面尺寸其实也很容易，第一是经验，第二可以把整个平面划分为三部分：第一部分是外围一圈，第二部分内部受力均匀的范围，第三部分是走廊一圈。就好比整个平面布置中才三个不同的截面。最后，再根据指标进行标准层的细化。

2 结构设计本质的另一种阐述

结构设计，可以看成是梁板柱墙或者类似于梁板柱墙构件的组合，在组合过程中形成了各种不规则：比如高差，平面形状不规则，板形状不规则，柱高度超高，梁板跨度很大，弧形梁、板开洞，结构布置影响建筑功能等。在协调的过程中，主要是不同构件之间刚度的一种平衡，或者力与刚度的平衡。在设计基础时，与土有了接触，多了弹簧刚度或者基床系数。

结构设计的本质是变形协调，控制好了变形亦做到了变形协调，变形协调主要是协调刚度之间的平衡，有时候也协调力与刚度的平衡。竖向位移、水平位移、转角都可看做是一种变形，抗震设计中的几种分析方法也与变形有关，人为规定"加速度变形"，再做一些简化，最后在规定的"变形"和简化的基础上求"速度变形"、"位移变形"和力。基础设计时，选取的地基计算模型也是一种变形。设计基础时，可以采用不同的地基计算模型取包络设计。下面，将从多个方面分析变形与变形协调。

2.1 结构的布置要花最小的代价让变形合理

2.1.1 剪力墙布置在结构外围

水平荷载作用在结构上时，$F_1 \cdot H = F_2 \cdot D$，抗倾覆力臂 D 越大，F_2 越小，于是竖向相对位移差越小；反之，如果竖向相对位移差越大，则可能会导致剪力墙或连梁超筋。剪力墙布置在外围，整个结构抗扭刚度很大；反之，如果不布置在外围且不均匀，则可能会导致位移比、周期比等不满足规范要求。如图 2-1 所示。

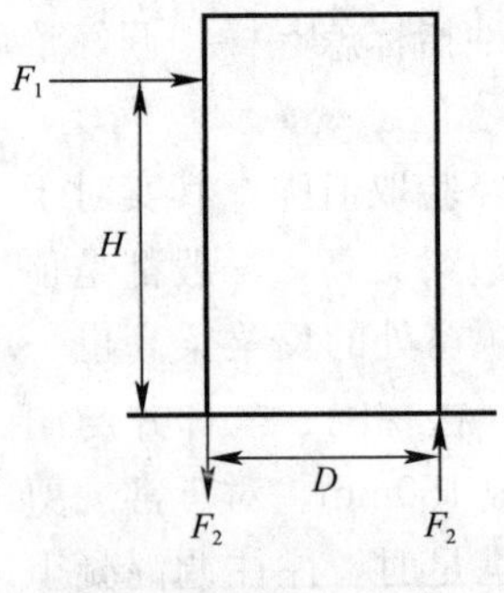

图 2-1 倾覆力矩由竖向支承力形成的力偶抵抗

2.1.2 梁的布置应使力均匀分配

梁的布置应使力合理分配，把力比较均匀地分配到每根梁上，"强者多劳"，控制好变形与变形协调。实际设计中，可以参考以下 5 点：

1. 在满足建筑的前提下，当柱网纵横方向的长跨与短跨之比≤1.2 时，梁要沿着跨数多的方向单向布置而不是双向布置，双向布置只是为了分流一部分力，在挠度不好控制时才考虑。单向布置传力途径短，比较经济，沿着跨数多的方向单向布置，传力途径短且变形小。某框架结构采用以上原则布置次梁，如图 2-2 所示。

2. 当柱网尺寸比较大，比如 8m×8m，荷载也比较大时（有覆土荷载），此时应沿着跨数多的方向布置两道或者多道次梁，使得梁、板楼盖体系刚度增大，竖向变形减小，如图 2-3 所示。

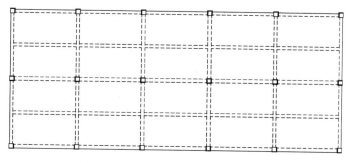

图 2-2　次梁的平面布置图（1）

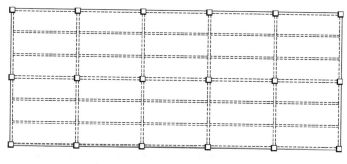

图 2-3　次梁的平面布置图（2）

3. 当支撑次梁的主梁刚度与强度不满足时，可在横向方向布置次梁，让变形更协调一些。如图 2-4 所示。

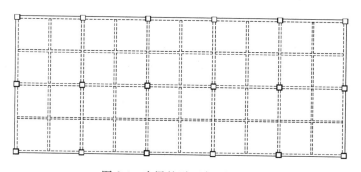

图 2-4　次梁的平面布置图（3）

4. 对于单块板，当开间为方形时，次梁的布置要均匀，使得变形更协调。若跨度不大（小于 6m）、荷载不大时，可以沿任意方向布置一道次梁；当跨度在 8m 左右、荷载不大时，可以布置十字梁；当跨度在 8m 左右、荷载比较大时（比如有覆土），可以布置井字梁；当跨度大于 8m、荷载比较大时，可以布置双向密肋梁，如图 2-5 所示。

5. 对于单块板，当柱网为矩形且荷载较大时，应遵循"强者多劳"这条原则，使次梁落在跨度小的主梁上，这样布置，则主梁受力更均匀。如图 2-6 所示，柱网尺寸 8m×6m，次梁按图 2-6（a）布置要比图 2-6（b）布置好。

当荷载不大时，主梁的刚度和强度易满足要求，次梁按右边的方法布置时，传力路径要比左边短，所以次梁按图 2-6（b）布置要比图 2-6（a）布置好。

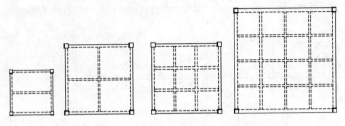

图 2-5 当开间为方形时次梁的平面布置图

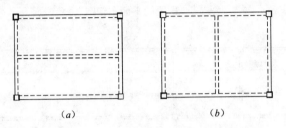

图 2-6 次梁的平面布置图（4）

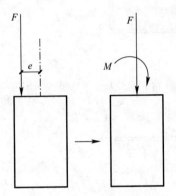

图 2-7 混凝土构件偏心
受压时的简化示意图

2.1.3 混凝土构件要从上到下贯通受压

混凝土受压时变形小，而受拉、受弯、受扭时变形大。偏心受压可简化为轴心受压加弯矩 M，多了一个弯曲变形，如图 2-7 所示，从上到下贯通受压，传力直接而且变形小。

2.1.4 加大框架结构外围梁高

框架结构中，加大外围框架的梁高，能增大整个结构的刚度。加大外围框架梁高，柱的反弯点下移，水平荷载作用在柱子时，柱子水平位移减小。当梁柱刚度比为 1：1 时，反弯点大约在柱高的 3/4 处。当柱底完全固接，梁的刚度能约束柱顶的全部转动时，柱的反弯点在 1/2 柱高处，如图 2-8 所示。

2.1.5 结构对称布置

结构对称布置时，质心与刚心偏心距小，于是在水平荷载作用时的扭转角 θ 小；反之，扭转角 θ 大，可能会导致超筋，位移比、周期比等不满足规范要求。如图 2-9 所示，当墙不对称布置时，结构的扭转角 θ_2 比对称布置时扭转角 θ_1 要大。

2.1.6 设缝

平面不规则处变形大，做到变形协调要

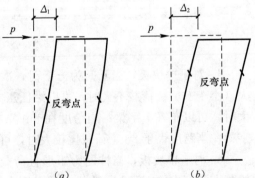

图 2-8 梁高不同时柱反弯点变化示意图
注：在工程设计中，外立面的梁高一般都是顶着窗户做的，很难加高。梁高加高一般只可能是在不影响建筑功能使用的前提下（只有窗户时），梁顶标高高于楼面。

花很大的代价，不如脱开来得经济；也可以采取"抗"的措施，比如加大柱截面、墙截面、梁截面，加强配筋等。

图 2-9　结构布置不同时的扭转变形示意

注：1. 当结构扭转变形比较大时，可加大扭转变形大那一侧梁的高度或宽度，那一侧墙、柱的截面，或适量减小扭转变形小那一侧梁的高度或宽度，那一侧墙、柱的截面，使得扭转变形变小，而且改变结构布置后，平面刚度应尽量均匀。
　　2. 一般核心筒处，电梯井、楼梯间处往往布置了比较多的剪力墙，往往在其相反的另一侧的左右两端布置长墙或者比较多的剪力墙，去协调刚度的均匀。

2.1.7　加强层变形突变

加强层变形曲线有突变，缓解的办法是减弱加强层或者逐步加强其下两层。图 2-10、图 2-11 分别是一带地下室的转换高层的"最大反应力曲线图"和"最大层间位移角曲线图"，转换层号是 4，可以看到曲线图在转换层有明显突变。

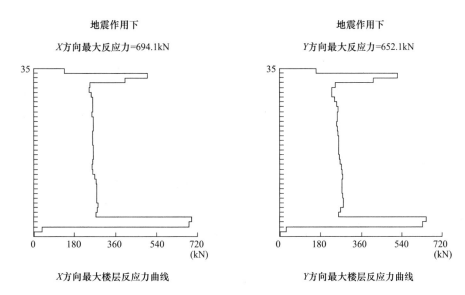

图 2-10　最大反应力曲线图

2.1.8　在内力传递到结构基础之前，使内力形成自己平衡体系

梁两端有悬挑梁（0.25～0.3）L 或悬挑板，新增悬挑杆件产生的内力能平衡一部分原构件中的内力，于是原构件跨中变形减小，如图 2-12 所示。

地震作用下

地震作用下

X方向最大层间位移角=1/1023

Y方向最大层间位移角=1/744

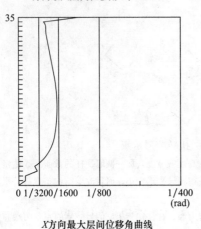

X方向最大层间位移角曲线

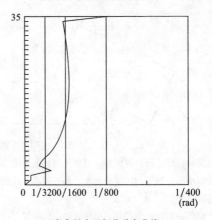

Y方向最大层间位移角曲线

图 2-11　最大层间位移角曲线图

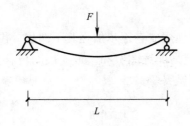

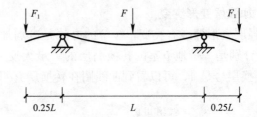

图 2-12　普通梁与带悬挑构件梁的变形示意图

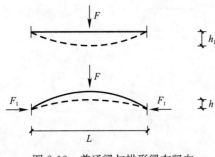

图 2-13　普通梁与拱形梁在竖向
荷载作用下的变形示意图

梁布置成拱形时会产生水平推力 F_1，F_1 会平衡一部分 F 在构件中产生的竖向变形，所以在外荷载作用时的竖向变形要比不布置成拱形时要小，如图 2-13 所示，虚线为变形后的形状。

混凝土梁在竖向荷载作用下跨中截面底部受拉，若提前施加预应力（使混凝土受压），当预应力梁受到竖向荷载作用时，能平衡一部分竖向荷载产生的拉应力，于是预应力梁跨中变形减小，刚度增大。

2.2　对超筋的理解和分析

超筋是因为结构或构件位移或相对位移大，位移有水平位移 Δ_1、竖向位移 Δ_2、转角 θ，下面将从以下几个方面谈谈超筋。

2.2.1　梁、墙超筋

当梁跨中竖向位移 Δ_2 大、梁扭转角 θ 大，墙偏心距 e 大时，构件弯矩 M 也大，导致超筋。变形大可能是构件本身刚度小，也可能是力大、变形不协调，如图 2-14 所示。

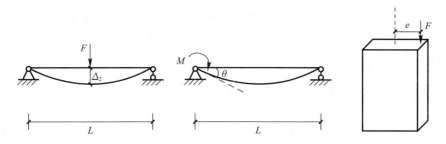

图 2-14 梁跨中竖向位移 Δ_2 大、梁扭转角 θ 大、墙偏心距 e 大时超筋示意图

2.2.2 结构扭转变形大引起超筋

当结构扭转变形大时，转角 θ 也大，于是弯矩 M 大，导致超筋，如图 2-15 所示。

2.2.3 竖向相对位过大引起超筋

在水平力作用时，$F_1 \cdot H = F_2 \cdot D$，$D$ 为抗倾覆力臂，当结构竖向相对位移 Δ_2 大时，剪力墙或连梁弯矩 M 也大，引起超筋，如图 2-16 所示。

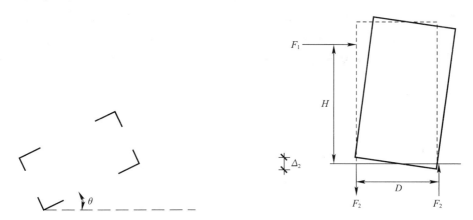

图 2-15 结构扭转变形过大引起超筋示意图   图 2-16 结构竖向相对位移 Δ_2 大引起超筋示意图

2.3 控制大跨度结构的变形

2.3.1 预应力结构

预应力结构的刚度是一个相对刚度，混凝土梁在竖向荷载作用时，跨中截面底部受拉，若提前施加预应力（使混凝土受压），当预应力梁受到竖向荷载作用时，能平衡一部分竖向荷载产生的拉应力，于是预应力梁跨中竖向位移 Δ_2 减小，刚度增大，能用在更大的跨度上。

2.3.2 空心楼盖

材料离中和轴越远，刚度越大。空心楼盖在自重增加不大的情况下，刚度增大很多，变形减小，所以能用在更大的跨度上。

2.4 从变形的角度理解抗震计算方法与基础计算模型

2.4.1 抗震计算模型

抗震设计中的几种分析方法可以看做是人为先规定"加速度变形"，再做一些简化，最后在规定的"变形"和简化的基础上求"速度变形"、"位移变形"和力。

时程分析与中震分析，这两种分析方法都是"小震弹性分析"的一种补充验算，时程函数、反应谱函数都是人为规定的一种"变形"，再在变形的基础上求力和位移。

2.4.2 基础计算模型

基础设计就是力作用在基础上，地基来承受，产生变形的过程。基础设计时选取的地基计算模型也是一种变形，设计基础时，可以采用不同的地基计算模型取包络设计。

2.5 小　结

要想成为一名优秀的结构工程师，应将规范上的一些条条框框变成自己的东西，要知其然也要知其所以然，并能理解做结构设计是一个相对、统一的过程。要想做设计时心中有底，就要知道有哪些力作用在结构或构件上、计算方法是什么、结构或构件的变形是怎样。碰到复杂的工程时，要从计算简化、程序计算和规范规定三方面着手。

3 让人头疼的超筋

超筋是因为结构或构件位移、相对位移大或变形不协调等。位移有水平位移 Δ_1，竖向位移 Δ_2，转角 θ。新手刚接触结构设计时，一看到软件计算结果显示红颜色往往就不知所措，下面将从多个方面详细讲解超筋。

3.1 超筋的种类、查看方式及解决方法

3.1.1 超筋的种类

超筋大致可以分为七种情况：（1）弯矩超（如梁的弯矩设计值大于梁的极限承载弯矩）；（2）剪扭超；（3）扭超；（4）剪超；（5）配筋超（梁端钢筋配筋率 $\rho \geqslant 2.5\%$）；（6）混凝土受压区高度 ζ 不满足；（7）在水平风荷载或地震作用时由扭转变形或竖向相对位移引起的超筋。

3.1.2 超筋的查看方式

超筋可以点击【SATWE/分析结构图形和文本显示】→【图形文件输出/混凝土构件配筋及钢构件验算简图】查看，会看到椭圆框内的数字显示红色，如图 3-1 所示。

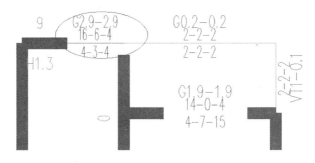

图 3-1 梁超筋示意图

3.1.3 超筋的解决方法

1. 抗

加大构件的截面，于是截面刚度增大。一般在建筑对梁高要求严格的地方只加大梁宽，其他地方可以加大梁高，也可以提高混凝土强度等级。比如，电梯核心筒处的梁经常超筋，可以加宽梁宽。还有，对于悬挑跨度比较大的结构，比如酒店，往往悬挑部位会抗弯超筋，这时可以把该梁截面加宽，比如做到 $300 \sim 350$mm 宽。

对于某些结构，当梁抗弯超筋时，如果该跨整条都是填充墙，可以单独将该梁做得比较高，去解决抗弯超筋的问题。

2. 放

点铰，以梁端开裂为代价，如果超筋的梁根数不多，在将梁加宽还失效的前提下，一般都点铰接。

点铰把梁端弯矩调幅到跨中并释放扭矩，强行点铰不符合实际情况，不安全。点铰一般会减少一定的刚度，让最大层间位移角有一定的增大。

3. 调

通过调整结构布置来改变输入力流的方向，使力流避开超筋处的构件，将部分力流引到其他构件。比如，电梯核心筒处的梁经常超筋，可以多增加1～2根梁来分担一些。也可以去掉超筋的梁，采用150mm及以上的厚板，然后在分担力不大的地方设梁与核心筒，与周围的构件连接起来。

现在设计院内部也有一些人对于少数超筋不能有效解决时，喜欢玩数字游戏，人为地减小刚度增大系数或连梁刚度折减系数，让梁分担的力减小，力不沿着刚度大的地方传递而去传递给柱子或者剪力墙。一般不建议采用此方法。

3.2 对"剪扭超筋"的认识及处理

3.2.1 "剪扭超筋"常出现的位置

当次梁距主梁支座很近或主梁两边次梁错开（距离很小）与主梁相连时，容易引起剪扭超筋。

3.2.2 引起"剪扭超筋"的原因

"剪扭超筋"一般是扭矩、剪力比较大。《混凝土结构设计规范》GB 50010—2010 第6.4.1条（以下简称《混规》）做了如下规定：在弯矩、剪力和扭矩共同作用下，h_w/b 不大于 6 的矩形、T 形、I 形截面和 h_w/t_w 不大于 6 的箱形截面构件（图 6.4.1），其截面应符合下列条件：

当 h_w/b（或 h_w/t_w）不大于 4 时

$$\frac{Y}{bh_0} + \frac{T}{0.8W_t} \leqslant 0.25\beta_c f_c \qquad (3-1)$$

当 h_w/b（或 h_w/t_w）等于 4 时

$$\frac{Y}{bh_0} + \frac{T}{0.8W_t} \leqslant 0.2\beta_c f_c \qquad (3-2)$$

当 h_w/b（或 h_w/t_w）大于 4 但小于 6 时，按线性内插法确定。

式中　T——扭矩设计值；

　　　　b——矩形截面的宽度，T 形或 I 形截面取腹板宽度，箱形截面取两侧壁总厚度 $2t_w$；

　　　W_t——受扭构件的截面受扭塑性抵抗矩，按本规范第 6.4.3 条的规定计算；

　　　h_w——截面的腹板高度：对矩形截面，取有效高度 h_0；对 T 形截面，取有效高度减去翼缘高度；对 I 形和箱形截面，取腹板净高；

　　　t_w——箱形截面壁厚，其值不应小于 $b_h/7$，此处，b_h 为箱形截面的宽度。

注：当 h_w/b 大于 6 或 h_w/t_w 大于 6 时，受扭构件的截面尺寸要求及扭曲截面承载力计算应符合专门规定。

3.2.3 "剪扭超筋"的查看方式

"剪扭超筋"可以点击【SATWE/分析结构图形和文本显示】→【图形文件输出/混凝土构件配筋及钢构件验算简图】查看，会看到椭圆框内的数字显示红色，且 VT 旁的数字比较大，如图 3-2 所示。

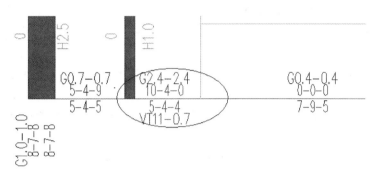

图 3-2 "剪扭超筋"示意图

3.2.4 "剪扭超筋"的解决方法

1. 抗

加大主梁的截面，提高其抗扭刚度，也可以提高主梁混凝土强度等级。

2. 调

加大次梁截面，提高次梁抗弯刚度，这时主次梁节点更趋近于铰接，次梁梁端弯矩变小，于是传给主梁的扭矩减小。从原理上讲，将主梁截面变小，同时又增加次梁抗弯刚度，会更接近铰，但是从概念上讲，减小主梁的截面未必可取，因为减小主梁截面的同时，抗扭能力也变差了。实际设计中，往往这两种思路结合，在增加次梁抗弯刚度的同时，适量增加主梁的抗扭刚度，主梁高度可增加 50～100mm，但增加次梁的抗弯刚度更有效。

3. 点铰

以开裂为代价，而且一般不把在同一直线上共用一个节点的 2 根次梁都点铰。但在设计时，有时点铰无法避免，此时次梁面筋要构造设置，支座钢筋不能小于底筋的 1/4，次梁端部要箍筋加密，以抵抗次梁开裂后，斜裂缝间混凝土斜压力在次梁纵筋上的挤压，主梁腰筋可放大 20%～50%，并按抗扭设计，主梁箍筋直径放大一级或将主梁箍筋适量加密。

4. PKPM 程序处理

考虑楼板约束的有利作用，次梁所引起的弯矩有很大一些部分由楼板来承受。一般考虑楼板对主梁的约束作用后，梁的抗扭刚度加大，但程序没有考虑这些有利因素，于是梁扭矩要乘以一个折减系数。折减系数一般在 0.4～1.0，刚性楼板可以填 0.4，弹性楼板填1.0。若有的梁需要折减，有的梁不需要折减时，可以分别设定梁的扭矩折减系数计算两次。雨篷、弧梁等构件由于楼板对其约束作用较弱，一般不考虑梁扭矩折减系数。

5. 改变结构布置。

当梁两边板荷载差异大时，可加小次梁分隔受荷面积，减小梁受到的扭矩。也可以用宽扁梁，比如截面为 300mm×1000mm 的宽扁梁，使得次梁落在宽扁梁上，但尽量不要这样布置，影响建筑美观。

3.2.5 小结

在设计时，先考虑 PKPM 中的扭矩折减系数；如果还超筋，采用上面的抗、调两种方法，或者调整结构布置，最后才选择点铰。

当次梁离框架柱比较近时，其他办法有时候很难满足，因为主梁受到的剪力大、扭矩大，此时点铰接更简单。

无论采用哪种方法，次梁面筋要按构造设置，支座钢筋不能小于底筋的 1/4，次梁端部要箍筋加密，以抵抗次梁开裂后斜裂缝间混凝土斜压力在次梁纵筋上的挤压，主梁腰筋可放大 20%～50%，并按抗扭设计，主梁箍筋直径放大一级或把主梁箍筋适量加密。

3.3　对"剪压比超筋"的处理

当剪压比超限时，可以加大截面或提高混凝土强度等级（一般不改变混凝土强度等级，因为为了某一根或者几根梁去改变混凝土强度等级，施工也不方便）。

3.4　对"配筋超筋、弯矩超筋"的认识及处理

3.4.1 "配筋超筋、弯矩超筋"常出现的位置

常出现在两柱之间的框架梁上。

3.4.2 "配筋超筋、弯矩超筋"的查看方式

"配筋超筋、弯矩超筋"可以点击【SATWE/分析结构图形和文本显示】→【图形文件输出/混凝土构件配筋及钢构件验算简图】查看，会看到椭圆框内的数字显红色，且跨中或梁端 M 显示红色数字 1000，如图 3-3 所示。

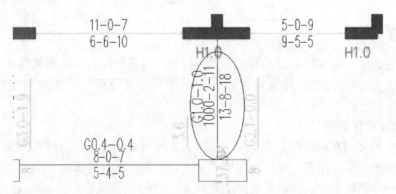

图 3-3　"配筋超筋、弯矩超筋"示意图

3.4.3 引起"配筋超筋、弯矩超筋"的原因

荷载大、梁截面小或跨度大。

3.4.4 "配筋超筋、弯矩超筋"的解决方法

1. 加大截面，一般加梁高。梁的抗弯刚度 EI 中 $I=bh^3/12$，加梁高后梁端弯矩 M 比加梁宽后梁端弯矩 M 更小。有些地方梁高受限时，只能加大梁宽。
2. 把一些梁不搭在超筋的框架梁上，减小梁上的荷载。
3. 加柱，减小梁的跨度，但一般不用。

注：如果有几个标准层同一位置都要采取相同的操作，可以点击【层编辑/层间编辑】来完成操作。

3.5 对"抗剪超筋"的认识及处理

3.5.1 "抗剪超筋"的查看方式

"抗剪超筋"可以点击【SATWE/分析结构图形和文本显示】→【图形文件输出/混凝土构件配筋及钢构件验算简图】查看，会看到椭圆框内的数字显红色，且 G 旁边的数字很大，如图 3-4 所示。

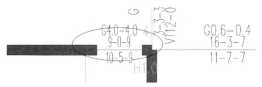

3.5.2 "抗剪超筋"的解决方法

一般选择加大梁宽。加大梁宽而不加大梁高，是因为加梁宽可增加箍筋肢数，可利用箍筋抗剪。

图 3-4 "抗剪超筋"示意图

3.6 对"结构布置引起的超筋"的认识及处理

3.6.1 "结构布置引起的超筋"的原因

1. 当结构扭转变形大时，转角 θ 也大，于是弯矩 M 大，导致超筋，如图 3-5 所示。
2. 结构竖向相对位移 Δ_2 大，于是剪力墙或连梁弯矩 M 大，导致超筋。在水平力作用下，$F_1 \cdot H = F_2 \cdot D$，$D$ 为抗倾覆力臂。如图 2-16 所示。

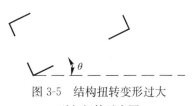

3.6.2 "结构布置引起的超筋"的解决方法

首先找到超筋的位置，再调整结构布置，加大结构外围刚度，减小结构内部刚度，让结构的刚度在 x 方向与 y 方向调整的比较均匀一致，减小结构扭转变形。

图 3-5 结构扭转变形过大引起超筋示意图

3.7 对"剪力墙中连梁超筋"的认识及处理

3.7.1 引起"剪力墙中连梁超筋"的原因

剪力墙在水平力作用下会发生错动，墙稍有变形的情况下，连梁端部会产生转角，连梁会承担极大的弯矩和剪力，从而引起超筋。

3.7.2 "剪力墙中连梁超筋"的解决方法

1. 降低连梁刚度，减少地震作用

（1）减小梁高，以柔克刚。如果仍然超筋，说明该连梁两侧的墙肢过强或者是吸收的地震作用过大，此时，想通过调整截面使计算结果不超筋是困难且没必要的。

（2）容许连梁开裂，对连梁进行刚度折减。《建筑抗震设计规范》GB 50011—2010 第6.2.13-2 条（以下简称《抗规》）规定：抗震墙连梁的刚度可折减，折减系数不宜小于0.50。

（3）把洞口加宽，增加梁长，把连梁跨高比控制在 2.5 以上，因为跨高比≥2.5时，抗剪承载能力比跨高比<2.5时大很多。梁长增加后，刚度变小，地震作用时连梁的内力也减小了。

（4）采用双连梁。假设连梁截面为 200mm×1000mm，可以在梁高中间位置设一道50mm 的缝，设缝能有效降低连梁抗弯刚度，减小地震作用。双连梁的建模，可以先按照洞口的方式建立连梁，然后在盈建科中点击：特殊构件-特殊墙-连梁分缝，程序会按照一定的计算原则对刚度进行折减。

2. 提高连梁抗剪承载力

增加连梁的截面宽度，增加连梁的截面宽度后抗剪承载力的提高大于地震作用的增加，而增加梁高后地震作用的增加会大于抗剪承载力的提高。一般不提高混凝土的强度等级，因为施工不方便。

3.8　对"转换梁及转换层上一层剪力墙、连梁超筋"的认识及处理

3.8.1　转换梁抗剪超筋

1. 超筋原因

外部原因：荷载太大，竖向荷载、地震荷载引起梁斜截面抗剪超筋、结构刚度局部偏小。

内部原因：壳单元与杆单元的位移协调带来应力集中、单元相对很短，造成刚度偏大，内力较大、单元划分不合理。

2. 解决方法

用多个不同模型的软件复核，如 PMSAP、FEQ 等。或加截面，提高强度等。

3.8.2　转换梁上部的连梁抗剪超筋

连梁的两端受下部轴向刚度的不均匀性，在竖向荷载作用下，两端产生较大的竖向位移差，从而造成连梁抗剪超筋，在文本文件输出，超配筋信息里，抗剪超筋可以查看到。

3.8.3　转换梁上部的不落地剪力墙抗剪超筋

恒载作用下，墙两端产生较大的竖向位移差。加大转换梁截面效果不大，主要是调整墙的布置，减小墙两端产生的竖向相对位移差。如果要加大转换梁截面，最好加宽度，因为加大梁高后，地震作用的增加会大于抗剪承载力的提高。

4 受力状态

4.1 抗剪原理及梁破坏形式

4.1.1 对抗剪原理的理解

1. 中和轴处正应力 σ 为 0，离中和轴越远，正应力越大，正应力与弯矩 M 有关。当梁受弯时，截一个横截面，对称位置处的正拉应力和正压应力是相等的，有拉应力就有压应力。剪应力 τ 则恰好相反，在中和轴处最大；离中和轴越远，剪应力越小，剪应力与截面剪力和 S_z^* （横截面面积）有关。

2. 正拉应力和剪应力合成主拉应力，裂缝主要由主拉应力引起。梁两端支座若为固接，在竖向均布荷载作用时截取跨中截面，在跨中横截面底部取一小块 A，A 只受正拉应力，没有剪应力，于是主拉应力大小和方向与正拉应力相同，A 处实际上是底部纵筋在抵抗垂直裂缝，箍筋由于与梁轴线成 $90°$ 布置，在该位置对抵抗裂缝作用不大。再在梁端截取一截面，在梁端横截面顶部取一小块 B，B 处有正拉应力和剪应力，正拉应力和剪应力合成主拉应力。以上分析如图 4-1 所示。

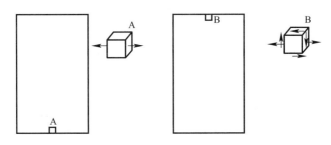

图 4-1 梁跨中与梁端应力分析

3. 箍筋能有效地提高梁的斜截面受剪承载力，箍筋最有效的布置方式是与梁腹中的主拉应力方向一致，但为了施工方便，一般与梁轴线成 $90°$。

4.1.2 对附加横向钢筋的认识及设计

1. 设置附加横向钢筋的原因

在主次梁相交处，次梁在负弯矩作用下可能产生裂缝，次梁传来的集中力通过次梁受压区的剪切作用传至主梁的中下部，这种作用在集中荷载作用点两侧各 $0.5\sim0.65$ 倍次梁高范围内，可能引起主拉应力破坏而产生斜裂缝。为防止集中荷载作用影响区下部混凝土脱落并导致主梁斜截面抗剪能力降低，应在集中荷载影响范围内加"附加横向钢筋"。

2. 附加箍筋设计时要注意的一些问题

附加箍筋设置的长度为 $2h_1+3b$ （b 为次梁宽度，h_1 为主次梁高差），一般是主梁左右两边各 3～5 根箍筋，间距 50mm，直径可与主梁相同。当次梁宽度比较大时，附加箍筋间距可以减小些，次梁与主梁高差相差不大时，附加箍筋间距可以加大些。

设计时一般首选设置附加箍筋，而且不管抗剪是否满足，都要设置。当设置附加横向钢筋后仍不满足时，设置吊筋。

3. 吊筋

（1）吊筋设计时要注意的一些问题

吊筋长度＝2×锚固长度＋2×斜段长度＋次梁宽度＋2×50mm，当梁高≤800mm 时，斜长的起弯角度为 45°；梁高＞800mm 时，斜长的起弯角度为 60°。吊筋至少设置两根，最小直径为 12mm，不然钢筋太柔。吊筋要到主梁底部，因为次梁传来的集中荷载有可能使主梁下部混凝土产生八字形斜裂缝。

挑梁与墙交接处，较大集中力作用位置一般都要设置吊筋，但当次梁传来的荷载较小或集中力较小时，可只设附加箍筋。

当深梁全跨沿下边缘作用有均布荷载时，应沿梁全跨均匀布置附加竖向吊筋，吊筋间距不宜大于 200mm。当有两个沿长度方向相交距离较小的集中荷载作用于梁高范围内时，可能形成一个总的拉脱效应和一个总的拉脱破坏面，偏安全的做法是在不减少两个集中荷载之间应配置附加横向钢筋数量的同时，分别适当增大两个集中荷载作用点以外的附加横向钢筋数量。

有些情况不需要设置吊筋，比如集中荷载作用在主梁高度范围以外，梁上托柱就属于此种情况，次梁与次梁相交处一般不用设置吊筋。

（2）公式

$$A_{sv} \geqslant \frac{F}{f_{yv}\sin\alpha} \qquad (4\text{-}1)$$

式中　A_{sv}——附加横向钢筋的面积；

F——集中力设计值；

f_{yv}——附加横向钢筋强度设计值；

$\sin\alpha$——附加横向钢筋与水平方向的夹角。当设置附加箍筋时，$\alpha=90°$；设置吊筋时，$\alpha=45°$或 60°。

（3）F 的取值

在梁平法施工图中有"箍筋开关""吊筋开关"，可以查询集中力设计值。也可以在 SATWE 中查看梁设计内力包络图，注意两侧的剪力相加才是总剪力。

4.1.3　梁正截面破坏与斜截面破坏

1. 正截面破坏

1）超筋梁破坏：构件受压区混凝土被压碎，受拉区纵向受力钢筋不屈服。

2）适筋梁破坏：构件受压区混凝土被压碎，受拉区纵向受力钢筋屈服。

3）少筋梁破坏：构件承载力很低，一开裂则裂缝急速开展，裂缝处的拉力全部由钢筋承担，钢筋由于应力突然增大而屈服。

2. 斜截面破坏

1）斜拉破坏：斜拉破坏主要发生在剪跨比 λ 比较大（λ＞3）的无腹筋梁或腹筋配置

过少的有腹筋梁中。其特点是斜裂缝一旦出现，便迅速向集中荷载作用点延伸并很快形成临界斜裂缝，梁随即破坏。

2）剪压破坏：剪压破坏多发生在剪跨比 λ 适中（1.5＜λ≤3）时的无腹筋梁或腹筋配置适中的有腹筋梁中。其特征是当加载到一定阶段时，斜裂缝中的某一条发展成为临界斜裂缝，临界斜裂缝向荷载作用点缓慢发展，剪压区高度逐渐减小，最后剪压区混凝土被压碎，梁丧失承载能力。

3）斜压破坏：斜压破坏一般多发生在剪力较大、弯矩较小，即剪跨比 λ 较小（λ＜1）的情况，但腹筋配置过多以及梁的腹板很薄的薄腹板梁中也会发生斜压破坏。其破坏过程是：首先，在荷载作用点与支座间梁的腹部出现若干条平行的斜裂缝，随着荷载的增加，梁腹被这些斜裂缝分割为若干斜向"短柱"；最后，因柱体混凝土被压碎而破坏。

4.2 偏心受压

当结构构件的截面上受到轴力和弯矩的共同作用或受到偏心力的作用时，该结构构件称为偏心受力构件。当偏心力为压力时，称为偏心受压构件。偏心受压构件很常见，因此很有必要学习下这方面的知识。

4.2.1 理论分析

偏心受压构件的受力性能和破坏形态介于轴心受压构件和受弯构件之间。

1. 大偏心受压（受拉破坏）

（1）形成这种破坏的条件：偏心距 e_0 较大，而且受拉侧纵向钢筋配筋率不高。

（2）破坏过程：首先截面受拉侧混凝土较早出现裂缝，A_s 的应力随荷载增加发展较快，首先达到屈服。此后，裂缝迅速开展，受压区高度减小。最够受压侧钢筋 A'_s，受压屈服，受压区混凝土压碎而得到破坏。

这种破坏具有明显的预兆，变形能力较大，破坏特征与配有受压钢筋的适筋梁相似，承载力主要取决于受拉侧钢筋，如图 4-2 所示。

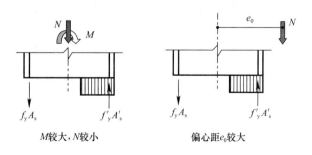

M较大，N较小　　　　　偏心距e_0较大

图 4-2　大偏心受压受力分析图

2. 小偏心受压（受压破坏）

（1）形成这种破坏的条件：轴向力 N 的偏心距 e_0 较小，或当偏心距较大但纵筋配筋率很高，如图 4-3 所示。

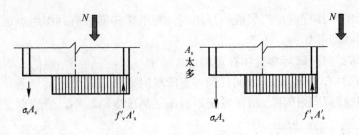

图 4-3　小偏心受压受力分析图

（2）破坏过程

受压区混凝土到达其抗压强度，距轴力较远一侧的钢筋，无论受拉还是受压，一般均未达到屈服。

梁承载力主要取决于受压区混凝土和受拉侧钢筋，破坏时受压区高度较大，受拉区钢筋未屈服，有脆性破坏的危险。

4.2.2　设计中的偏心受力构件

框架柱、梯柱、剪力墙等在竖向力作用时一般都是偏心受压，如图 4-4 所示。

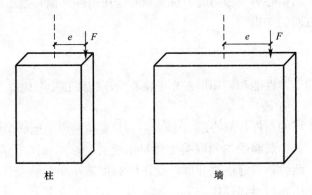

图 4-4　柱、墙偏心受力示意图

框架结构中，顶层柱由于轴力小，常常是大偏心受压。除了偏心受压，也有偏心受拉的构件，比如转换梁、拉梁等。对于轴心受拉或者小偏心受拉的构件，其纵向受力钢筋不能采用绑扎搭接。

5 对铰接、固接及锚固的理解和分析

5.1 铰接、固接的理论分析

框架结构中,当柱子线刚度 $i_2 \geqslant 20 i_1$ 时$\left(i_1\right.$ 为梁线刚度,$\left.i=\dfrac{EI}{L}\right)$,横梁梁端可以按完全固接计算,此时梁端弯矩误差在 5％以内;反之,$i_1 \geqslant 20 i_2$,横梁梁端可以按完全铰接计算,假设 $l_1 = l_2$,$b_柱 = b_梁$,则 $h_1 \geqslant 2.7 h_2$。

5.2 设计时铰接、固接要注意的一些问题

1. 梁施工后,一般都是半刚接,由于 SATWE 是利用有限元进行内力分析,根据刚度算出弯矩、剪力,所以无论是否点铰接,梁受力时弯矩是存在的,梁端始终要配纵向钢筋,点铰只是人为地将梁端弯矩调幅到跨中,是以梁端开裂为代价。

2. 弯矩调幅,可以人为地改变力的分布,但是梁端弯矩与梁底弯矩之和必须不小于一个固定值,假设是均布荷载,弯矩之和要 $\geqslant \dfrac{1}{8} q l^2$。

弯矩调幅,可以使梁端弯矩变小,更容易施工,但调幅仅针对重力荷载作用效应(国外规范有针对水平力调幅的规定)。弯矩调幅能减缓顶部钢筋拥挤,将顶部钢筋通过调幅移至底部,这样便于混凝土的浇筑,调幅的本质是充分地利用材料性能,尊重了结构的实际受力过程。

3. 当框架梁直接支撑在很薄的剪力墙上且没有设构造端柱时或钢筋不好锚固,施工困难、梁端超筋时,都可以人为地把节点设置成铰接。

铰接梁定义得太多,会导致内力的重分布,刚度变小,内力计算不合理,并且楼层抗侧刚度减小,为了控制位移,竖向抗侧构件也许会加大很多,但点铰后刚度是真实存在的,于是设计变得浪费。

4. 边跨板一般按铰接设计,再在板端加一些构造配筋。点了铰,端部裂缝会大点,但不会有安全问题。假设边跨板支撑在墙上或主梁刚度很大,则可以按固接计算,因剪力墙和刚度大的主梁其抗扭刚度大。

对裂缝要求严格、有防水要求的房间,铰接处要多配点钢筋;但对于板本身而言,固接、铰接均可,弯矩不会丢,点铰是因为边跨按固端计算,板固端的负弯矩就会很大,到梁上就成了梁的扭矩,对梁不利。

5.3 设计时锚固要注意的一些问题

1. 主梁宽度为 250mm 时,次梁纵筋直径不得超过 20mm。

2. 梁钢筋应尽量直锚，实在不行则弯锚。若梁内钢筋配筋很多，不方便锚固，可以采取以下几个措施：①主梁加宽，有利于次梁钢筋的锚固；②可以加大次梁宽度或增加次梁的根数。

3. 剪力墙结构的楼屋盖布置上，有时为了减少板跨，会布置一些楼面梁，梁跨在 4.0～8.0m 左右，这些楼面梁往往与剪力墙垂直相交支撑在剪力墙上。这时，即使按铰接考虑，楼面梁的纵筋支座内的水平锚固长度很难满足规范要求。但实际上，剪力墙结构的侧移刚度和延性主要来源于剪力墙自身的水平内刚度，此类楼面梁的抗弯刚度对结构的侧向刚度贡献不大，因此可以在梁的纵筋总锚固长度满足的前提下，适当放松水平段的锚固长度要求，可减至 $10d$，也可以通过采取减小钢筋直径，在纵筋弯折点附加横筋，纵筋下弯呈45°外斜等措施改善锚固性能。

4. 设计时，上部结构纵筋一般不用 HPB300 级钢，预留柱、墙及构造柱插筋，在独立基础、承台内的锚固长度一般不小于 $35d$（直锚，按直＋弯锚时可小于此值）。

5. 有时候，层间位移角不满足规范要求，调模型比较难调时，可以在计算最大层间位移角时，将铰接去掉。但在计算配筋时，根据实际工程把铰接点上。

6 水平构件设计

6.1 梁

6.1.1 梁荷载估算

主梁若考虑两边板传力，在 8m×8m 的柱网中间设置一道次梁，8m 跨主梁线荷载设计值（包括梁自重、填充墙等）一般在 50kN/m 左右；同上，则 6m 跨主梁线荷载设计值一般在 40kN/m 左右。

3m 高填充墙传给梁的线荷载设计值一般在 10～15kN/m 之间，300mm×800mm 的梁自重线荷载为 6kN/m 左右，250mm×600mm 的梁线荷载为 4kN/m 左右。

梁上线荷载设计值超过了 40kN/m，就可以认为是较大线荷载。

6.1.2 梁截面

1. 截面高度

框架主梁 $h=(1/8～1/12)L$，一般可取 $L/12$，梁高的取值还要看荷载大小和跨度。有的地方，荷载不是很大，主梁高度可以取 $L/15$。

连续梁 $h=(1/12～1/20)L$，一般可取 $L/15$。

简支梁 $h=(1/12～1/15)L$，一般可取 $L/15$。楼梯中平台梁、电梯吊钩梁，可按简支梁取。

悬挑梁：当荷载比较大时，$h=(1/5～1/6)L$；当荷载不大时，$h=(1/7～1/8)L$。

单向密肋梁：$h=(1/18～1/22)L$，一般取 $L/20$。

井字梁：$h=(1/15～1/20)L$。跨度≤2m 时，可取 $L/18$；跨度≤3m 时，可取 $L/17$。

转换梁：抗震时 $h=L/6$；非抗震时 $h=L/7$。

2. 截面宽度

一般梁高是梁宽的 2～3 倍，但不宜超过 4 倍。当梁宽比较大，比如 400mm、500mm 时，可以把梁高做成 1～2 倍梁宽。

主梁 $b≥200mm$，一般 $≥250mm$，次梁 $b≥150mm$。

住宅、公寓、宾馆或写字楼等，当楼面活荷载不大时，8m 左右跨度的梁可做到宽 400mm、高 500～550mm。

3. 小结

（1）以上 L 均为梁的计算跨度（井字梁为短边跨度）。当均布线荷载≥40kN/m 时，可认为是较大线荷载，梁的高度可以取大值。一般主梁 $H≥$ 次梁 $H+50mm$（双排筋时加 100mm），如果没有条件时，次梁与次梁的搭接或者次梁与主梁的搭接可以梁底平，即梁高做成一样。

（2）对于一些大跨度公共建筑，梁宽应适当加大，取 300mm 以上，最好取 350mm 或 400mm，因为梁宽度大，抗剪有利，350mm 宽的梁用四肢箍可以使箍筋直径减小，主梁加宽，有利于次梁钢筋的锚固。

（3）梁高一般是梁宽的 2~3 倍，但梁宽也可以大于梁高，此时梁要满足抗弯、抗剪、强度与刚度等要求。

（4）卫生间如果设置 100mm 宽度的填充墙，一般会布置一个 $150 \times h$ 的梁，并且多出的 50mm 宽度如果露卫生间，为美观考虑，梁高一般要降 50mm。如果设置 200mm 宽填充墙，没必要降 50mm。

6.1.3 梁配筋设计要点

1. 梁纵向钢筋

（1）规范规定

《混凝土结构设计规范》GB 50010—2010 第 9.2.1 条（以下简称《混规》）：梁的纵向受力钢筋应符合下列规定：

1）入梁支座范围内的钢筋不应少于 2 根。

2）梁高不小于 300mm 时，钢筋直径不应小于 10mm；梁高小于 300mm 时，钢筋直径不应小于 8mm。

3）梁上部钢筋水平方向的净间距不应小于 30mm 和 $1.5d$；梁下部钢筋水平方向的净间距不应小于 25mm 和 d。当下部钢筋多于 2 层时，2 层以上钢筋水平方向的中距应比下面 2 层的中距增大一倍；各层钢筋之间的净间距不应小于 25mm 和 d，d 为钢筋的最大直径。

4）在梁的配筋密集区域宜采用并筋的配筋形式。

《混规》9.2.6：梁的上部纵向构造钢筋应符合下列要求：

1）当梁端按简支计算但实际受到部分约束时，应在支座区上部设置纵向构造钢筋。其截面面积不应小于梁跨中下部纵向受力钢筋计算所需截面面积的 1/4，且不应少于 2 根。该纵向构造钢筋自支座边缘向跨内伸出的长度不应小于 $l_0/5$，l_0 为梁的计算跨度。

2）对架立钢筋，当梁的跨度小于 4m 时，直径不宜小于 8mm；当梁的跨度为 4~6m 时，直径不应小于 10mm；当梁的跨度大于 6m 时，直径不宜小于 12mm。

《高层建筑混凝土结构技术规程》JGJ 3—2010 第 6.3.2 条（以下简称《高规》）：框架梁设计应符合下列要求：

1）抗震设计时，计入受压钢筋作用的梁端截面混凝土受压区高度与有效高度之比值，一级不应大于 0.25，二、三级不应大于 0.35。

2）纵向受拉钢筋的最小配筋百分率 ρ_{min}（%），非抗震设计时，不应小于 0.2 和 $45f_t/f_y$ 二者的较大值；抗震设计时，不应小于表 6-1 规定的数值。

梁纵向受拉钢筋最小配筋百分率 ρ_{min}（%）　　　　　　　　　　　　表 6-1

抗震等级	位置	
	支座（取较大值）	跨中（取较大值）
一级	0.40 和 $80f_t/f_y$	0.30 和 $65f_t/f_y$
二级	0.30 和 $65f_t/f_y$	0.25 和 $55f_t/f_y$
三、四级	0.25 和 $55f_t/f_y$	0.20 和 $45f_t/f_y$

3）抗震设计时，梁端截面的底面和顶面纵向钢筋截面面积的比值，除按计算确定外，一级不应小于 0.5，二、三级不应小于 0.3。

《高规》第 6.3.3 条：

梁的纵向钢筋配置，尚应符合下列规定：

1）抗震设计时，梁端纵向受拉钢筋的配筋率不宜大于 2.5%，不应大于 2.75%；当梁端受拉钢筋的配筋率大于 2.5% 时，受压钢筋的配筋率不应小于受拉钢筋的一半。

2）沿梁全长顶面和底面应至少各配置两根纵向配筋，一、二级抗震设计时钢筋直径不应小于 14mm，且分别不应小于梁两端顶面和底面纵向配筋中较大截面面积的 1/4；三、四级抗震设计和非抗震设计时钢筋直径不应小于 12mm。

3）一、二、三级抗震等级的框架梁内贯通中柱的每根纵向钢筋的直径，对矩形截面柱，不宜大于柱在该方向截面尺寸的 1/20；对圆形截面柱，不宜大于纵向钢筋所在位置柱截面弦长的 1/20。

（2）设计时要注意的一些问题

1）梁端经济配筋率为 1.2%～1.6%，跨中经济配筋率为 0.6%～0.8%。在实际工程中，楼梯间梯梁为了加强，最小直径一般为 14mm。

2）抗震设计时，除了满足计算外，梁端截面的底面和顶面纵向钢筋截面面积的比值一级抗震应≥0.5，二、三级≥0.3。

3）一、二、三级抗震的框架梁的纵筋直径应≤1/20 柱在该方向的边长，主要是防止柱子在反复荷载作用下，钢筋发生滑移。当柱尺寸为 500mm×500mm 时，500mm/20＝25mm，纵筋直径取 φ25 比较合适。

4）梁端配筋率太大，比如大于 2.5%，钢筋会很多，造成施工困难、钢筋偏位等。在梁高受限制时，一般是加大梁宽；一般配筋率≤1.6%，有助于梁端形成塑性铰，有利于抗震。当配筋率＞1.6% 时，应采用封闭箍筋取代 135°弯钩的普通箍筋，以防止弯钩走位，挤走上铁位置。

5）梁钢筋过密时，首先应分析原因，要满足规范要求，比如钢筋净距等构造要求。如果较细直径钢筋很密，可以考虑换用较粗直径的钢筋，低强度钢筋可以考虑换为高强度钢筋。重要构件钢筋过密对受力有影响或施工质量难以保证时，应该考虑适当调整构件断面。

6）应避免梁端纵向受拉钢筋配筋率大于 2.0%，以免增加箍筋用量。除非内力控制计算梁的截面要求比较高，否则不要轻易取大于 570mm 梁高，这样避免配一些腰筋。跨度大的悬臂梁，当面筋较多时，除角筋需伸至梁端外，其余尤其是第二排钢筋均可在跨中某个部位切断。

（3）梁纵筋单排最大根数

表 6-2 是当环境类别为二类 a，箍筋直径为 8mm 时，按《混凝土结构设计规范》GB 50010—2010 计算出的梁纵筋单排最大根数。

梁纵筋单排最大根数　　　　　　　　　　　　　　表 6-2

宽度 b (mm)	钢筋直径（mm）											
	14		16		18		20		22		25		28	
	上部	下部	上部	下部	上部	下部	上部	下部	上部	下部	上部	下部	上部	下部
150	2	2	2	2	2	2	2	2	2	2	1	2	1	2
200	3	4	3	3	3	3	3	3	3	3	2	3	2	2
250	4	5	4	5	4	4	4	4	3	4	3	4	3	3

宽度 b	钢筋直径（mm）												
（mm）	14		16		18		20		22		25		28	
	上部	下部	上部	下部	上部	下部	上部	下部	上部	下部	上部	下部	上部	下部
300	6	6	5	6	5	6	5	5	4	5	4	5	3	4
350	7	7	6	7	6	7	6	6	5	6	5	6	4	5
400	8	9	7	8	7	8	7	7	6	7	5	7	5	6

2. 箍筋

（1）规范规定

《高规》6.3.2-4：抗震设计时，梁端箍筋的加密区长度、箍筋最大间距和最小直径应符合表 6-3 的要求；当梁端纵向钢筋配筋率大于 2％时，表中箍筋最小直径应增大 2mm。

梁端箍筋加密区的长度、箍筋最大间距和最小直径   表 6-3

抗震等级	加密区长度 （取较大值）（mm）	箍筋最大间距 （取最小值）（mm）	箍筋最小直径（mm）
一	$2.0h_b$，500	$h_b/4$，$6d$，100	10
二	$1.5h_b$，500	$h_b/4$，$8d$，100	8
三	$1.5h_b$，500	$h_b/4$，$8d$，150	8
四	$1.5h_b$，500	$h_b/4$，$8d$，150	6

注：1. d 为纵向钢筋直径，h_b 为梁截面高度；

2. 一、二级抗震等级框架梁，当箍筋直径大于 12mm、肢数不少于 4 肢且肢距不大于 150mm 时，箍筋加密区最大间距应允许适当放松，但不应大于 150mm。

《高规》6.3.4：非抗震设计时，框架梁箍筋配筋构造应符合下列规定：

1）应沿梁全长设置箍筋，第一个箍筋应设置在距支座边缘 50mm 处。

2）截面高度大于 800mm 的梁，其箍筋直径不宜小于 8mm；其余截面高度的梁不应小于 6mm。在受力钢筋搭接长度范围内，箍筋直径不应小于搭接钢筋最大直径的 1/4。

3）箍筋间距不应大于表 6-4 的规定；在纵向受拉钢筋的搭接长度范围内，箍筋间距尚不应大于搭接钢筋较小直径的 5 倍，且不应大于 100mm；在纵向受压钢筋的搭接长度范围内，箍筋间距尚不应大于搭接钢筋较小直径的 10 倍，且不应大于 200mm。

非抗震设计梁箍筋最大间距（mm）   表 6-4

h_b（mm） ╲ V	$V>0.7f_t bh_0$	$V \leqslant 0.7f_t bh_0$
$h_b \leqslant 300$	150	200
$300 < h_b \leqslant 500$	200	300
$500 < h_b \leqslant 800$	250	350
$h_b > 800$	300	400

《高规》6.3.5-2：在箍筋加密区范围内的箍筋肢距：一级不宜大于 200mm 和 20 倍箍筋直径的较大值，二、三级不宜大于 250mm 和 20 倍箍筋直径的较大值，四级不宜大于 300mm。

（2）设计时要注意的一些问题

1）井字梁、双向刚度接近的十字交叉梁等，其交点一般不需要附加箍筋，这和主次梁节点加箍筋的原理不一样。

2）规范、规程只针对有抗震要求的框架梁提出了箍筋要求，对于非抗震梁，其钢筋构造只需要满足一般梁的构造即可。地基梁也属于非抗震梁，地基梁箍筋可不加密，箍筋加密可以提高梁端延性，但并非抗震结构中每一根梁都是有抗震要求的，楼面次梁就需要按框架梁构造考虑抗震要求，因此可以按非抗震梁构造并结合具体工程需要确定构造。在满足承载力需要的前提下，亦可按梁剪力分布配置箍筋，梁端部剪力大的地方箍筋较密或直径较大，中部则可加大间距或减小直径，这样布置箍筋可以节约钢材，但这和抗震上说的箍筋加密区是不一样的，不可混为一谈。

基础梁与单桩承台或与双桩承台横向连接时，（JKL）为 $\phi8@100/200$（2），其他情况 $\phi8@200$（2）。

3）当梁截面宽度大于 400mm 且一层内的纵向受压钢筋多于 3 根时，或当梁截面宽度不大于 400mm 但一层内的纵向受压钢筋多于 4 根时，应设置复合箍筋，从规范角度出发，350mm 宽的截面做成 3 肢箍，但一般是遵循构造做成 4 肢箍。

3. 梁侧构造钢筋

《混规》9.2.13：梁的腹板高度 h_w 不小于 450mm 时，在梁的两个侧面应沿高度配置纵向构造钢筋。每侧纵向构造钢筋（不包括梁上、下部受力钢筋及架立钢筋）的间距不宜大于 200mm，截面面积不应小于腹板截面面积（bh_w）的 0.1%，但当梁宽较大时可以适当放松。此外，腹板高度 h_w 按本规范第 6.3.1 条的规定取用，一般可参考表 6-5。

梁腹板单侧腰筋　　　　　　　　　　　　表 6-5

h_w \ b	200	250	300	350	400	450	500	550	600	650	700	750	800
450	2Φ10	2Φ10	2Φ10	2Φ12	2Φ12								
500	2Φ10	2Φ10	2Φ10	2Φ12	Φ12	2Φ12							
550	2Φ10	2Φ10	2Φ12	2Φ12	2Φ12	2Φ14	2Φ14						
600	2Φ10	2Φ10	2Φ12	2Φ14	2Φ14	2Φ14	2Φ16						
650	2Φ10	2Φ10	2Φ12	2Φ14	2Φ14	2Φ16	2Φ16	2Φ16					
700	3Φ10	3Φ10	3Φ12	3Φ12	3Φ12	3Φ12	3Φ14	2Φ16	3Φ14	3Φ14			
750	3Φ10	3Φ10	3Φ12	3Φ12	3Φ12	3Φ14	3Φ14	3Φ14	3Φ16	3Φ16			
800	3Φ10	3Φ10	3Φ12	3Φ12	3Φ12	3Φ14	3Φ14	3Φ14	3Φ16	3Φ16	3Φ16		
850	4Φ10	4Φ10	4Φ12	4Φ12	4Φ12	4Φ14	4Φ14	4Φ14	4Φ14	4Φ14	4Φ14	4Φ16	4Φ16
900	4Φ10	4Φ10	4Φ12	4Φ12	4Φ12	4Φ14	4Φ14	4Φ14	4Φ14	4Φ14	4Φ14	4Φ16	4Φ16
950	4Φ10	4Φ10	4Φ12	4Φ12	4Φ12	4Φ14	4Φ14	4Φ14	4Φ14	4Φ14	4Φ16	4Φ16	4Φ16
1000	4Φ10	4Φ10	4Φ12	4Φ12	4Φ12	4Φ14	4Φ14	4Φ14	4Φ16	4Φ16	4Φ16	2Φ16	4Φ16

6.1.4 梁弯矩计算

均布荷载作用下：两端简支梁：$M_中 = qL^2/8$ （6-1）

一端固定或连续，一端简支时，$M_固 = M_中 \quad qL^2/11$ （6-2）

当两端固定或连续时：$M_固 = M_中 = qL^2/16$ （6-3）

集中力作用下：$M_中 = Pa/2$ （6-4）

对于多集中力荷载，$M_{中} = \sum Pa/2$，$a \leqslant L/2$ (6-5)

对于梯形均布荷载简支梁，$M_{中} = qL^2/8 - qd^2/6$ (6-6)

对于三角形分布荷载、梯形荷载，都可以统一规定：$M_{固} = M_{中}/1.5$ (6-7)

式中 M——计算弯矩；

      q——均布线荷载；

      L——计算跨度；

      P——集中力值；

      a——集中力 P 到最近支座端的距离；

      d——三角形末点距最近支座的距离。

6.1.5 梁配筋估算公式

单跨梁：$A_s = M/(0.875 f_y h_0)$ (6-8)

式中 A_s——梁计算配筋面积；

      f_y——钢筋抗拉强度设计者；

      h_0——梁截面有效高度。

6.1.6 梁设计时要注意的一些问题

1）梁配筋的调整注意事项：一般不可小于计算值，应符合基本的构造，比如钢筋间距、箍筋肢距、梁侧钢筋配置等。应验算正常使用状态下梁的裂缝、挠度等，特别是前者；应检查梁配筋方式是否与模型相符，比如梁相交处，要注意查看梁内力图，不可简单按梁高区分主次梁；十字交叉梁无论梁高是否相同，均宜按一跨配筋。

应检查抗震结构的相应构造措施是否满足规范要求，比如加密区箍筋直径大小、间距和长度等；框架梁配筋确定后应核算柱配筋是否满足"强柱弱梁"；要多注意一些特殊梁计算与构造要求，比如连梁、深梁、薄腹梁等；应用"平法"时应注意支座负筋长度的取值，特别是相邻跨跨度相差较大时。梁边与柱边相齐时，计算每排钢筋根数时应把梁宽减去 3～5cm；抗扭箍筋直径应满足计算要求。

2）为了使梁用钢量不是太高，梁的混凝土强度等级不宜过高，且要采用高强度钢筋。梁计算参数的取值上部弯矩放大系数及配筋放大系数宜取 1.0，在后期的施工图设计中，再针对薄弱的部位（比如悬挑梁）进行适当的放大，比如 1.2 倍。

3）一般外圈的边框架梁都会与柱外皮齐，梁柱偏心不宜小于 1/4 柱边长。当不满足这条规定时，可以把梁宽加大，比如梁宽加大到 400mm 或者 450mm，同时减小梁高（7000 跨度取到 450～500mm），不一定要水平加腋。也可以按照结构总说明中的要求采用水平加腋。

4）当柱网尺寸为 8m 左右时，标准层采用十字梁比井字梁经济，因为荷载不大，十字梁完全可以控制好变形，但对于覆土厚度超过 700mm 的屋顶花园及地下室顶板或荷载较大时采用井字梁会比较经济，因为荷载大，井字梁比十字梁多了两道梁，刚度会更大。

5）混凝土强度等级的高低对梁的受弯承载力影响较小，因此对梁的截面及配筋影响不大，不宜采用高强度等级，无论是从强度还是耐久性角度考虑，C25～C40 是比较合适的，一般可采用 C30。当然也可以采用 C25，但构件的保护层厚度要增加。

6.1.7 梁布置时应注意事项

1) 入口大堂顶部完整空间内不宜露梁，以保持大堂顶部空间完整。特殊情况设梁时，梁高应尽可能小，与门宽垂直方向一般不宜布置梁。在进行方案布置时，应提前与建筑进行沟通，看是否某些地方，比如卧室与卧室之间不设置次梁，而保留大开间，做厚板，以方便以后改造利用。

2) 公共空间尽可能不露梁，实在要露梁，梁高可以做成400mm。

3) 户内梁布置时，梁不应穿越客餐一体厅、客厅、餐厅、住房，以保证各功能空间完整及美观；梁不宜穿越厨、厕、阳台，如确有必须穿越的梁，梁高应尽可能小。

4) 户内梁不露出梁角线的优先顺序：客厅＞餐厅＞主卧室＞次卧室＞内走道＞其他空间。

5) 户内卫生间做沉箱时，周边梁高仍按普通梁考虑，卫生间楼板按吊板的要求补充相应大样。

6) 梁底标高

门窗洞口顶处梁底标高不得低于门窗洞口顶面标高；飘窗梁底标高、设排气孔的卫生间窗顶梁底标高、客厅出阳台门顶梁底标高必须等于门窗洞口顶标高；电梯门洞顶梁底标高必须等于电梯洞口顶标高。其余位置门窗洞口处梁，梁高按以下取用：结构计算梁高与门窗顶距离≤200mm，或无法做过梁，或门窗洞口较大时，结构梁直接做到门窗顶面。除上述情况外，结构梁高按计算确定，门窗顶用过梁处理。

7) 户内走道上方梁高尽可能小，不应大于600mm。

8) 阳台封口梁根据建筑立面确定，一般不宜大于400mm，但应满足建筑外立面，有可能大于400mm。

9) 楼梯梯级处梁高注意不得影响建筑使用，第一踏步至梯梁顶2.2m。

10) 梁不宜穿越门洞正上方。

6.1.8 剪力墙连梁设计

1. 规范规定

《建筑抗震设计规范》GB 50011—2010 第6.2.13-2条（以下简称《抗规》）：

抗震墙地震内力计算时，连梁的刚度可折减，折减系数不宜小于0.5。

《高规》7.1.3：跨高比小于5的连梁应按本章的有关规定设计，跨高比不小于5的连梁宜按框架梁设计。

《高规》7.2.24：跨高比（l/h_b）不大于1.5的连梁，非抗震设计时，其纵向钢筋的最小配筋率可取为0.2%；抗震设计时，其纵向钢筋的最小配筋率宜符合表6-6的要求；跨高比大于1.5的连梁，其纵向钢筋的最小配筋率可按框架梁的要求采用。

跨高比不大于1.5的连梁纵向钢筋的最小配筋率（%）　　　　　表6-6

跨高比	最小配筋率（采用较大值）
$l/h_b \leqslant 0.5$	0.20，$45f_t/f_y$
$0.5 < l/h_b \leqslant 1.5$	0.25，$55f_t/f_y$

《高规》7.2.25：剪力墙结构连梁中，非抗震设计时，顶面及底面单侧纵向钢筋的最大配筋率不宜大于2.5%；抗震设计时，顶面及底面单侧纵向钢筋的最大配筋率宜符合表6-7的要求。如不满足，则应按实配钢筋进行连梁强剪弱弯的验算。

连梁纵向钢筋的最大配筋率（%）　　　　表6-7

跨高比	最大配筋率
$l/h_b \leqslant 1.0$	0.6
$1.0 < l/h_b \leqslant 2.0$	1.2
$2.0 < l/h_b \leqslant 2.5$	1.5

《高规》7.2.26：剪力墙的连梁不满足本规程第7.2.22条的要求时，可采取下列措施：

1）减小连梁截面高度或采取其他减小连梁刚度的措施。

2）抗震设计剪力墙连梁的弯矩可塑性调幅；内力计算时已经按本规程第5.2.1条的规定降低了刚度的连梁，其弯矩值不宜再调幅，或限制再调幅范围。此时，应取弯矩调幅后相应的剪力设计值校核其是否满足本规程第7.2.22条的规定；剪力墙中其他连梁和墙肢的弯矩设计值宜视调幅连梁数量的多少而相应适当增大。

3）当连梁破坏对承受竖向荷载无明显影响时，可按独立墙肢的计算简图进行第二次多遇地震作用下的内力分析，墙肢截面应按两次计算的较大值计算配筋。

《高规》7.2.27：梁的配筋构造（图6-1）应符合下列规定：

1）连梁顶面、底面纵向水平钢筋伸入墙肢的长度，抗震设计时不应小于l_{aE}，非抗震设计时不应小于l_a，而且均不应小于600mm。

2）抗震设计时，沿连梁全长箍筋的构造应符合本规程第6.3.2条框架梁梁端箍筋加密区的箍筋构造要求；非抗震设计时，沿连梁全长的箍筋直径不应小于6mm，间距不应大于150mm。

3）顶层连梁纵向水平钢筋伸入墙肢的长度范围内应配置箍筋，箍筋间距不宜大于150mm，直径应与该连梁的箍筋直径相同。

4）连梁高度范围内的墙肢水平分布钢筋应在连梁内拉通作为连梁的腰筋。连梁截面高度大于700mm时，其两侧面腰筋的直径不应小于8mm，间距不应大于200mm；跨高比不大于2.5的连梁，其两侧腰筋的总面积配筋率不应小于0.3%。

《高规》7.2.28：剪力墙开小洞口和连梁开洞应符合下列规定：

1）剪力墙开有边长小于800mm的小洞口，且在结构整体计算中不考虑其影响时，应在洞口上、下和左、右配置补强钢筋，补强钢筋的直径不应小于12mm，截面面积应分别不小于被截断的水平分布钢筋和竖向分布钢筋的面积（图6-2a）；

2）穿过连梁的管道宜预埋套管，洞口上、下的

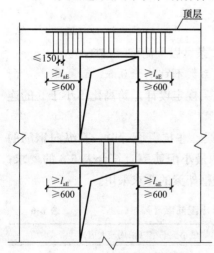

图6-1　连梁配筋构造示意
注：非抗震设计时图中l_{aE}取l_a

截面有效高度不宜小于梁高的 1/3，且不宜小于 200mm；被洞口削弱的截面应进行承载力验算，洞口处应配置补强纵向钢筋和箍筋（图 6-2b），补强纵向钢筋的直径不应小于 12mm。

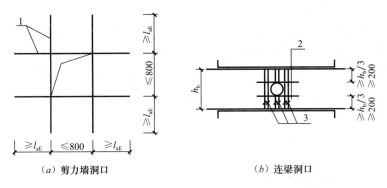

（a）剪力墙洞口 　　　　　　　　　（b）连梁洞口

图 6-2　洞口补强配筋示意

1—墙洞口周边补强钢筋；2—连梁洞口上、下补强纵向箍筋；3—连梁洞口补强箍筋；非抗震设计时图中 l_{aE} 取 l_a

2. 连梁的特点

连梁两端一般都与剪力墙相连，且与剪力墙轴线的夹角≤25°，跨高比比较小，刚度可以折减。一般来说，连梁用壳元划分单元进行有限元分析，只要划分的足够细，跨高比再大，计算精度也能保证。跨高比≥5 时，弯曲变形占 90% 以上；跨高比≤0.5 时，剪切变形占连梁总变形的 90% 以上。

3. 连梁设计时要注意的一些问题

1）连梁应保证竖向荷载承载力和正常使用极限状态的设计要求，以下情况一般不应按连梁设计：梁两端与剪力墙垂直时、一端与框架柱相连，一端与剪力墙垂直的梁。

框架-剪力墙结构中，一端与框架柱相连、一端与剪力墙相连的梁，要看它与墙的关系。如果是在墙平面内，当跨高比不大于 5 时，可按连梁设计。

连梁按框架梁还是连梁设计，不仅对梁本身内力和配筋计算有很大的影响，对结构整体刚度、周期、位移计算也有影响。

2）连梁应设计成强墙弱梁，应允许大震下连梁开裂或损坏，以保护剪力墙。

3）连梁刚度折减是针对抗震设计，一般来说，风荷载控制时，连梁刚度要少折减，折减系数应≥0.8，以保证正常使用时连梁不出现裂缝。不受风荷载控制时，抗震设防烈度越高，连梁应多折减，比如折减系数为 0.6，因为地震作用时连梁刚度折减后连梁的配筋也能保证在只有风荷载作用时连梁不出现裂缝，不会影响正常使用。非抗震设计地区，连梁刚度不宜折减，因为一般都是风荷载控制，尽管风很小，折减了，容易出现裂缝，影响正常使用。

4）连梁高度≥400mm，连梁跨高比≤2 时，宜配置交叉暗撑；跨高比≤1，应配置交叉暗撑；不应将楼面主梁支撑在剪力墙之间的连梁上，第一，连梁不能为主梁提供足够的约束，提供足够的抗扭刚度；第二，支撑主梁会加大连梁的剪切内力。当有个别实在不能避免时，可以点铰接，采用相应的构造措施。

5）在整体结构侧向刚度足够大的剪力墙结构中，宜选用跨高比偏大的连梁，因为不需要通过选用跨高比偏小的连梁来增大剪力墙的侧向刚度。而在框架-剪力墙和框架-核心简结构中，剪力墙和核心筒承担了大部分水平荷载，故有必要选用跨高比小的连梁以保证整体结构所需的侧向刚度。小跨高比连梁有较大的抗弯刚度，为墙肢提供很强的约束作用，可以将其应用于整体性较差的联肢剪力墙结构中。

6）跨高比小于 2.5 的连梁多数出现剪切破坏，为避免脆性剪切破坏，采取的主要措施是控制剪压比和适当增加箍筋数量。控制连梁的受弯钢筋数量可以限制连梁截面剪压比。

7）程序将布置在连梁上的各种荷载（集中荷载除外）换算成等值均布荷载，程序将考虑"连梁刚度折减系数"、"梁设计弯矩放大系数"，不考虑"中梁刚度放大系数"、"梁端负弯矩调幅系数"、"梁扭矩折减系数"。连梁混凝土强度等级同剪力墙，抗震等级、钢筋等级与框架梁相同。

4. PKPM 程序操作

1）就实际操作的方便性来说，按框架梁输入比较好，连梁上的门窗洞口荷载及连梁截面调整较方便。可先按框架梁来输入，再视情况调整。

2）剪力墙两端连梁有两种建模方式：①开洞，程序默认其为连梁；②先定义节点，再按普通框架梁布置。如果要将其改为连梁，可以在 SATWE "特殊构件补充定义"里将框架梁改为连梁。

3）连梁的两种建模方式比较，如表 6-8 所示。

连梁的两种建模方式比较 表 6-8

连梁	方法 1（普通梁输入法）	方法 2（墙上开洞法）
属性	1. 连梁混凝土强度等级同梁。 2. 可进行"特殊构件定义"：调幅、转换梁、连梁耗能梁。 3. 抗震等级同框架	1. 连梁混凝土强度等级同墙。 2. 不可以进行"特殊构件定义"，只能为"连梁"。 3. 抗震等级同剪力墙
荷载	按梁输入各种荷载，荷载比较真实	按"墙间荷载"，除集中荷载外，其他荷载形式均在计算时转化为均布荷载，存在误差
计算模型	按杆单元，考虑了剪切变形。杆单元与墙元变形不协调，通过增加"罚单元"解决，有误差	按墙单元，与剪力墙一起进行单元划分，变形协调
刚度	整体刚度小	整体刚度大
位移	大	小
周期	大	小
梁内力	梁端弯矩、剪力大	梁端弯矩、剪力小
剪力墙配筋	配筋小	配筋大

两者计算结果基本没有可比性，配筋差异太大，为了尽可能符合实际情况，按以下原则：

① 当跨高比≥5 时，按梁计算连梁，构造按框架梁。

② 当跨高比≤2.5 时，一般按连梁（墙开洞），但是当梁高<400mm 时，宜按梁；否则，连梁被忽略不计。

③ 当跨高比：$2.5 \leqslant L/h \leqslant 5$ 且梁高<400mm 时，应按梁；否则，连梁被忽略不计。

④ 当梁高<300mm 时，按墙开洞的连梁会被忽略，即无连梁，一般梁应≥400mm，尽量不要出现梁高<400mm 的情况。

6.2 板

6.2.1 板荷载估算

假设板厚 100mm，装修等荷载取 1.5kN/m²，则恒载＝25kN/m²×0.10m＋1.5kN/m²＝4kN/m²。假设活载 2.0kN/m²，当为永久荷载控制且对结构不利时，荷载设计值 F＝1.35×4＋1.4×2＝8.2kN/m²，活荷载控制时，荷载设计值 F＝1.2×4＋1.4×2＝7.6kN/m²。

6.2.2 板截面

1. 规范规定

《混规》9.1.2：现浇混凝土板的尺寸宜符合下列规定：

1 板的跨厚比：钢筋混凝土单向板不大于 30，双向板不大于 40；无梁支承的有柱帽板不大于 35，无梁支承的无柱帽板不大于 30。预应力板可适当增加；当板的荷载、跨度较大时宜适当减小。

2 现浇钢筋混凝土板的厚度不应小于表 6-9 规定的数值。

现浇钢筋混凝土板的最小厚度（mm）　　　　　　　　　　表 6-9

板的类别		最小厚度
单向板	屋面板	60
	民用建筑楼板	60
	工业建筑楼板	70
	行车道下的楼板	80
双向板		80
密肋楼盖	面板	50
	肋高	250
悬臂板（根部）	悬臂长度不大于 500mm	60
	悬臂长度 1200mm	100
无梁楼板		150
现浇空心楼盖		200

2. 经验

（1）单向板：两端简简支时，h＝$(L/35\sim L/25)$，单向连续板更有利，h＝$(L/40\sim L/35)$，设计时，可以取 h＝$L/30$。

（2）双向板：h＝$(L/45\sim L/40)$，L 为板块短跨尺寸，设计时可以取 h＝$L/40$。

（3）住宅建筑，在 3.0～4.0m 正常开间情况下，板厚度为 100mm，客厅处的异形大板可取 120～150mm，普通屋面板可取 120mm，管线密集处可取 120mm，嵌固端地下室顶板应取 180mm，非嵌固端地下室顶板可取 160mm，但最小配筋率参考《高规》10.6.2，每个方向不宜小于 0.25%。

6.2.3 板保护层厚度、强度等级的选取

1. 规范规定

《混规》8.2.1：构件中普通钢筋及预应力筋的混凝土保护层厚度应满足下列要求。

1）构件中受力钢筋的保护层厚度不应小于钢筋的公称直径 d；

2）设计使用年限为 50 年的混凝土结构，最外层钢筋的保护层厚度应符合表 6-10 的规定；

设计使用年限为 100 年的混凝土结构，最外层钢筋的保护层厚度不应小于表 6-10 中数值的 1.4 倍。

混凝土保护层的最小厚度 c（mm） 表 6-10

环境类别	板、墙、壳	梁、柱、杆
一	15	20
二 a	20	25
二 b	25	35
三 a	30	40
三 b	40	50

注：1. 混凝土强度等级不大于 C25 时，表中保护层厚度数值应增加 5mm；
2. 钢筋混凝土基础宜设置混凝土垫层，基础中钢筋的混凝土保护层厚度应从垫层顶面算起，且不应小于 40mm。

《混规》3.5.2：混凝土结构暴露的环境类别应按表 6-11 的要求划分。

混凝土结构的环境类别 表 6-11

环境类别	条件
一	室内干燥环境； 无侵蚀性静水浸没环境
二 a	室内潮湿环境； 非严寒和非寒冷地区的露天环境； 非严寒和非寒冷地区与无侵蚀性的水或土壤直接接触的环境； 严寒和寒冷地区的冰冻线以下与无侵蚀性的水或土壤直接接触的环境
二 b	干湿交替环境； 水位频繁变动环境； 严寒和寒冷地区的露天环境； 严寒和寒冷地区冰冻线以上与无侵蚀性的水或土壤直接接触的环境
三 a	严寒和寒冷地区冬季水位变动区环境； 受除冰盐影响环境； 海风环境
三 b	盐渍土环境； 受除冰盐作用环境； 海岸环境
四	海水环境
五	受人为或自然的侵蚀性物质影响的环境

2. 设计时要注意的一些问题

（1）一般室内干燥环境板保护层厚度可取 15mm，屋面板由于防水保温层，一般保护层厚度也取 15mm；

（2）一般室内环境为一类，室外为二 a，地下室为二 b。

3. 强度等级

普通板的混凝土强度等级一般取 C30，也可以取 C25，屋面板≤C30，基础底板≤C35，强度等级太高，易开裂。对于地下室顶的梁板混凝土强度等级，应看覆土的腐蚀性强弱来决定混凝土强度等级的选用。

6.2.4　对板挠度与裂缝的认识及设计

1. 规范规定

《混规》3.4.3：钢筋混凝土受弯构件的最大挠度应按荷载的准永久组合，预应力混凝土受弯构件的最大挠度应按荷载的标准组合，并均应考虑荷载长期作用的影响进行计算，其计算值不应超过表 6-12 规定的挠度限值。

受弯构件的挠度限值　　　　　　　　表 6-12

构件类型		挠度限值
吊车梁	手动吊车	$l_0/500$
	电动吊车	$l_0/600$
屋盖、楼盖及楼梯构件	当 $l_0<7$m 时	$l_0/200$（$l_0/250$）
	当 $7\leqslant l_0\leqslant9$m 时	$l_0/250$（$l_0/300$）
	当 $l_0>9$m 时	$l_0/300$（$l_0/400$）

注：1. 表中 l_0 为构件的计算跨度；计算悬臂构件的挠度限值时，其计算跨度 l_0 按实际悬臂长度的 2 倍取用；
　　2. 表中括号内的数值适用于使用上对挠度有较高要求的构件；
　　3. 如果构件制作时预先起拱且使用上也允许，则在验算挠度时，可将计算所得的挠度值减去起拱值；对预应力混凝土构件，尚可减去预加力所产生的反拱值；
　　4. 构件制作时的起拱值和预加力所产生的反拱值，不宜超过构件在相应荷载组合作用下的计算挠度值。

《混规》3.4.4：结构构件正截面的受力裂缝控制等级分为三级，等级划分及要求应符合下列规定：

一级——严格要求不出现裂缝的构件，按荷载标准组合计算时，构件受拉边缘混凝土不应产生拉应力。

二级——一般要求不出现裂缝的构件，按荷载标准组合计算时，构件受拉边缘混凝土拉应力不应大于混凝土抗拉强度的标准值。

三级——允许出现裂缝的构件：对钢筋混凝土构件，按荷载准永久组合并考虑长期作用影响计算时，构件的最大裂缝宽度不应超过本规范表 3.4.5 规定的最大裂缝宽度限值。对预应力混凝土构件，按荷载标准组合并考虑长期作用的影响计算时，构件的最大裂缝宽度不应超过本规范第 3.4.5 条规定的最大裂缝宽度限值；对二 a 类环境的预应力混凝土构件，尚应按荷载准永久组合计算，且构件受拉边缘混凝土的拉应力不应大于混凝土的抗拉强度标准值。

《混规》3.4.5：结构构件应根据结构类型和本规范第 3.5.2 条规定的环境类别，按

表 6-13 的规定选用不同的裂缝控制等级及最大裂缝宽度限值 ω_{lim}。

结构构件的裂缝控制等级及最大裂缝宽度的限值（mm）　　　　表 6-13

环境类别	钢筋混凝土结构		预应力混凝土结构	
	裂缝控制等级	ω_{lim}	裂缝控制等级	ω_{lim}
一	三级	0.30（0.40）	三级	0.20
二 a				0.10
二 b		0.20	二级	—
三 a、三 b			一级	—

注：1. 对处于年平均相对湿度小于 60% 地区一类环境下的受弯构件，其最大裂缝宽度限值可采用括号内的数值；
　　2. 在一类环境下，对钢筋混凝土屋架、托架及需作疲劳验算的吊车梁，其最大裂缝宽度限值应取为 0.20mm；对钢筋混凝土屋面梁和托梁，其最大裂缝宽度限值应取为 0.30mm；
　　3. 在一类环境下，对预应力混凝土屋架、托架及双向板体系，应按二级裂缝控制等级进行验算；对一类环境下的预应力混凝土屋面梁、托梁、单向板，应按表中二 a 级环境的要求进行验算；在一类和二 a 类环境下需作疲劳验算的预应力混凝土吊车梁，应按裂缝控制等级不低于二级的构件进行验算；
　　4. 表中规定的预应力混凝土构件的裂缝控制等级和最大裂缝宽度限值仅适用于正截面的验算；预应力混凝土构件的斜截面裂缝控制验算应符合本规范第 7 章的有关规定；
　　5. 对于烟囱、筒仓和处于液体压力下的结构，其裂缝控制要求应符合专门标准的有关规定；
　　6. 对于处于四、五类环境下的结构构件，其裂缝控制要求应符合专门标准的有关规定；
　　7. 表中的最大裂缝宽度限值为用于验算荷载作用引起的最大裂缝宽度。

2. 设计时要注意的一些问题

（1）定量分析梁挠度极限值：

$L_0 < 7$m，挠度极限值取 $L_0/200$，假设梁计算跨度为 7m，则挠度极限值约为 35mm；

$7 \leqslant L_0 \leqslant 9$m，挠度极限值取 $L_0/250$，假设梁计算跨度为 9m，挠度极限值为 36mm；

注：增加楼板钢筋，能减小板的挠度，当板的挠度过大时，可以增加板厚，多设一道梁增加整个梁板体系的刚度或预先起拱。

（2）裂缝：一类环境，比如楼面，裂缝极限值取 0.3mm；对于屋面，由于有防水层、保护层等，裂缝极限值也可以取 0.3mm。二 a 类环境，裂缝极限值取 0.2mm，地下室裂缝一般按 0.2 控制，但很多设计院认为按 0.2mm 太偏于保守。当有可靠的防水措施时，根据实际情况取 0.25~0.4mm 是可以的。

（3）PKPM 程序操作：

【SATWE 的核心集成设计/混凝土结构施工图】→【板/计算、结果】。显示红色则表示不满足规范，如图 6-3 所示。

6.2.5 板支座方式的选取

1. 板在平面端部，支座为边梁时，为了避免边梁平面外受到扭矩的不利作用，一般设为铰接，卸掉不利弯矩。支座为混凝土墙时，设不设铰接都可以。

2. 板的某一边界与楼梯、电梯或其他洞口相邻，此边界应设为简支边，因为板钢筋不可能伸过洞口锚固。

3. 板的某一边界局部与洞口相邻，剩余部分与其他板块相邻，保守的做法可以将整个边界视为简支边计算，但相邻板块能进入本板块的上铁仍进入本板锚固；也可以采用另一种方法，当洞口占去的比例小于此边界总长度的 1/3，仍视该边界为嵌固端，不能进入本板锚固的则断开。

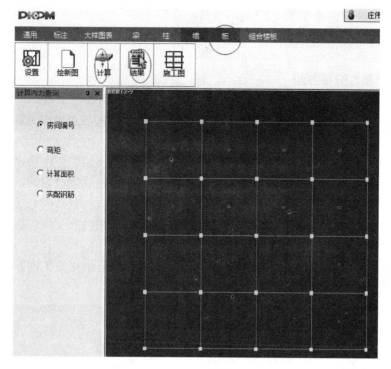

图 6-3　板计算结果查看

4. 【SATWE 的核心集成设计/混凝土结构施工图】→【板/计算/边界条件】。可用"固定边界"、"简支边界"来修改边界条件，红颜色表示"固定边界"，蓝颜色表示"简支边界"，如图 6-4 所示。

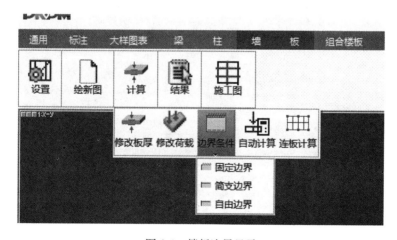

图 6-4　楼板边界显示

6.2.6　楼板开洞时应注意的一些问题

1. 圆洞或方洞垂直于板跨方向的边长小于 300mm 时，可将板的受力钢筋绕过洞口，不必加固。

2. 当 $300 \leqslant D \leqslant 1000mm$ 时，应沿洞边每侧配置加强钢筋，其面积不小于洞口宽度内被切断的受力钢筋面积的 1/2，且不小于 2ϕ10。

3. 当 $D>300$mm 且孔洞周边有集中荷载时或 $D>1000$mm 时，应在孔洞边加设边梁。

6.2.7 弹性与塑性分析方法

1. 塑性计算方法配筋经济，而弹性计算方法，支座负钢筋会很密，直径会很大，对于大板，支座钢筋可能用到 ϕ12@200～ϕ14@100。板的设计一般不考虑抗震，属于纯粹的静力计算，所以安全储备不必太大，可以用塑性计算方法。

任何一个钢筋混凝土构件都是带缝工作的，如果混凝土不拉裂，钢筋永远不会发挥作用，这时候的裂缝，包括塑性计算的构件，开裂不会对结构造成安全影响，当承载力并未达到极限状态时，结构不会出现较大裂缝。一般按塑性计算方法设计时，实际配筋要略大于计算配筋，以防踩到了极限值。对于塑性计算方法，塑性系数（支座弯矩与跨中弯矩之比）$\beta=1.4$ 比较合理。

2. PKPM 程序操作：【SATWE 的核心集成设计/混凝土结构施工图】→【板/设置/参数/计算参数】，如图 6-5、图 6-6 所示。

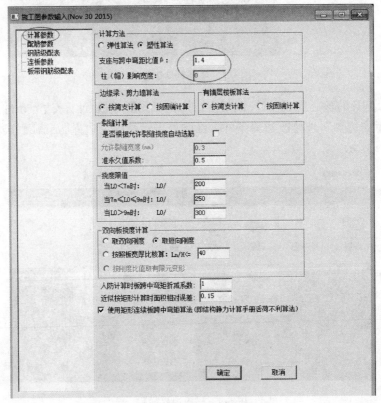

图 6-5　楼板配筋参数对话框

6.2.8 板配筋设计要点

1. 规范规定

《混规》9.1.6：按简支边或非受力边设计的现浇混凝土板，当与混凝土梁、墙整体浇筑或嵌固在砌体墙内时，应设置板面构造钢筋，并符合下列要求：

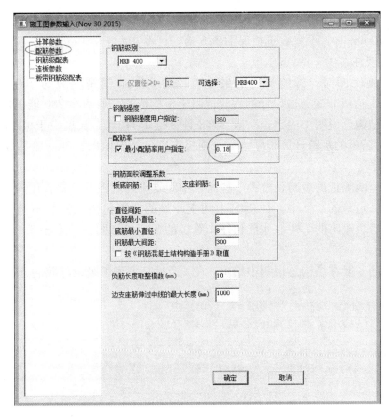

图 6-6　楼板配筋参数对话框（1）

注：一般 C25 的混凝土强度等级，最小配筋率一般可按 0.16％控制，C30 时，可按 0.18％控制。

1）钢筋直径不宜小于 8mm，间距不宜大于 200mm，且单位宽度内的配筋面积不宜小于跨中相应方向板底钢筋截面面积的 1/3。与混凝土梁、混凝土墙整体浇筑单向板的非受力方向，钢筋截面面积尚不宜小于受力方向跨中板底钢筋截面面积的 1/3。

2）钢筋从混凝土梁边、柱边、墙边伸入板内的长度不宜小于 $l_0/4$，砌体墙支座处钢筋伸入板边的长度不宜小于 $l_0/7$，其中计算跨度 l_0 对单向板按受力方向考虑，对双向板按短边方向考虑。

3）在楼板角部，宜沿两个方向正交、斜向平行或放射状布置附加钢筋。

《混规》9.1.7：当按单向板设计时，应在垂直于受力的方向布置分布钢筋，单位宽度上的配筋不宜小于单位宽度上的受力钢筋的 15％，且配筋率不宜小于 0.15％；分布钢筋直径不宜小于 6mm，间距不宜大于 250mm；当集中荷载较大时，分布钢筋的配筋面积尚应增加，且间距不宜大于 200mm。当有实践经验或可靠措施时，预制单向板的分布钢筋可不受本条的限制。

《混规》9.1.8：在温度、收缩应力较大的现浇板区域，应在板的表面双向配置防裂构造钢筋。配筋率均不宜小于 0.10％，间距不宜大于 200mm。防裂构造钢筋可利用原有钢筋贯通布置，也可另行设置钢筋并与原有钢筋按受拉钢筋的要求搭接或在周边构件中锚固。楼板平面的瓶颈部位宜适当增加板厚和配筋。沿板的洞边、凹角部位宜加配防裂构造钢筋，并采取可靠的锚固措施。

《混规》9.1.3：板中受力钢筋的间距，当板厚不大于 150mm 时，不宜大于 200mm；当板厚大于 150mm 时，不宜大于板厚的 1.5 倍，且不宜大于 250mm。

2. 设计时要注意的一些问题

（1）画板施工图时，板的受力筋最小直径为 8mm，间距一般为 200mm、180mm、150mm。按简支边或非受力边设计的现浇混凝土板构造筋一般 $\phi8@200$ 能满足要求。楼板角部放射筋在结构总说明中给出，一般 $\geqslant7\phi8$ 且直径 $d \geqslant$ 边跨，长度大于板跨的 1/3，且不得小于 1.2m。若板的短跨计算长度为 l_0，则板支座负筋的伸出长度一般都按 $l_0/4$ 取，且以 50mm 为模数。

当中间支座两侧板的短跨长度不一样时，中间支座两侧板的上铁长度应一样，其两侧长度应按大跨板短跨的 1/4 取，原因是中间支座处的弯矩包络图实际不是突变而是渐变的，只有按大跨板短跨的 1/4 取才能包住小跨板的弯矩包络图。跨度小于 2m 的板上部钢筋不必断开。

（2）分布筋一般在结构总说明中给出，图 6-7 是某大型甲级设计院的分布筋说明

1）双向板（长短边之比<3的四边支承板）支座负筋的分布筋，除平面图中注明外为：

受力钢筋直径	分布钢筋直径、间距	受力钢筋直径	分布钢筋直径、间距	受力钢筋直径	分布钢筋直径、间距
6、8、10	$\phi6@200$	12、14	$\phi8@250$	16	$\phi10@250$

注：屋面板及外露结构板分布钢筋间距加密至200mm，直径按上表要求。

2）单向板（两对边支承板，长短边之比大于等于3的四边支承板）底筋及支座负筋的分布筋，除平面图中注明外为：

板厚度 （mm）	60~90	100	110	120	130	140	150	160	170	180	190	200
分布钢筋	$\phi6@200$	$\phi6@180$	$\phi6@170$	$\phi6@150$	$\phi6@140$	$\phi6@130$	$\phi6@125$	$\phi8@200$	$\phi8@190$	$\phi8@180$	$\phi8@170$	$\phi10@250$

图 6-7　板内分布钢筋说明

（3）板中受力钢筋的常用直径，板厚不超过 120mm 时，适宜的钢筋直径为 8～12mm；板厚 120～150mm 时，适宜的钢筋直径为 10～14mm；板厚 150～180mm 时，适宜的钢筋直径为 12～16mm；板厚 180～220mm 时，适宜的钢筋直径为 14～18mm。

6.2.9　单向板设计

1. 弯矩算法

两端简支或者铰接，$M_{中}=qL^2/8$ （6-9）

按塑性内力重分布弯矩调幅方法，两端固定或连续时：$M_{固}=M_{中}=qL^2/16$ （6-10）

一端固定或连续，一端简支时，$M_{固}=M_{中}=qL^2/14$ （6-11）

2. 配筋：

板的经济配筋率一般是 0.3%～1%，估算配筋面积公式见式（6-12）

$$A_s = M/(0.9f_y h_0)$$ （6-12）

6.2.10　楼板与梁有高差时的做法

1. 板顶标高比梁底低时做法大样，如图 6-8 所示。

2. 板面比梁面高时的做法大样，如图 6-9 所示。

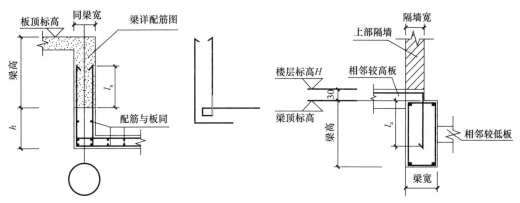

图 6-8 板顶标高比梁底低时的做法大样   图 6-9 板面比梁面高时的做法

6.2.11 板施工图

1. 图 6-10 是某剪力墙结构板局部施工图

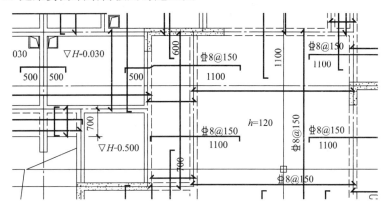

图 6-10 某剪力墙结构板局部施工图

2. 板说明如图 6-11 所示

标准层板配筋说明

说明：

1. 非阴影区板面、板底钢筋为Φ8@150双层双向；

   钢筋标注前含"*"时为板附加钢筋，与通长钢筋间隔设置；注明板底筋为实配钢筋；

2. 板阳角处附加钢筋构造及板分布钢筋设置详见《混凝土板、梁、柱、剪力墙设计及构造说明》，板宜采用钢筋网片施工；

3. 板配筋图中所标楼板负筋长度从梁（墙）边算起，楼板中钢筋为应锚固在边梁或剪力墙的。

4. 图中后浇板板厚为120mm，配筋为板面钢筋Φ8@150(双向)，板底钢筋Φ8@150(双向)。

5. 图中涂阴影部分的板配筋未注明时按如下板配筋参数表：

序号	填充图例	板面配筋	板底配筋	备注
1		Φ8@150(双向)	Φ8@150(双向)	过道
2		Φ8@150(双向)	Φ8@150(双向)	电梯厅
3		Φ8@150(双向)	Φ8@150(双向)	设备平台
4		Φ10@200(双向)	Φ10@200(双向)	卫生间
5		Φ8@200(双向)	Φ8@200(双向)	裙楼

图 6-11 板说明

7 竖向构件设计

7.1 柱

7.1.1 柱荷载估算

地上按每平方米 $13 \sim 15 \mathrm{kN/m^2}$ 估算，地下按每平方米 $25 \mathrm{kN/m^2}$ 估算，把所有楼层的荷载标准值叠加后，再乘以设计值转换系数 1.26。

柱网尺寸为 8m×8m 的框架结构，地上按每平方米 $15 \mathrm{kN/m^2}$ 估算，则跨中柱每层轴力设计值 $F=1.26 \times 15 \mathrm{kN/m^2} \times 8 \mathrm{m} \times 8 \mathrm{m} \approx 1210 \mathrm{kN}$。地下按每平方米 $25 \mathrm{kN/m^2}$ 估算，则跨中柱每层轴力设计值 $F=1.26 \times 25 \mathrm{kN/m^2} \times 8 \mathrm{m} \times 8 \mathrm{m} = 2016 \mathrm{kN}$。

7.1.2 柱截面

1. 规范规定

《抗规》6.3.5：柱的截面尺寸，宜符合下列各项要求：

截面的宽度和高度，四级或不超过 2 层时不宜小于 300mm，一、二、三级且超过 2 层时不宜小于 400mm；圆柱的直径，四级或不超过 2 层时不宜小于 350mm，一、二、三级且超过 2 层时不宜小于 450mm。

2. 经验

(1) 表 7-1 是北京市建筑设计研究院原总工郁彦的经验总结，编制表格时以柱网 8m×8m，轴压比 0.9 为计算依据。

正方形柱及圆柱截面尺寸参考（轴压比为 0.9） 表 7-1

每层平均荷载标准值 $q(\mathrm{kN/m^2})$	层数混凝土等级	C20	C30	C40	C50	C60
12.5	10 层	方形柱 1050^2 圆柱直 $\phi1200$	方形柱 900^2 圆柱直 $\phi1000$	方形柱 750^2 圆柱直 $\phi850$		
13	20 层	方形柱 1550^2 圆柱直 $\phi1750$	方形柱 1250^2 圆柱直 $\phi1400$	方形柱 1100^2 圆柱直 $\phi1250$	方形柱 1000^2 圆柱直 $\phi1150$	
13.5	30 层		方形柱 1550^2 圆柱直 $\phi1750$	方形柱 1400^2 圆柱直 $\phi1550$	方形柱 1250^2 圆柱直 $\phi1400$	方形柱 1200^2 圆柱直 $\phi1350$
14	40 层			方形柱 1600^2 圆柱直 $\phi1800$	方形柱 1500^2 圆柱直 $\phi1650$	方形柱 1400^2 圆柱直 $\phi1550$
14.5	50 层				方形柱 1700^2 圆柱直 $\phi1900$	方形柱 1600^2 圆柱直 $\phi1800$

（2）柱网不是很大时，一般每 10 层柱截面按 $0.3\sim0.4m^2$ 取。当结构为多层时，每隔 3 层柱子可以收小一次，模数$\geqslant50mm$；高层，$5\sim8$ 层可以收小一次，顶层柱子截面一般不要小于 $400mm\times400mm$。

对于高层酒店，平面布置如果是长方形，为了协调刚度（如果 Y 方向的刚度弱），往往把柱边长的方向沿着 Y 方向布置。最顶层的柱子一般最小做到 $500mm\times500mm$。

7.1.3　柱子轴压比的设计要点

1. 规范规定

《抗规》6.3.6：柱轴压比不宜超过表 7-2 的规定；建造于 Ⅳ 类场地且较高的高层建筑，柱轴压比限值应适当减小。

柱轴压比限值　　　　　　　　　　　　　　　表 7-2

结构类型	抗震等级			
	一	二	三	四
框架结构	0.65	0.75	0.85	0.90
框架-抗震墙，板柱-抗震墙、框架-核心筒及筒中筒	0.75	0.85	0.90	0.95
部分框支抗震墙	0.6	0.7		

注：1. 轴压比指柱组合的轴压力设计值与柱的全截面面积和混凝土轴心抗压强度设计值乘积之比值；对本规范规定不进行地震作用计算的结构，可取无地震作用组合的轴力设计值计算；
　　2. 表内限值适用于剪跨比大于 2、混凝土强度等级不高于 C60 的柱；剪跨比不大于 2 的柱，轴压比限值应降低 0.05；剪跨比小于 1.5 的柱，轴压比限值应专门研究并采取特殊构造措施；
　　3. 沿柱全高采用井字复合箍且箍筋肢距不大于 200mm、间距不大于 100mm、直径不小于 12mm，或沿柱全高采用复合螺旋箍、螺旋间距不大于 100mm、箍筋肢距不大于 200mm、直径不小于 12mm，或沿柱全高采用连续复合矩形螺旋箍、螺旋净距不大于 80mm、箍筋肢距不大于 200mm、直径不小于 10mm，轴压比限值均可增加 0.10；上述三种箍筋的最小配箍特征值均应按增大的轴压比由《抗规》表 6.3.9 确定；
　　4. 在柱的截面中部附加芯柱，其中另加的纵向钢筋的总面积不少于柱截面面积的 0.8%，轴压比限值可增加 0.05；此项措施与注 3 的措施共同采用时，轴压比限值可增加 0.15，但箍筋的体积配箍率仍可按轴压比增加 0.10 的要求确定；
　　5. 柱轴压比不应大于 1.05。

2. 设计时要注意的一些问题

（1）柱轴压比的计算在《高规》和《抗规》中的规定并不完全一样，《抗规》第 6.3.6 条规定，计算轴压比的柱轴力设计值既包括地震组合，也包括非地震组合，而《高规》第 6.4.2 条规定，计算轴压比的柱轴力设计值仅考虑地震作用组合下的柱轴力。软件在计算柱轴压比时，当工程考虑地震作用，程序仅取地震作用组合下的柱轴力设计值计算；当该工程不考虑地震作用时，程序才取非地震作用组合下的柱轴力设计值计算。

（2）柱截面种类不宜太多是设计中的一个原则，在柱网疏密不均的建筑中，某根柱或为数不多的若干根柱由于轴力大而需要较大截面，如果将所有柱截面放大以求统一，会增加柱用钢量，可以对个别柱的配筋采用加芯柱、加大配箍率甚至加大主筋配筋率以提高其轴压比，从而达到控制其截面的目的。

7.1.4　柱子混凝土强度等级的选取

多层建筑一般取 C30～C35，高层建筑要分段设置柱的混凝土强度等级，比如一栋 20～

30 层的房屋,柱子的混凝土强度等级 C50～C30,竖向每隔 5 层变一次,最后全部取 C30,竖向与水平混凝土强度等级应合理匹配,柱子混凝土强度等级与柱截面不同时改变。

7.1.5 柱子配筋设计要点

1. 钢筋等级

应按照设计院的做法来,大多数设计院柱纵筋与箍筋均用 HRB400 级钢。

2. 纵筋直径

多层时,纵筋直径以 $\phi20$ 居多,纵筋直径尽量不大于 $\phi25$,不小于 $\phi16$,柱内钢筋比较多时,尽量用 $\phi28$、$\phi30$ 的钢筋。钢筋直径要≤矩形截面柱在该方向截面尺寸的 1/20。

构造柱比如截面尺寸为 250mm×250mm,一般配 $4\phi12$。结构柱,当截面尺寸不小于 400mm×400mm 时,最小直径为 16mm,太小了施工容易弯折,截面尺寸小于 400mm×400mm 时,最小直径为 14mm。

3. 纵筋间距

(1) 规范规定

《高规》6.4.4-2:截面尺寸大于 400mm 的柱,一、二、三级抗震设计时其纵向钢筋间距不宜大于 200mm;抗震等级为四级和非抗震设计时,柱纵向钢筋间距不宜大于 300mm;柱纵向钢筋净距均不应小于 50mm。

(2) 经验

柱纵筋间距,在不增大柱纵筋配筋率的前提下,尽量采用规范上限值,以减小箍筋肢数,表 7-3 给出了柱单边最小钢筋根数。

柱单边最小钢筋根数　　　　　　　　表 7-3

截面 (mm)	250～300	300～450	500～750	750～900
单边	2	3	4	5

4. 纵筋配筋原则

宜对称配筋,柱截面纵筋种类宜一种,不要超过 2 种。钢筋直径不宜上大下小,但也可以这样做。

5. 纵筋配筋率

(1) 规范规定

《抗规》6.3.7-1:柱的钢筋配置,应符合下列各项要求:

柱纵向受力钢筋的最小总配筋率应按表 7-4 采用,同时每一侧配筋率不应小于 0.2%;对建造于Ⅳ类场地且较高的高层建筑,最小总配筋率应增加 0.1%。

柱截面纵向钢筋的最小总配筋率(百分率)　　　　　　　　表 7-4

类别	抗震等级			
	一	二	三	四
中柱和边柱	0.9 (1.0)	0.7 (0.8)	0.6 (0.7)	0.5 (0.6)
角柱、框支柱	1.1	0.9	0.8	0.7

注:1. 表中括号内数值用于框架结构的柱;
　　2. 钢筋强度标准值小于 400MPa 时,表中数值应增加 0.1,钢筋强度标准值为 400MPa 时,表中数值应增加 0.05;
　　3. 混凝土强度等级高于 C60 时,上述数值应相应增加 0.1。

《抗规》6.3.8：

1）柱总配筋率不应大于5%；剪跨比不大于2的一级框架的柱，每侧纵向钢筋配筋率不宜大于1.2%。

2）边柱、角柱及抗震墙端柱在小偏心受拉时，柱内，纵筋总截面面积应比计算值增加25%。

（2）经验

柱子总配筋率一般在1.0%～2%之间。当结构方案合理时，竖向受力构件一般为构造配筋，框架柱配筋率在0.7%～1.0%之间。对于抗震等级为二、三级的框架结构，柱纵向钢筋配筋率应在1.0%～1.2%之间，角柱和框支柱配筋率应在1.2%～1.5%之间。

6. 柱中常用钢筋面积

$\phi 12 = 113mm^2$，$\phi 14 = 154mm^2$，$\phi 16 = 201mm^2$，$\phi 18 = 255mm^2$，$\phi 20 = 314mm^2$，$\phi 22 = 380mm^2$，$\phi 25 = 491mm^2$，$\phi 28 = 616mm^2$，$\phi 30 = 707mm^2$。

7. 箍筋

（1）柱加密区箍筋间距和直径

《抗规》6.3.7-2：柱箍筋在规定的范围内应加密，加密区的箍筋间距和直径，应符合下列要求：

1）一般情况下，箍筋的最大间距和最小直径，应按表7-5采用。

柱箍筋加密区的箍筋最大间距和最小直径 　　　　表7-5

抗震等级	箍筋最大间距（采用较小值，mm）	箍筋最小直径（mm）
一	$6d$，100	10
二	$8d$，100	8
三	$8d$，150（柱根100）	8
四	$8d$，150（柱根100）	6（柱根8）

注：1. d 为柱纵筋最小直径；

　　2. 柱根指底层柱下端箍筋加密区。

2）一级框架柱的箍筋直径大于12mm且箍筋肢距不大于150mm及二级框架柱的箍筋直径不小于10mm且箍筋肢距不大于200mm时，除底层柱下端外，最大间距应允许采用150mm；三级框架柱的截面尺寸不大于400mm时，箍筋最小直径应允许采用6mm；四级框架柱剪跨比不大于2时，箍筋直径不应小于8mm。

3）框支柱和剪跨比不大于2的框架柱，箍筋间距不应大于100mm。

（2）柱的箍筋加密范围

《抗规》6.3.9-1：柱的箍筋加密范围，应按下列规定采用：

1）柱端，取截面高度（圆柱直径）、柱净高的1/6和500mm三者的最大值；

2）底层柱的下端不小于柱净高的1/3；

3）刚性地面上下各500mm；

4）剪跨比不大于2的柱、因设置填充墙等形成的柱净高与柱截面高度之比不大于4

的柱、框支柱、一级和二级框架的角柱，取全高。

（3）柱箍筋加密区箍筋肢距

《抗规》6.3.9-2：柱箍筋加密区的箍筋肢距，一级不宜大于 200mm，二、三级不宜大于 250mm，四级不宜大于 300mm。至少每隔一根纵向钢筋宜在两个方向有箍筋或拉筋约束；采用拉筋复合箍时，拉筋宜紧靠纵向钢筋并钩住箍筋。

（4）柱箍筋非加密区的箍筋配置

《抗规》6.3.9-4：柱箍筋非加密区的箍筋配置，应符合下列要求：

1）柱箍筋非加密区的体积配箍率不宜小于加密区的 50%。

2）箍筋间距，一、二级框架柱不应大于 10 倍纵向钢筋直径，三、四级框架柱不应大于 15 倍纵向钢筋直径。

（5）柱加密区范围内箍筋的体积配箍率：

《抗规》6.3.9-3：柱箍筋加密区的体积配箍率，应按下列规定采用：

1）柱箍筋加密区的体积配箍率应符合下式要求：

$$\rho_v \geqslant \lambda_v f_c / f_{yv} \tag{7-1}$$

式中　ρ_v——柱箍筋加密区的体积配箍率，一级不应小于 0.8%，二级不应小于 0.6%，三、四级不应小于 0.4%；计算复合螺旋箍的体积配箍率时，其非螺旋箍的箍筋体积应乘以折减系数 0.5；

　　　　f_c——混凝土轴心抗压强度设计值，强度等级低于 C35 时，应按 C35 计算；

　　　　f_{yv}——箍筋或拉筋抗拉强度设计值；

　　　　λ_v——最小配箍特征值。

2）框支柱宜采用复合螺旋箍或井字复合箍，其最小配箍特征值应比表 6.3.9 内数值增加 0.02，且体积配箍率不应小于 1.5%。

3）剪跨比不大于 2 的柱宜采用复合螺旋箍或井字复合箍，其体积配箍率不应小于 1.2%，9 度一级时不应小于 1.5%。

7.1.6　柱设计时要注意的一些问题

1. 在建筑顶层，边角柱 N 一般很小，假定端跨梁与柱按刚接，在水平力作用时，会使得 M 突然增大很多，大偏心受压，柱配筋会增加很多，可以把梁端设为铰接，但梁端应采取构造措施。

2. 构造柱对砖墙所起的约束作用能显著提高墙体的抗震能力及整体结构的抗震性能，是一项有效的防倒塌抗震措施。地震早期墙体开裂变形时，构造柱并不能发挥较大作用，但后期墙体破碎后构造柱"竖箍"作用十分明显，同时，还有水平圈梁的围箍约束作用，它和构造柱共同构成砌体之外的"柔性框架"，保障在设计预期的地震作用下结构不破坏、不倒塌。

7.1.7　柱施工图

1. 8 度区某多层框架办公辅房柱配筋表（图 7-1）

2. 7 度区某高层框架-剪力墙结构柱配筋表（图 7-2）

柱配筋表

编号	KZ1		KZ1（KZ2a）	
截面	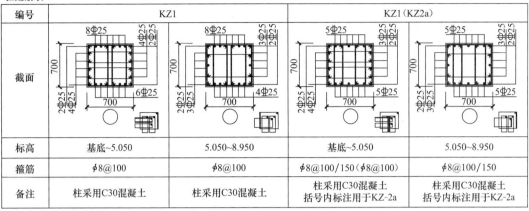			
标高	基底~5.050	5.050~8.950	基底~5.050	5.050~8.950
箍筋	φ8@100	φ8@100	φ8@100/150（φ8@100）	φ8@100/150
备注	柱采用C30混凝土	柱采用C30混凝土	柱采用C30混凝土 括号内标注用于KZ-2a	柱采用C30混凝土 括号内标注用于KZ-2a

图 7-1　8 度区某多层框架办公辅房柱配筋表

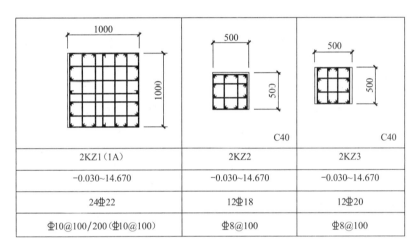

2KZ1（1A）	2KZ2	2KZ3
−0.030~14.670	−0.030~14.670	−0.030~14.670
24Φ22	12Φ18	12Φ20
Φ10@100/200（Φ10@100）	Φ8@100	Φ8@100

图 7-2　7 度区某高层框架-剪力墙结构柱配筋表

7.2　墙

7.2.1　墙荷载估算

剪力墙荷载标准值估算公式：标准值 $Q \approx 13 + 7(n-15)/20$

式中　Q——为每层的荷载标准值；

n——层数。

注：n 小于 15 时取 15。一个 30 层高层，按估算公式，则标准值 $=18.25 kN/m^2$，20 层，标准值 $=14.75 kN/m^2$。

7.2.2　墙截面及混凝土强度等级

1. 规范规定

《高规》7.2.1：一、二级剪力墙：底部加强部位不应小于 200mm，其他部位不应小于 160mm；一字形独立剪力墙底部加强部位不应小于 220mm，其他部位不应小于

180mm。

三、四级剪力墙：不应小于 160mm，一字形独立剪力墙的底部加强部位尚不应小于 180mm。

非抗震设计时不应小于 160mm。剪力墙井筒中，分隔电梯井或管道井的墙肢截面厚度可适当减小，但不宜小于 160mm。

《抗规》6.4.1：抗震墙的厚度，一、二级不应小于 160mm 且不宜小于层高或无支长度的 1/20，三、四级不应小于 140mm 且不宜小于层高或无支长度的 1/25；无端柱或翼墙时，一、二级不宜小于层高或无支长度的 1/16，三、四级不宜小于层高或无支长度的 1/20。

底部加强部位的墙厚，一、二级不应小于 200mm 且不宜小于层高或无支长度的 1/16，三、四级不应小于 160mm 且不宜小于层高或无支长度的 1/20；无端柱或翼墙时，一、二级不宜小于层高或无支长度的 1/12，三、四级不宜小于层高或无支长度的 1/16。

2. 经验

（1）剪力墙墙厚

在设计时，墙厚一般不变，若墙较厚，可以隔一定层数缩进。剪力墙墙厚除满足规范外，内横墙应≥160mm，内纵墙及外墙≥180mm；有转角窗外墙≥200mm；电梯井筒部分可以做到 180mm，一般还是为了方便施工与钢筋锚固，剪力墙厚一般至少做 200mm 厚，但在框架-剪力墙结构中，除了电梯井筒外，最小厚度一般为 200mm。

注：1. 墙厚一般主要影响结构的刚度和稳定性，若层高有突变，在底层，则应适当把墙加厚，若是顶部跃层，可不单独加厚，但要验算该墙的稳定性，并采取构造措施加强。一般底层层高 5m 左右时，剪力墙厚度可为 250～300mm，对于剪力墙住宅，电梯井核心筒部位可能 200mm 也能试算下来。对于地下室采用无梁楼盖体系或者大板加腋体系时，塔楼周边范围的地下室剪力墙厚度一般可取 300mm，来平衡不同板厚的不平衡弯矩。

2. 有时候剪力墙住宅，除了架空层的上部住宅，也会出现轴压比或者稳定性过不了的情况，为了不影响建筑功能的使用，有时候只增加墙身的厚度，不增加翼缘的厚度（当增加翼缘厚度后会在卧室等处露出剪力墙，不好看）。

（2）剪力墙底部墙厚

当建筑层数在 25～33 时，剪力墙底部墙厚在满足规范的前提下一般遵循以下规律：6 度区约为 $8n$（n 为结构层数），7 度区约为 $10n$，8 度（0.2g）区约为 $13n$，8 度（0.3g）区约为 $15n$。

（3）剪力墙混凝土强度等级选取

高层建筑要分段设置柱的混凝土强度等级，比如一栋 30 层的房屋，剪力墙的混凝土强度等级 C50～C30，竖向每隔 5 层变一次，最后全部取 C30，竖向与水平混凝土强度等级应合理匹配，剪力墙混凝土强度等级与剪力墙截面不同时改变，一般剪力墙约束边缘构件层数以上再变截面。

7.2.3　墙轴压比的设计要点

1. 规范规定

《高规》7.2.13：重力荷载代表值作用下，一、二、三级剪力墙墙肢的轴压比不宜超过表 7-6 的限值。

	剪力墙墙肢轴压比限值		表 7-6
抗震等级	一级（9度）	一级（6、7、8度）	二、三级
轴压比值	0.4	0.5	0.6

注：墙肢轴压比是指重力荷载代表值作用下墙肢承受的轴压力设计值与墙肢的全截面面积和混凝土轴心抗压强度设计值乘积之比值。

《高规》7.2.14（表 7-7）：

	剪力墙可不设约束边缘构件的最大轴压比		表 7-7
等级或烈度	一级（9度）	一级（6、7、8度）	二、三级
轴压比	0.1	0.2	0.3

7.2.4　剪力墙底部加强区高度的确定

剪力墙底部加强区高度取值见表 7-8。

	剪力墙底部加强区高度	表 7-8
结构类型	加强区高度取值	
一般结构	$\frac{1}{10}H$，底部两层高度，较大值	
带转换层的高层建筑	$\frac{1}{10}H$，框支层加框支层上面 2 层，较大值	
与裙房连成一体的高层建筑	$\frac{1}{10}H$，裙房层加裙房层上面一层，较大值	

注：1. 底部加强部位高度均从地下室顶板算起，当结构计算嵌固端位于地下一层的底板或以下时，底部加强部位宜向下延伸到计算嵌固端；当房屋高度≤24m 时，底部加强部位可取地下一层。

2. 某些高层住宅，地下室周围覆土只有 1～2 面，且是坡地建筑，建筑总高度应从地下室底板算起，且底部加强部位高度等，都要按嵌固端位于地下室顶板与地下室底板进行包络设计（一般是前者控制）。

7.2.5　墙的分类

墙的分类见表 7-9。

	墙的分类		表 7-9
h_w/b_w	$h_w/b_w \leqslant 4$	$4 < h_w/b_w \leqslant 8$	$h_w/b_w > 8$
类型	按框架柱设计	短肢剪力墙	一般墙

注：1. 有效翼墙可以提高剪力墙墙肢的稳定性，但不改变墙肢短肢剪力墙的属性；

2. 以下几种情况可不算短肢剪力墙：

(1) 地下室墙肢，对应的地上墙肢为一般剪力墙，地下室由于层高原因需加厚剪力墙，于是不满足一般剪力墙的宽厚比，如果满足墙肢稳定性要求，可不按短肢剪力墙设计；

(2) $b_w \leqslant 500$，但 $b_w \geqslant H/15$，$b_w \geqslant 300$，$h_w \geqslant 2000$；

(3) $b_w > 500$，$h_w/b_w \geqslant 4$；

(4) 《北京市建筑设计技术细则（结构）》：墙肢截面高度与厚度为 5～8，且墙肢两侧均与较强的连梁（连梁净跨与连梁高度之比≤2.5）相连时或有翼墙相连的短肢墙，可不作为短肢墙；

(5) 200mm 厚和 250mm 的墙体长度分别不小于 1700mm 和 2100mm，或大于 300mm 厚墙体长度不小于 4 倍墙厚。

7.2.6　对短肢剪力墙的认识及设计

1. 规范规定

《高规》7.1.8：抗震设计时，高层建筑结构不应全部采用短肢剪力墙；B 级高度高层建筑以及抗震设防烈度为9度的A级高度高层建筑，不宜布置短肢剪力墙，不应采用具有较多短肢剪力墙的剪力墙结构。当采用具有较多短肢剪力墙的剪力墙结构时，应符合下列规定：

1) 在规定的水平地震作用下，短肢剪力墙承担的底部倾覆力矩不宜大于结构底部总地震倾覆力矩的50%；

2) 房屋适用高度应比本规程表3.3.1-1规定的剪力墙结构的最大适用高度适当降低，7度、8度（0.2g）和8度（0.3g）时分别不应大于100m、80m和60m。

注：1. 短肢剪力墙时指截面厚度不大于300mm、各肢截面高度与厚度之比的最大值大于4但不大于8的剪力墙；

2. 具有较多短肢剪力墙的剪力墙结构是指，在规定的水平地震作用下，短肢剪力墙承担的底部倾覆力矩不小于结构底部总地震倾覆力矩的30%的剪力墙结构。

《高规》7.2.2：抗震设计时，短肢剪力墙的设计应符合下列规定：

1) 短肢剪力墙截面厚度除应符合本规程第7.2.1条的要求外，底部加强部位尚不应小于200mm，其他部位尚不应小于180mm。

2) 一、二、三级短肢剪力墙的轴压比，分别不宜大于0.45、0.5、0.55，一字形截面短肢剪力墙的轴压比极限值应相应减小0.1。

3) 短肢剪力墙的底部加强部位应按本节7.2.6条调整剪力设计值，其他各层一、二、三级时剪力设计值应分别乘以增大系数1.4、1.2和1.1。

4) 短肢剪力墙边缘构件的设置应符合本规程第7.2.14条的规定。

5) 短肢剪力墙的全部竖向钢筋的配筋率，底部加强部位一、二级不宜小于1.2%，三、四级不宜小于1.0%；其他部位一、二级不宜小于1.0%，三、四级不宜小于0.8%。

6) 不宜采用一字形短肢剪力墙，不宜在一字形短肢剪力墙上布置平面外与之相交的单侧楼面梁。

2. 设计时要注意的一些问题

（1）可以查看SATWE中"规定水平力框架柱及短肢墙地震倾覆力矩（《抗规》）"来判断是否为"具有较多短肢剪力墙的剪力墙结构"。

（2）PKPM 2010取消了"短肢剪力墙结构"的结构体系选项，改为搜索厚度不大于300mm，且截面高度与宽度之比大于4但不大于8，且关联墙肢不超过2的剪力墙，自动定义为短肢墙。PKPM 2010也取消了短肢剪力墙结构体系，对具有较多短肢剪力墙的剪力墙结构，首先应尽量避开，不能避开时，应满足规范的规定和构造要求。

（3）判断是否为具有较多短肢剪力墙的剪力墙结构时，除查看SATWE中"规定水平力框架柱及短肢墙地震倾覆力矩（《抗规》）"，还可以考察以下指标：①短肢剪力墙截面面积是否大于等于剪力墙总截面面积的50%；②短肢剪力墙受荷面积较大，是否达到楼层面积的40%~50%以上（较高建筑允许更小的数量）；③短肢剪力墙是否布置比较集中，是否集中在平面的一面或建筑的周边。

（4）在南方某些地区，抗震设防烈度较低，地基承载力较低，通常采用桩基础，采用具有较多短肢剪力墙的剪力墙结构，可以节省造价；而北方某些地区，抗震设防烈度较高，地基承载力较高，通常不采用桩基础，选择普通剪力墙结构可以节省造价。

（5）一般15层左右的剪力墙结构，用钢梁约为65kg/m²，而具有较多短肢剪力墙的剪力墙结构用钢量约为53kg/m²；普通剪力墙自重（标准值）为13~16kN/m²，而短肢剪

力墙约为 $10 \sim 12 kN/m^2$，具有较多短肢剪力墙的剪力墙结构可以减小桩基础费用，但其抗震性能不如剪力墙结构，且必须加强抗震构造措施，施工也不便。

（6）抗震等级为四级的短肢剪力墙，其轴压比一般可按 0.6 控制。

7.2.7　对暗柱、扶壁柱的认识及设计

规范规定

《高规》7.1.6：当剪力墙或核心筒墙肢与其平面外相交的楼面梁刚接时，可沿楼面梁轴线方向设置与梁相连的剪力墙、扶壁柱或在墙内设置暗柱，并应符合下列规定：

1）设置沿楼面梁轴线方向与梁先连的剪力墙时，墙的厚度不宜小于梁的截面宽度；

2）设置扶壁柱时，其截面宽度不应小于梁宽，其截面高度可计入墙厚；

3）墙内设置暗柱时，暗柱的截面高度可取墙的厚度，暗柱的截面宽度可取梁宽加 2 倍墙厚；

4）应通过计算确定暗柱或扶壁柱的纵向钢筋（或型钢），纵向钢筋的总配筋率不宜小于表 7-10 的规定。

暗柱、扶壁柱纵向钢筋的构造配筋率　　　　　　　　　　表 7-10

设计状况	抗震设计				非抗震设计
	一级	二级	三级	四级	
配筋率（%）	0.9	0.7	0.6	0.5	0.5

注：采用 400MPa、335MPa 级钢筋时，表中数值宜分别增加 0.05 和 0.10。

5）楼面梁的水平钢筋应伸入剪力墙或扶壁柱，伸入长度应符合钢筋锚固要求。钢筋锚固段的水平投影长度，非抗震设计时不宜小于 $0.4l_{ab}$，抗震设计时不宜小于 $0.4l_{abE}$；当锚固段的水平投影长度不满足要求时，可将楼面梁伸出墙面形成梁头，梁的纵筋伸入梁头后弯折锚固 $15d$，也可采取其他可靠的锚固措施。

6）暗柱或扶壁柱应设置箍筋，箍筋直径，一、二、三级时不应小于 8mm，四级及非抗震时不应小于 6mm，且均不应小于纵向钢筋直径的 1/4；箍筋间距，一、二、三级时不应大于 150mm，四级及非抗震时不应大于 200mm。

7.2.8　对约束边缘构件的认识及设计

1. 规范规定

《高规》7.2.14：剪力墙两端和洞口两侧应设置边缘构件，并应符合下列规定：

1）一、二、三级剪力墙底层墙肢底截面的轴压比大于表 7-7 的规定值时，以及部分框支剪力墙结构的剪力墙，应在底部加强部位及相邻的上一层设置约束边缘构件，约束边缘构件应符合本规程第 7.2.15 条的规定；

2）除本条第 1 款所列部位外，剪力墙应按本规程第 7.2.16 条设置构造边缘构件；

3）B 级高度高层建筑的剪力墙，宜在约束边缘构件层与构造边缘构件层之间设置 1～2 层过渡层，过渡层边缘构件的箍筋配置要求可低于约束边缘构件的要求，但应高于构造边缘构件的要求。

《高规》7.2.15：剪力墙的约束边缘构件可为暗柱、端柱和翼墙（图 7-3），并应符合

下列规定：

1）约束边缘构件沿墙肢的长度 l_c 和箍筋配箍特征值 λ_v 应符合表 7-11 的要求，其体积配箍率 ρ_v 应按下式计算：

$$\rho_v \geqslant \lambda_v f_c / f_{yv} \tag{7-2}$$

式中 　ρ_v——箍筋体积配箍率；可计入箍筋、拉筋以及符合构造要求的水平分布钢筋，计入的水平分布钢筋的体积配箍率不应大于总体积配箍率的 30%；

　　　λ_v——约束边缘构件配箍特征值；

　　　f_c——混凝土轴心抗压强度设计值；混凝土强度等级低于 C35 时，应取 C35 的混凝土轴心抗压强度设计值；

　　　f_{yv}——箍筋、拉筋或水平分布钢筋的抗拉强度设计值。

约束边缘构件沿墙肢的长度 l_c 及其配箍特征值 λ_v　　　　　　表 7-11

项目	一级（9度）		一级（6、7、8度）		二、三级	
	$\mu_N \leqslant 0.2$	$\mu_N > 0.2$	$\mu_N \leqslant 0.3$	$\mu_N > 0.3$	$\mu_N \leqslant 0.4$	$\mu_N > 0.4$
l_c（暗柱）	$0.20h_w$	$0.25h_w$	$0.15h_w$	$0.20h_w$	$0.15h_w$	$0.20h_w$
l_c（翼墙或端柱）	$0.15h_w$	$0.20h_w$	$0.10h_w$	$0.15h_w$	$0.10h_w$	$0.15h_w$
λ_v	0.12	0.20	0.12	0.20	0.12	0.20

注：1. μ_N 为墙肢在重力荷载代表值作用下的轴压比，h_w 为墙肢的长度；
　　2. 剪力墙的翼墙长度小于翼墙厚度的 3 倍或端柱截面边长小于 2 倍墙厚时，按无翼墙、无端柱查表；
　　3. l_c 为约束边缘构件沿墙肢的长度（图 7.2.15）。对暗柱不应小于墙厚和 400mm 的较大值；有翼墙或端柱时，不应小于翼墙厚度或端柱沿墙肢方向截面高度加 300mm。

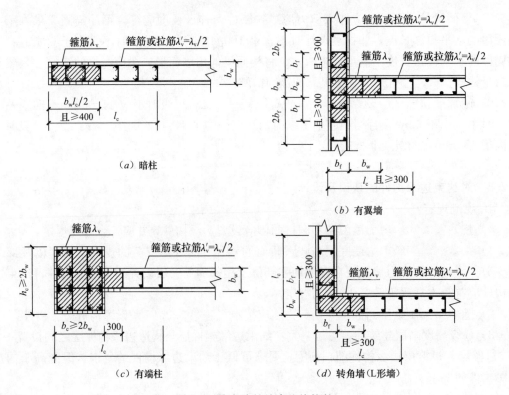

（a）暗柱　　　　（b）有翼墙

（c）有端柱　　　　（d）转角墙（L形墙）

图 7-3　剪力墙的约束边缘构件

2) 剪力墙约束边缘构件阴影部分（图 7-3）的竖向钢筋除应满足正截面受压（受拉）承载力计算要求外，其配筋率一、二、三级时分别不应小于 1.2%、1.0% 和 1.0%，并分别不应少于 8φ16、6φ16 和 6φ14 的钢筋（φ 表示钢筋直径）；

3) 约束边缘构件内箍筋或拉筋沿竖向的间距，一级不宜大于 100mm，二、三级不宜大于 150mm；箍筋、拉筋沿水平方向的肢距不宜大于 300mm，不应大于竖向钢筋间距的 2 倍。

2. 设计时要注意的一些问题

（1）抗震墙的翼墙长度<其 3 倍厚度，或端柱边长<2 倍墙厚时，按无翼墙、无端柱查表，建模时，翼墙、端柱不建入，可按构造配筋。如果建入，则程序给出按柱对称配筋计算的单边水平方向钢筋面积。

（2）L_c 为约束边缘构件沿墙肢长度，其阴影区 L_s＝墙厚、400mm 和 $L_c/2$ 这三者的最大值。有翼墙和端柱时，其阴影区 L_s＝翼墙厚度＋300mm、翼墙厚度＋b_w 的较大值，端柱取沿墙肢方向截面高度＋300mm。当 L_c<L_s 时（L_c 按规范取值小于 L_s 按构造取值），令 L_c＝L_s 时；当 L_c>L_s（只在约束边缘构件中有这种情况），非阴影区纵筋直径可同墙身竖向钢筋，但箍筋或拉筋沿竖向的间距，一级抗震等级不宜大于 100mm，二级抗震等级不宜大于 150mm，因为《抗规》第 6.4.5 条有规定：一、二级剪力墙底部加强部位，构造边缘构件箍筋的最小直径为 8mm，箍筋沿竖向的最大间距分别为 100mm、150mm。应加密拉筋和竖向分布筋，根数等于复合箍筋外围交叉点数。为了充分发挥约束边缘构件的作用，在剪力墙约束边缘构件长度范围内，箍筋的长短边之比不宜大于 3，相邻两个箍筋之间宜相互搭接 1/3 箍筋长边的长度。当非阴影区长度在 0～100mm 时，可以并入阴影区，在 100～200mm 时，可以取 200mm，当>200mm 时，非阴影区长度按实际取，模数为 200mm。

（3）剪力墙结构如果墙布置合理，长短适当，那么约束边缘构件 L_c 的长度是可以归并的，此时可以采用统一的方法表示（比如图形、文字等），暗柱表中可以不画出非阴影区长度以及配筋，但要表达清楚。有时约束边缘构件 L_c 的长度不一定能归并，那暗柱应具体表示。

（4）箍筋，拉筋间距及直径

约束边缘构件内箍筋或拉筋竖向间距，一级≤100mm；二、三级≤150mm。箍筋，拉筋沿水平方向的肢距≤300mm 且≤2 倍竖向钢筋间距。在设计时，肢距一般控制在 200mm 左右，箍筋直径一般不大于 10mm，以方便施工。

（5）阴影部位的箍筋形式一经选定，复合箍筋的外围交叉点也就确定了，该部位的纵向钢筋根数也就确定了，再根据配筋率，选取纵向钢筋的直径及根数。同样道理，非阴影部位的竖向分布筋根数也随着箍筋形式的选定而确定。

7.2.9 对构造边缘构件的认识及设计

1. 规范规定

《高规》7.2.16：剪力墙构造边缘构件的范围宜按图 7-4 中阴影部分采用，其最小配筋应满足表 7-12 的规定，并应符合下列规定：

1) 竖向配筋应满足正截面受压（受拉）承载力的要求；

2）当端柱承受集中荷载时，其竖向钢筋、箍筋直径和间距应满足框架柱的相应要求；

3）箍筋、拉筋沿水平方向的肢距不宜大于 300mm，不应大于竖向钢筋间距的 2 倍；

4）抗震设计时，对于连体结构、错层结构以及 B 级高度高层建筑结构中的剪力墙（筒体），其构造边缘构件的最小配筋应符合下列要求：

① 竖向钢筋最小量应比表 7-12 中的数值提高 $0.001A_c$ 采用；

② 箍筋的配筋范围宜取图 7-4 中阴影部分，其配箍特征值 λ_v 不宜小于 0.1。

5）非抗震设计的剪力墙，墙肢端部应配置不少于 4φ12 的纵向钢筋，箍筋直径不应小于 6mm、间距不宜大于 250mm。

剪力墙构造边缘构件的最小配筋要求　　　　　　　　　　表 7-12

抗震等级	底部加强部位		
	竖向钢筋最小量（取较大值）	箍筋	
		最小直径（mm）	沿竖向最大间距（mm）
一	$0.010A_c$，6φ16	8	100
二	$0.008A_c$，6φ14	8	150
三	$0.006A_c$，6φ12	6	150
四	$0.005A_c$，4φ12	6	200
抗震等级	其他部位		
	竖向钢筋最小量（取较大值）	拉筋	
		最小直径（mm）	沿竖向最大间距（mm）
一	$0.008A_c$，6φ14	8	150
二	$0.006A_c$，6φ12	8	200
三	$0.005A_c$，4φ12	6	200
四	$0.004A_c$，4φ12	6	250

注：1. A_c 为构造边缘构件的截面面积，即图 7-4 剪力墙截面的阴影部分；
　　2. 符号 φ 表示钢筋直径。

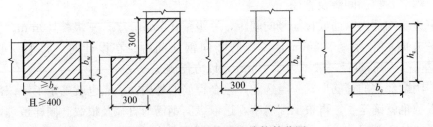

图 7-4　剪力墙的构造边缘构件范围

2. 设计时要注意的一些问题

（1）非底部加强部位，如果墙肢长度在 2m 左右，一般不由构造配筋率控制，而是由规范中规定的构造钢筋根数和直径控制，一级 6φ14，二级 6φ12，三级 4φ12，四级 4φ12。

（2）剪力墙结构中，当层数小于 15 层时其墙肢轴压比一般都小于 0.2，所以一般除 9 度地震区外，其他地震区都可以不设约束边缘构件，只需设计构造边缘构件。

7.2.10 PKPM 程序操作

1. PKPM 建模时，一般是在两个节点之间布置墙，点击【结构建模/轴线网点/网点网格/直线】，用"直线"布置好节点，再在节点之间布墙（图 7-5）。若剪力墙结构是对称布置，可以先布置好一边，另一边用"镜像复制" 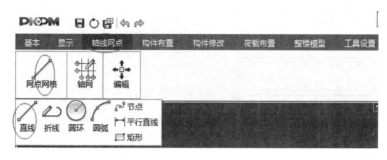 来完成建模。如果需要改变剪力墙的长度，可以使用拉伸命令 S，像在 CAD 中一样拉伸剪力墙。在实际设计中，往往先用 PL 命令布置好剪力墙，然后用 X 命令炸开，经过一定处理后（裁剪多余的线），导入到 PK-PM，再用框选命令布置剪力墙，布置好剪力墙后，再根据建筑图布置梁构件。

图 7-5　剪力墙建模的程序操作

2. SATWE 中剪力墙计算结果查看

点击【SATWE 分析设计/计算结果/边缘构件】→如图 7-6 所示。

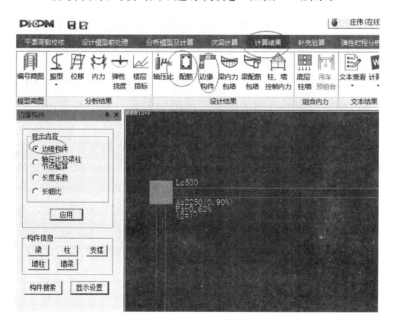

图 7-6　SATWE 中剪力墙计算结果

7.2.11　剪力墙水平与竖向分布筋及拉接筋设计要点

1. 规范规定

《高规》7.2.17：剪力墙竖向和水平分布钢筋的配筋率，一、二、三级时均不应小于

0.25%，四级和非抗震设计时均不应小于0.20%。

7.2.18：剪力墙的竖向和水平分布钢筋的间距均不宜大于300mm，直径不应小于8mm。剪力墙的竖向和水平分布钢筋的直径不宜大于墙厚的1/10。

7.2.19：房屋顶层剪力墙、长矩形平面房屋的楼梯间和电梯间剪力墙、端开间纵向剪力墙以及端山墙的水平和竖向分布钢筋的配筋率均不应小于0.25%，间距均不应大于200mm。

7.2.20：剪力墙的钢筋锚固和连接应符合下列规定：

1）非抗震设计时，剪力墙纵向钢筋最小锚固长度应取l_a；抗震设计时，剪力墙纵向钢筋最小锚固长度应取l_{aE}。l_a、l_{aE}的取值应符合本规程第6.5节的有关规定。

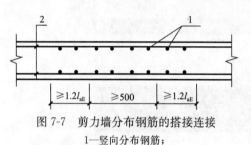

图7-7　剪力墙分布钢筋的搭接连接
1—竖向分布钢筋；
2—水平分布钢筋；非抗震时图中l_{aE}取l_a

2）剪力墙竖向及水平分布钢筋采用搭接连接时（图7-7），一、二级剪力墙的底部加强部位，接头位置应错开，同一截面连接的钢筋数量不宜超过总数量的50%，错开净距不宜小于500mm；其他情况剪力墙的钢筋可在同一截面连接。分布钢筋的搭接长度，非抗震设计时不应小于$1.2l_a$，抗震设计时不应小于$1.2l_{aE}$。

3）暗柱及端柱内纵向钢筋连接和锚固要求宜与框架柱相同，宜符合本规程第6.5节的有关规定。

《抗规》6.4.3：抗震墙竖向、横向分布钢筋的配筋，应符合下列要求：

1）一、二、三级抗震墙的竖向和横向分布钢筋最小配筋率均不应小于0.25%，四级抗震墙分布钢筋最小配筋率不应小于0.20%。

注：高度小于24m且剪压比很小的四级抗震墙，其竖向分布钢筋的最小配筋率应允许按0.15%采用。

2）部分框支抗震墙结构的落地抗震墙底部加强部位，竖向和横向分布钢筋配筋率均不应小于0.3%。

6.4.4：抗震墙竖向和横向分布钢筋的配置，尚应符合下列规定：

1）抗震墙的竖向和横向分布钢筋的间距不宜大于300mm，部分框支抗震墙结构的落地抗震墙底部加强部位，竖向和横向分布钢筋的间距不宜大于200mm。

2）抗震墙厚度大于140mm时，其竖向和横向分布钢筋应双排布置，双排分布钢筋间拉筋的间距不宜大于600mm，直径不应小于6mm。

3）抗震墙竖向和横向分布钢筋的直径，均不宜大于墙厚的1/10且不应小于8mm，竖向钢筋直径不宜小于10mm。

2. 设计时要注意的一些问题

（1）工程上拉筋的布置形状为梅花状，直径通常为6mm，间距为墙分布钢筋间距的2～3倍，并不大于600mm×600mm。如某剪力墙墙身分布钢筋为$2×\phi10@100$，相应拉筋可选用$\phi6@300×300$；如墙身分布钢筋选用$2\phi10@150$，相应拉筋可选用$\phi6@450×450$，如墙身钢筋为$2×\phi8@200$，相应拉筋可选用$\phi6@600×600$。

（2）剪力墙厚度$b_w \leqslant 400$mm时可以双层配筋，$400\text{mm} < b_w \leqslant 700\text{mm}$时可以三排配筋。

（3）边缘构件是影响延性和承载力的主要因素，墙身配筋率 ρ 在 $0.1\%\sim0.28\%$ 时，墙为延性破坏，一般除了底部加强部位要计算配筋外，其他部位一般都可以按构造配筋。当层高较高时，出于施工的考虑，也应适当提高竖向分布筋的配筋率（加大直径或减小间距）。墙身纵筋的配筋率越小，结构越容易产生变形和裂缝，变形和裂缝的产生会散失一部分刚度。

（4）水平分布筋配筋率 $\rho_{sh}=\dfrac{A_{sh}}{bs_v}$，竖向分布筋配筋率 $\rho_v=\dfrac{A_{sv}}{bs_h}$，当 $b_w=200\text{mm}$，竖向钢筋为 $\phi8@200$ 时，$\rho=0.251\%$；竖向钢筋为 $\phi10@200$ 时，$\rho=0.393\%$，竖向钢筋为 $\phi10@250$ 时，$\rho=0.314\%$。

（5）约束边缘构件和构造边缘构件中拉筋能起到箍筋的作用。在边缘构件以外，拉筋主要的作用是固定双排钢筋网片，同时也能减小水平分布筋无支长度。无支长度过长时钢筋可能向外鼓胀，因此拉筋须钩住水平筋并设置 135°弯钩。拉筋的抗剪作用有限，拉筋直径一般用 6mm，间距为 3 倍分布筋间距。

（6）抗震等级为四级时，虽然 200mm 厚剪力墙最小配筋率为 0.2%，但是《高规》7.2.19 规定：房屋顶层剪力墙、长矩形平面房屋的楼梯间和电梯间剪力墙、端开间纵向剪力墙以及端山墙的水平和竖向分布钢筋的配筋率均不应小于 0.25%，间距均不应大于 200mm。抗震等级为四级时，构造水平筋与竖向筋一般也采用 $\phi8@200$。

3．PKPM 程序操作

（1）在 SATWE 中，填写水平分布筋的间距，竖向分布筋的配筋率，一般水平分布筋的间距填 200mm，竖向分布筋的配筋率按《高规》7.2.17 填写，抗震等级为四级时，填 0.20%，如图 7-8 所示。

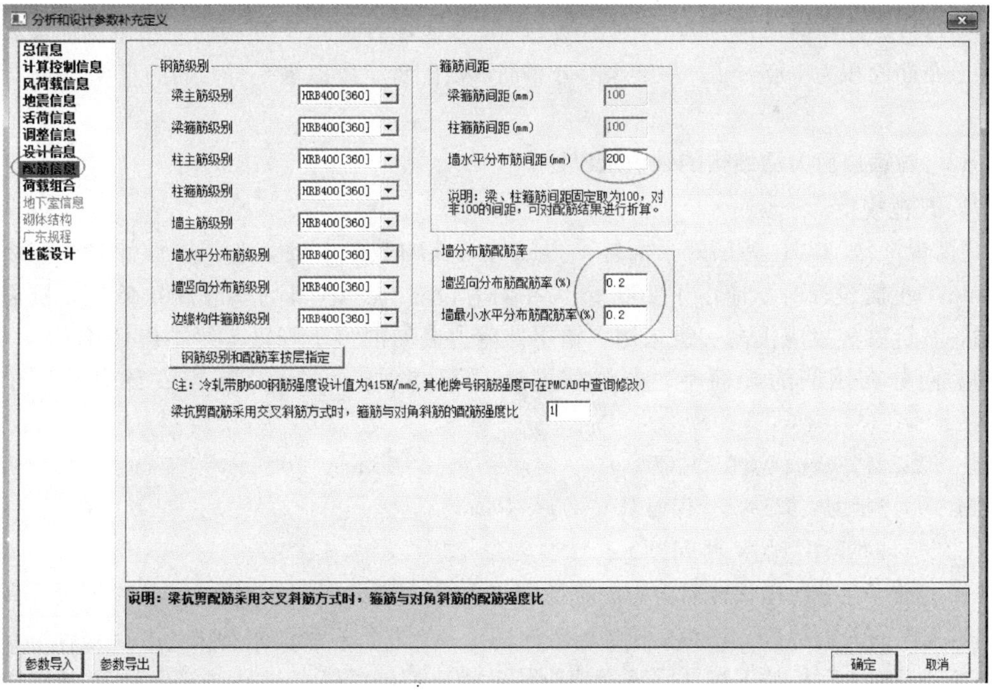

图 7-8　SATWE 配筋信息页

（2）计算结果查看

【SATWE分析设计/计算结果/配筋】，如图7-9所示。

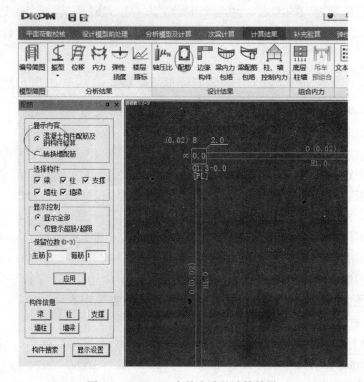

图7-9　SATWE中剪力墙的计算结果

SATWE计算结果若为$H=1.0$，则$H=1.0$表示在墙水平分布筋间距范围内需要的水平分布筋面积为$100mm^2$，一般水平分布筋双层配置，所以水平分布筋的直径为$\phi8$。

7.2.12　对错层剪力墙结构的认识及设计

1. 规范规定

《高规》10.4.6：错层处平面外受力的剪力墙的截面厚度，非抗震设计时不应小于200mm，抗震设计时不应小于250mm，并均应设置与之垂直的墙肢或扶壁柱；抗震设计时，其抗震等级应提高一级采用。错层处剪力墙的混凝土强度等级不应低于C30，水平和竖向分布钢筋的配筋率，非抗震设计时不应小于0.3%，抗震设计时不应小于0.5%。

注：假设墙250mm厚，配筋率为0.5%，则$A_s=0.5\%\times250mm\times1000mm=1250mm^2$，如果双层双向配筋，则每侧配筋：$625mm^2$，即配$\phi14@200=770mm^2$。

2. 设计时要注意的一些问题

楼板错层会导致楼板传递剪力的路径局部中断，楼板错层处两侧的结构在地震作用时会出现反向的运动趋势，将对交接处的竖向构件产生非常不利的附加内力。一般标准层中的厕所凹板或大厅板的下沉，并不会造成剪力传递整体中断（只是局部削弱），故可以不作错层结构处理。

7.2.13 对大底盘多塔剪力墙结构的认识及设计

1. 规范规定

《高规》10.6.3：塔楼中与裙房连接体相连的外围柱、剪力墙，从固定端至裙房屋面上一层的高度范围内，柱纵向钢筋的最小配筋率宜适当提高，柱箍筋宜在裙楼屋面上、下层的范围内全高加密，剪力墙宜设置约束边缘构件。为保证塔楼与底盘共同工作，塔楼之间裙房连接体的屋面梁以及塔楼外围一圈墙柱从固定端到出裙房屋面上一层的高度范围内，在构造上应予特别加强。在设计时，可以将塔楼外围一圈剪力墙设约束边缘构件，范围从固定端到大底盘屋面上一层。

2. 某大底盘多塔剪力墙结构建模与受力分析

某一大底盘多塔结构，共4栋楼，其中一栋为30层，其余为20层，底部为一层地下车库，可以按照下面步骤进行建模和受力分析：

（1）建立一个多塔的整体模型，为了方便设置多塔，可每栋楼设置一个标准层（广义楼层建模），用这个模型进行基础设计。

（2）把这个多塔根据设缝和结构布置，删除部分地上高层结构（塔），只保留一个单塔（但还带着大底盘），用这个模型跟建筑专业协调，拿这个模型进行周期、位移、内力配筋计算。该塔下部的基础设计也参考这个模型进行调整。

（3）待出图之前，将整体模型按照最终的结构布置修改一遍（通常重建一个，校核单塔模型的配筋，进行包络设计）。

综上：基础设计以整体模型为主，参考单塔模型包络设计。内力计算以大底盘单塔为主，参考整体模型包络设计。

7.2.14 墙的布置方法

（1）外围、均匀。剪力墙布置在外围，在水平力作用下，$F_1 \cdot H = F_2 \cdot D$，抗倾覆力臂 D 越大，F_2 越小，于是竖向相对位移差越小，反之，如果竖向相对位移差越大，则可能会导致剪力墙或连梁超筋。剪力墙布置在外围，整个结构抗扭刚度很大；反之，如果不布置在外围，则可能会导致位移比、周期比等不满足规范。

（2）拐角处，楼梯、电梯处要布墙。拐角处布墙是因为拐角处扭转变形大，楼梯、电梯处布墙是因为此位置无楼板，传力中断，一般都会有应力集中现象，布墙是让墙去承担大部分力。

（3）多布置 L 形、T 形剪力墙，尽量不用短肢剪力墙、一字形剪力墙、Z 形剪力墙。短肢剪力墙、一字形剪力墙受力不好且配筋大，而 Z 形剪力墙边缘构件多，不经济。

（4）6度、7度区剪力墙间距一般为6~8m；8度区剪力墙间距一般为4~6m。当剪力墙长度大于5m时，若刚度有富余，可设置结构洞口。设防烈度越高，地震作用越大，所需要的刚度越大，于是剪力墙间距越小。剪力墙的间距大小也可以由梁高反推，假设梁高500mm，则梁的跨度取值 $L = (10 \sim 15) \times 500mm = 5.0 \sim 7.5m$。

（5）当抗震设防烈度为八度或者更大时，由于地震作用很大，一般要布置长墙，即用"强兵强将"去消耗地震作用效应。

（6）剪力墙边缘构件的配筋率显著大于墙身，故从经济性角度，应尽量采用片数少、长度大、拐角少的墙肢；减少边缘构件数量和大小，降低用钢量。

（7）电梯井筒一般有如下三种布置方法（图 7-10 中从左至右），由于电梯的重要性很大，从概念上一般按第一种方法布置，当电梯井筒位于结构中间位置且地震作用不是很大时，可参考第二种或第三种方法布置。当为了减小位移比及增加平动周期系数时，可以改变电梯井的布置（减少刚度大一侧的电梯井的墙体），参考第二种或第三种方法布置，不用在整个电梯井上布置墙，而采用双 L 形墙。在实际工程中，电梯井筒的布置应在以上三个图基础上修改，与周围的竖向构件用梁拉结起来，尽管墙的形状可能有些怪异也浪费钢筋，但结构布置合理了才能考虑经济上的问题，否则是因小失大。

图 7-10　电梯井筒布置

（8）剪力墙布置时，可以类比桌子的四个脚，结构布置应以"稳"为主。墙拐角与拐角之间若没有开洞，且其长度不大，如小于 4m，有时可拉成一片长墙。如图 7-11 所示。

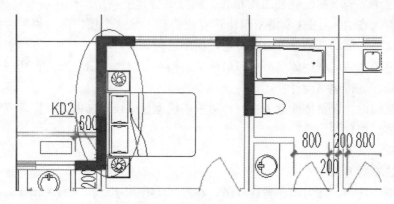

图 7-11　剪力墙布置（1）

（9）剪力墙的布置原则是：外围、均匀、双向、适度、集中、数量尽可能少。一般根据建筑形状大致确定什么位置或方向该多布置墙，比如横向（短向）的外围应多布置墙，品字形的部位应多布置墙。"均匀"与"双向"应同步控制，这样 X 或 Y 方向两侧的刚度趋近于一致，位移比更容易满足，周期的平动系数更高。剪力墙的总刚度的大小是否合适可以查看"弹性层间位移角"，剪力墙外围墙体应集中布置（长墙等），一般振型参与系数会提高，更容易控制剪重比，扭转刚度增加，对周期比、位移比的调整都有利。

7.3　某工程竖向构件结构布置要点

（1）住宅部分竖向构件布置应避免房间竖向构件外露，标准层剪力墙厚度宜为200mm 厚（稳定及强度不够时才考虑加厚）。本工程塔楼下地下室墙厚除特殊小墙肢外，墙厚取 250mm，稳定性计算满足的情况下不再加厚。

（2）尽量避免短肢剪力墙（200mm 厚和 250mm 的墙体长度分别不小于 1700mm 和 2100mm，或大于 300mm 厚墙体长度不小于 4 倍墙厚）。（注：广东省工程和其他地区规定不同：

短肢剪力墙是指截面高度不大于 1600mm，且截面厚度小于 300mm 的剪力墙。）

（3）厚度为 200mm 或 250mm 的剪力墙，当只有一侧有框架梁搭在墙平面外时，只要建筑条件允许应设端柱，端柱宽度宜为 400mm；无端柱时应梁端支座面筋可取直径不大于 14mm 或采取机械锚固措施。

（4）对于长度大于 5m 的墙体，在强度、刚度富足的情况下，可在适当楼层以上（例如顶部 2/3 的楼层）考虑结构开洞，以增加结构耗能机制及降低结构成本。洞口宽度 1.0～1.5m，洞口上下对齐，连梁的跨高比宜小于 2.5。长度大于 8m 的墙体，应设结构洞。

（5）矩形（圆形）截面柱，截面宽度及高度不宜小于柱计算高度的 1/15（1/13），不应小于柱计算高度的 1/20（1/17）。

（6）地下室中剪力墙间距较小时（小于 1000mm），剪力墙宜拉通。

（7）墙柱定位图及模板图中，建筑门窗洞需用梁表达，设备洞口较小时（门窗洞口的面积之和不超过剪力墙侧面积的 16%，且洞口间净距及孔洞至墙边的净距大于洞口长边尺寸、洞口高及宽均≤800mm 时）用结构开洞表达。

（8）结构刚度不足时，一般宜加长剪力墙而不宜增加剪力墙数量；加长剪力墙时应尽量控制不增加边缘构件数量。

（9）剪力墙布置时，如靠近门窗洞口，且距离洞口边尺寸小于 250mm 时，剪力墙延伸至洞口边。

7.4　剪力墙设计、配筋及构造要求

鉴于业主对限额设计的要求，结构构件设计时，在满足规范及受力要求的情况下，请做到最大限度节省工程成本：

（1）原则上应严格按计算结果及本技术规定要求配筋，不得少配或多配。特殊构件认为需要加强配筋的，应提出来讨论后方可加强配筋。

（2）竖向构件除约束边缘构件和构造边缘构件分开配筋外，宜根据建筑情况和计算结果适当分段包络配筋。仅当计算配筋基本为最小配筋率控制时，约束边缘构件或构造边缘构件可各归并为一段配筋。

8 上部结构其他构件设计

8.1 挑板、雨篷

8.1.1 挑板

1. 挑板截面

一般 $h=L_0/12\sim L_0/10$，L_0 为净挑跨度。前者用于轻挑板，一般记住 1/10 即可，以上是针对荷载标准值在 15kN/m^2 左右时的取值，一般跨度≤1.5m，但也可以做到 2m。

2. 设计时要注意的一些问题

（1）悬挑构件并非几次超静定结构，支座一旦坏了，就会塌下来，所以应乘以足够大的放大系数，一般放大 20%～50%。施工应采取可靠措施保证上铁的位置。

（2）挑板底筋可以按最小配筋率 0.2% 来配筋，假设挑板 150mm 厚，则 $A_s=0.2\%\times150\text{mm}\times1000\text{mm}=300\text{mm}^2$，$\phi8@150=335\text{mm}^2$。对于大挑板，底面应配足够多的受压钢筋，一般为面筋的 1/2～1/3，间距 150mm 左右，底筋可以减小因板徐变而产生的附加挠度，也可以参与混凝土板抗裂。

（3）与挑板相邻共用支座的板厚应尽量与挑板板厚相同，否则挑板支座梁受扭，或剪力墙平面外有弯矩作用，为了施工方便，一般与挑板同厚。若板厚相差太大，可以构造上加腋，以平衡内外负弯矩。

（4）挑出长度不大时，可不在 PMCAD 中设置挑板，而把挑板折算成线荷载和扭矩加在边梁上面。挑板单独进行处理，用小软件和手算。

（5）悬挑类构件如没有可靠的经验，应该算裂缝和挠度。裂缝验算是《混规》规定的对构件正常使用状态下承载力验算内容之一，是对构件正常使用状态下变形的控制要求，经过抗震设计的结构，框架梁的裂缝一般满足裂缝要求，因为地震作用需要的配筋比正常使用状态下的配筋大很多，一般可以包覆。当悬挑类构件上有砌体时，挠度的控制应从严，以免砌体开裂。

3. 挑板不同悬挑长度下的板厚、配筋经验，如表 8-1 所示。

挑板不同悬挑长度下的板厚、配筋经验　　　　　　　　　　表 8-1

悬挑长度（m）	板厚尺寸（mm）	单向受力实配钢筋面积（面筋）（mm）²	底筋
1.2	120	HRB400：12@200=565mm²	8@150=335mm²
1.5	150	HRB400：12@150=754mm²	8@150=335mm²
1.8	180	HRB400：12@100=1131mm²	10@150=524mm²
2	200	HRB400：14@100=1500mm²	12@150=754mm²

8.1.2 雨篷

1. 雨篷板

（1）荷载

沿板宽每隔 1m 布置施工或检修集中荷载 1kN。假设雨篷挑出长度 1.2m，板厚 120mm。

120 厚板：$0.12m \times 25kN/m^3 = 3.0kN/m^2$，20 厚水泥砂浆面层：$0.02m \times 20kN/m^3 = 0.4kN/m^2$，15 厚纸筋石灰抹底：$0.015m \times 16kN/m^3 = 0.24kN/m^2$，则每延米板恒荷载设计值 $g = 1.2 \times (3.0 + 0.4 + 0.24)kN/m^2 \times 1m = 4.4kN/m$；每延米活荷载设计值：$q = 1.4 \times 0.5kN/m^2 \times 1m = 0.7kN/m$（一般活荷载都大于雪荷载）。每延米集中力：1kN。

（2）弯矩、配筋

假设其他条件同上，则恒荷载＋均布活荷载：$M_1 = 1/2(g+q)l_n^2 = 1/2 \times 5.1kN/m \times 1.2m \times 1.2m = 3.6kN \cdot m$。

恒荷载＋集中荷载：$M_2 = 1/2 g l_n^2 + F l_n = 1/2 \times 4.4kN/m \times 1.2^2 m^2 + 1kN \times 1.2m = 4.37kN \cdot m$。

若用 HRB400 钢筋，则 $A_s \approx M/(0.9 f_y h_0)$，即 $A_s = 130mm^2$，$\phi 8@200 = 251mm^2$

（3）设计时要注意的一些问题

① 梁净跨 $l_n < 1.5m$ 时，埋入砌体内的长度 $a \geqslant 300mm$，当 $l_n \geqslant 1.5m$ 时，$a \geqslant 500mm$。

② 雨篷梁为剪、弯、扭构件，箍筋采用封闭式，135°弯钩。

③ 雨篷抗倾覆不够时，可以采取以下措施：a. 加长雨篷梁，雨篷板不加长；b. 加大雨篷梁高并上翻，使其与屋面现浇板做成一体；c. 雨篷所在洞口两侧加构造柱。

④ 雨篷上有积水时应考虑积水荷载。

2. 大样图

（1）挑板（图 8-1）

（2）雨篷（图 8-2、图 8-3）

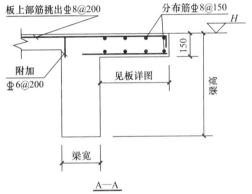

图 8-1 某工程挑板大样图

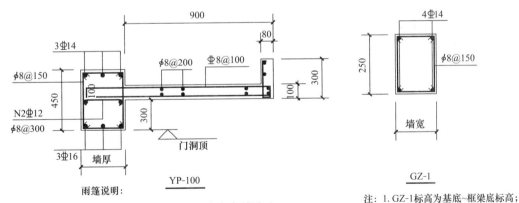

YP-100

雨篷说明：

1. 雨篷梁两端伸入墙体内的长度分别不得小于1200。

2. 雨篷梁及雨篷板混凝土强度等级C30，钢筋保护层厚度20mm。

3. 门洞边1200内有框架柱时，雨篷梁钢筋锚入柱内35d，否则设置GZ-1。

4. 雨篷梁跨度（门洞宽度）不得大于2400。

5. 雨篷平面位置及门洞高度详建施。

6. 雨篷板位于楼层梁标高范围内时，配筋以楼层梁为准。

GZ-1

注：1. GZ-1标高为基底~框梁底标高；

　　2. 纵筋锚入框梁不小于35d；

图 8-2 某工程雨篷大样图（1）

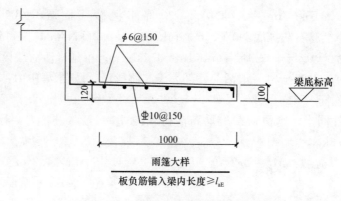

图 8-3 某工程雨篷大样图（2）

8.2 窗、女儿墙及小塔楼

8.2.1 转角窗

1. 转角窗类型

转角窗一般有两种类型，转角非落地窗和转角落地窗，如图 8-4 所示。

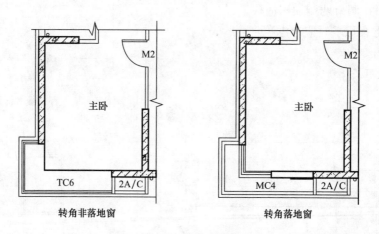

图 8-4 转角窗类型

2. 构造措施

（1）转角梁

梁顶面、底面纵筋应按连梁的要求伸入墙肢，长度不应小于 L_{aE} 且不小于 600mm。梁箍筋应全长加密，间距及直径按相同抗震等级的框架梁加密区要求；在顶层，伸入墙肢的长度范围内应配置箍筋，间距不大于 150mm，直径同梁箍筋。

梁高范围内应配置足够数量的抗扭腰筋，其规格宜与墙肢水平筋相同，其作用是抵抗因梁转折而产生的相互扭矩及结构平面周边扭转应力对梁产生的侧向扭矩，并防止因梁截面高度较大而产生的温度裂缝。腰筋直径不小于 8mm，间距不大于 200mm，当梁合并跨高比不大于 2.5 时，其两侧腰筋的总面积配筋率不小于 0.3%。

适当加强梁底配筋，可有效防止挠度过大的超限，一般构造上不应小于 $2\phi20$。转角梁交点处梁纵筋应上下弯锚，长度不小于 l_{aE}。

（2）楼板

由于转角窗处局部板没有墙、柱等竖向构件的可靠约束，只有转角梁的弹性约束，因此，转角窗房间的楼板宜适当加厚，一般取不小于 150mm，同时，板配筋宜适当加大，板配筋率取不小于 0.25%，并作双层双向拉通布置。

转角处板内设置连接两侧墙体的暗梁，这样既可加强板边约束，又可使偶然偏心或双向地震所产生的扭转应力通过暗梁直接传至剪力墙，改变了沿转角梁传递的原路径，从而有效地避免了大扭转应力使转角处的楼板因扭转导致局部变形过大甚至挤压脱落的可能。暗梁截面宽一般取 500mm，上下各设 $4\phi16$ 加强筋，钢筋须锚入两侧剪力墙 $45d$，箍筋可配 $\phi8@200$，当加强筋遇板筋时，板筋应设在上排，使暗梁成为板的支座。

（3）剪力墙

转角窗两侧应避免采用短肢剪力墙和单片剪力墙，宜采用"T""L""["形等带翼墙的截面形式的墙体。因为"T""L""]"形墙的延性好，并且能与暗梁和楼板形成一个通过梁抗扭刚度来传递弯矩及剪力的抗侧力结构，也能很好地控制角部位移。洞口上下应对齐。

转角窗两侧墙肢应沿墙全高设置约束边缘构件，其暗柱截面高度应不小于 600mm。这是由于转角梁根部弯矩层层叠加下传至首层墙底时，使墙底弯矩很大，暗柱计算配筋也相应较大，所以需要较大的暗柱截面。另外，也为了配合楼板暗梁的钢筋锚固。但一般不设端柱，因其突出建筑墙面，也有碍使用。

转角窗两侧的墙肢长度不宜小于 2000mm，这是因为墙肢过短时，可能会出现抗弯不足的情况，使计算配筋太大而难以配置；若不能增加肢长时，则应增加墙厚，至满足计算配筋为止。

为了提高转角窗两侧墙肢的抗震延性，宜把墙肢的抗震等级提高一级，并按提高后的抗震等级满足轴压比限值要求。

3. 设计时要注意的一些问题

结构电算时，转角梁的负弯矩调幅系数、扭矩折减系数应取 1.0。设置转角窗的高层住宅剪力墙结构不宜再设置跃层单元。

8.2.2 飘窗

1. 建模时应注意的问题

如果是在楼面梁上先做构造柱，再在构造柱上做梁，梁上做飘板，则可以把飘窗中挑板的线荷载直接加在楼面梁上。如果是把楼面梁加高，再在梁上做飘板，一般在模型中输入实际的梁高计算。

2. 建筑图与大样图

（1）飘窗建筑图（图 8-5）

（2）飘窗大样图（图 8-6、图 8-7）

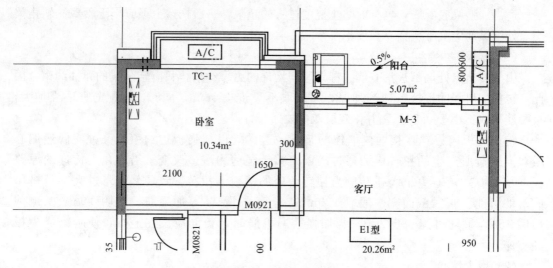

图 8-5　某工程飘窗建筑图

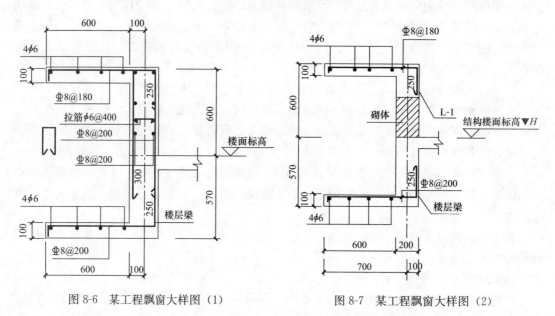

图 8-6　某工程飘窗大样图（1）　　　　图 8-7　某工程飘窗大样图（2）

8.2.3　女儿墙设计时要注意的一些问题

1. 砌体女儿墙的设计不仅要考虑墙体自身的材料及其截面特性，还要考虑抗震设防烈度和当地风荷载的大小。除 60m 以上的高层建筑外，地震作用和风荷载作用可不同时考虑，只考虑地震单独作用时墙体受力机理。当风荷载起主导作用时，两种作用应分别计算，取不利值。

2. 设计时，女儿墙一般不在 PKPM 中建模，但要布置竖向线荷载和节点荷载，加在屋面梁上或者屋顶的剪力墙上，女儿墙的构造应符合有关规定，并验算女儿墙的稳定、受弯等。

8.2.4　小塔楼设计时要注意的一些问题

1. 框架结构中屋顶小塔楼若位移比不满足规范要求，因其属于次要构件，如果层间位移角有富余，可适量放宽对位移比的要求，层间位移角小时，整体的扭转也不会很大，可以通过构造措施来解决。

2. 高层突出屋面的小房子若刚好在核心筒位置，则核心筒剪力墙可升上去。

8.3 楼梯、电梯

8.3.1 楼梯

1. 楼梯荷载估算

（1）梯板

假设 $l_0 = 4000mm$，板厚 $h = 130mm$，倾斜角为 $30°$。

130 厚板：$0.13m \times 25kN/m^3 = 3.25kN/m^2$，50 厚面层：$1.0kN/m^2$，20 厚底板粉刷：$0.4kN/m^2$，踏步：$2.2kN/m^2$ 则恒载标准值 $F = 4.65kN/m^2/cos30° + 2.2kN/m^2 \approx 7.6kN/m^2$，荷载设计值 $q = 1.2 \times 7.6kN/m^2 + 1.4 \times 3.5kN/m^2 \approx 14kN/m^2$。

（2）平台板

平台板板厚一般为 100mm。

100 厚板：$0.10m \times 25kN/m^3 = 2.5kN/m^2$，找平层和其他：$1.0kN/m^2$，20 厚底板粉刷：$0.4kN/m^2$，则恒载标准值 $F = 2.5kN/m^2 + 1.0kN/m^2 + 0.4kN/m^2 = 3.9kN/m^2$，荷载设计值 $q = 1.2 \times 3.9kN/m^2 + 1.4 \times 3.5kN/m^2 = 9.6kN/m^2$。

（3）梯梁

当平台板板厚 100mm，板短跨 3000mm，梯板计算跨度 $l_0 = 4000mm$ 时，平台板传来荷载设计值 $q_1 = 9.6kN/m^2 \times 1.5m \approx 15kN/m$；梯段板传来线荷载设计值：$q_2 = 14kN/m^2 \times 2m = 28kN/m$。假设梯梁尺寸：$200mm \times 400mm$，自重线荷载为 $25kN/m^3 \times 0.2m \times 0.4m = 2kN/m$，粉刷层 $0.35kN/m$，所以梯梁上总的线荷载设计值 $q \approx 46kN/m$。

2. 楼梯各构件截面

板式楼梯梯板：$h = L(1/30 \sim 1/25)$，一般取 $L/30$，在设计时，可参考表 8-2。

楼梯梯板不同跨度的板厚、配筋经验 表 8-2

水平投影长度 L（m）		板厚	配筋		梯梁线荷载	
混凝土 C30	混凝土 C25		①	④	计算值（kN/m）	设计取值（kN/m）
$L \leqslant 2.7m$	$L \leqslant 2.7m$	100	10@200	8@200	13	15
$2.7 < L \leqslant 3.0m$	$2.7 < L \leqslant 2.9m$		10@150	8@150	14.5	
$3.0 < L \leqslant 3.5m$	$2.9 < L \leqslant 3.4m$	120	10@140	10@200	18	20
$3.5 < L \leqslant 3.8m$	$3.4 < L \leqslant 3.6m$		10@110	10@200	19.5	
$3.8 < L \leqslant 4.5m$	$3.6 < L \leqslant 4.4m$	150	10@100	10@200	25	27
$4.5 < L \leqslant 4.8m$	$4.4 < L \leqslant 4.6m$		12@110	10@200	26.5	
$4.8 < L \leqslant 5.3m$	$4.6 < L \leqslant 5.2m$	180	12@125	12@200	32	34
$5.3 < L \leqslant 5.6m$	$5.2 < L \leqslant 5.4m$		12@100	12@200	33.5	
备注			1. 用 morgain 计算附加恒载 1.0kPa，活荷载 3.5kPa。 2. 考虑到工地踩踏，面钢筋直径不小于 8。			

注：1. 上表是以荷载设计值为 $15kN/m^2$ 总结的。

2. 支座负筋应通长设置。支座负筋通长设置时因为在水平力作用下，楼梯斜板、楼板组成的整体有来回"错动的趋势"，即拉压受力，所以双层拉通。但是在剪力墙核心筒中外围剪力墙抵抗了大部分水平力产生的倾覆力矩，内部的应力小，斜撑效应弱很多，不必按双层拉通做。

平台板：一般 $h=L/35$ 且 $\geqslant 80\text{mm}$。在设计时，一般 $\geqslant 100\text{mm}$，大多数工程平台板厚都取 100mm。

梯梁：$h=L(1/12\sim 1/15)$。在设计时，梯梁的常用尺寸为 200mm×400mm、250mm×400mm，框架梁也可以起到梯梁的作用。

梯柱：规范要求楼梯按抗震设计，其截面 $\geqslant 300\text{mm}\times 300\text{mm}$。但在一些非抗震地区，可以做成墙厚×300mm 或墙厚×400mm，但考虑到楼梯的重要性，要根据混凝土规范进行承载力验算，并且适当提到其配筋率，箍筋按照框架柱进行加密处理。

3. 配筋及施工图

(1) 楼梯梯板不同跨度的板厚、配筋经验（表 8-2）

图 8-8 是某工程板式楼梯梯板施工图

(2) 平台板

平台板荷载设计值一般 $<10\text{kN/m}^2$，配筋 Φ8@200 双层双向。图 8-9 是某工程板式楼梯平台板施工图。

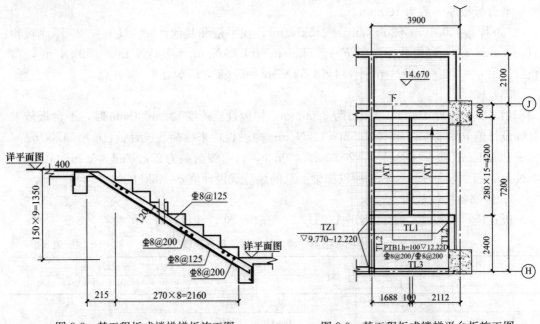

图 8-8 某工程板式楼梯梯板施工图　　　　图 8-9 某工程板式楼梯平台板施工图

(3) 梯梁

假设平台板短跨为 3m，梯板跨度 4m，HRB400 钢筋，其他同上，则总线荷载 $q\approx 46\text{kN/m}$，假设梯梁跨度 4m，则 $M\approx 1/8ql^2=92\text{kN}$，$A_s=\text{M}/(0.875f_yh_0)\approx 778\text{mm}^2$，$3\phi18=763\text{mm}^2$，面筋一般取 $2\phi16=402\text{mm}^2$，底筋视跨度和荷载不同，一般可取 $2\phi16$、$3\phi16$、$3\phi18$。箍筋 $\phi8@100/200$。图 8-10 是某工程板式楼梯梯梁大样施工图。

(4) 梯柱

一般都是构造配筋，视截面不同纵筋也不同，一般 $4\sim6\phi14$，箍筋 $\phi8@100$。图 8-11 是某工程板式楼梯梯柱大样施工图。

70

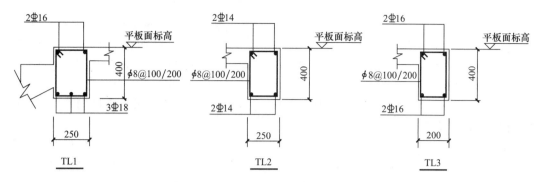

图 8-10　某工程板式楼梯梯梁大样施工图

4. PKPM 程序操作

楼梯在 PKPM 中建模有以下三种方法：

（1）板厚设为 0，恒载输入 8.0kN/m²，活载 3.5kN/m²，点击【荷载输入/楼面荷载/导荷方式/对边传导】。板厚为 0 标高处的梯梁建模要建进去，配筋时可直接用 SATWE 的计算结果，但支撑梯柱那个标准层的框架梁配筋要适当加大。

（2）楼梯间开洞，按实际情况输入线荷载和集中荷载。

（3）PKPM 中建模，但应在楼层组装完成后再布置楼梯。

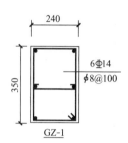

图 8-11　某工程板式楼梯梯梯柱大样施工图

点击【结构建模/构件布置/布置楼梯】，选择需布置楼梯的四边形房间，修改楼梯定义参数，完成一个房间的楼梯布置，如图 8-12 所示。

图 8-12　PKPM 楼梯建模智能设计对话框

5. 楼梯设计时要注意的一些问题

（1）结构分析时应考虑楼梯对整体结构的刚度贡献，仅通过构造措施无法保证楼梯及周边构件安全。楼梯刚度对框架结构影响比较大，楼梯及周边构件承担更多地震作用，梯间角柱、梯柱、梯板跨中应配筋加强；重点核对第一踏步上梯段板下的净高是否大于 2.2m，梯柱是否挡住建筑的门等。

（2）楼梯布置在端部会导致楼层刚心偏心加大，对边柱和角柱不利。

（3）当楼梯跨度小于 5m 时，一般可以不验算楼梯挠度，程序的计算结果没有考虑这些有利因素。如果是跨度较大或悬挑等特殊形式的楼梯，应该验算楼梯挠度。

（4）如果是剪力墙结构，楼梯间处也是剪力墙井筒，一般来说对楼梯中间的分隔墙，建议不做钢筋混凝土，楼梯间分隔墙一般为消防需要，剪力墙体系本身刚度就比较大，一般不需要利用中间分隔墙提供刚度，可以采用砌体砌筑，构造上依据规范设计。

（5）楼梯计算通常将平台板、梯段板单独取出来作简支板计算，支座负筋按照构造配筋，在使用过程中一般不会有太严重的问题，常见的是梯梁附近板面可能会发生裂缝，通常是由于该部位受拉造成的。如果只是一般用途的楼梯，比如住宅核心筒里的疏散楼梯，不常走人的楼梯等，局部裂缝不会影响结构安全，经过简单维修即可正常使用，可以采取构造措施避免出现较大的裂缝。

由于梯板、梯梁、平台板浇筑在一起，对小跨度楼梯来说，通过对支座的调幅，支座负弯矩不大时，梯梁受到的扭矩一般不是很大，一般截面和配筋可以满足要求，但是当斜板跨度较大时，梯梁截面和配筋要适当加大一些。

（6）主体结构计算时，剪力墙、框架-剪力墙、框筒结构可不考虑楼梯构件影响；框架结构楼梯需要建模计算（用斜梁和斜撑模拟梯板和梯柱）以考虑楼梯构件的影响，当采用 16G101-2 中的滑动支座梯板时楼梯可不参与整体计算。楼层标高的楼梯梁板应建入模型计算，并绘制在结构平面布置图中，定位可详见楼梯图。框架结构楼梯间四角宜设置框架柱，楼梯间位于平面端头时楼梯间四角应设置框架柱。

（7）水平投影尺寸 $L>5.6\text{m}$ 时，宜采用梁式楼梯；水平投影长度 $L\leqslant5.6\text{m}$，采用板式楼梯。

（8）板式楼梯板厚取水平投影长度的 1/25～1/35，且不小于 100mm。

（9）板式楼梯计算可采用 Morgain 程序计算，跨中弯矩按 $M=qL^2/10$，支座弯矩按 $M=qL^2/20$ 计算确定配筋。

（10）楼梯板面应设通长钢筋，其配筋率不小于 0.25%，支座不足时设另加钢筋。

8.3.2　电梯

1. 设计时要注意的一些问题

（1）框架结构应尽量避免设置钢筋混凝土楼电梯小井筒，因为井筒会吸收较大的地震剪力，相应地减少框架结构承担的地震剪力，且井筒下基础设计也比较困难，可采用层层设梁承托电梯井道墙，墙按填充墙考虑。但由于电梯井道须设预埋件，所以一般从井道底坑起 0.5m 设圈梁一道，向上每间隔 2m 均设一道圈梁，从电梯机房楼板起算向下 0.5m 设一道圈梁，其下与下部向上设置的圈梁间距应小于 2m。圈梁断面高 350mm，断面宽同墙厚。剪力墙住宅一般做成全混凝土墙梯井，方便预埋。

（2）电梯机房楼面活荷载一般取 7.0kN/m²，板厚一般取 150mm。电梯厂家提供的作用于机房的集中力不再考虑。电梯吊钩（一般设置在机房屋面梁上），考虑在安装和检修时需要把电梯吊起，应把厂家提供的集中力作为集中荷载作用在吊钩所在的梁上。吊钩要用延性好的 HPB300 钢筋，客梯载重不大于 1.5t 时可用 $\phi18$，货梯不大于 3t 时可用 $\phi20$。

2. 电梯基坑与机房顶吊钩大样图

（1）电梯基坑大样图（图 8-13）

（2）机房顶吊钩大样图（图 8-14）

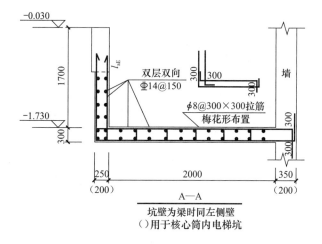

图 8-13 某工程电梯基坑大样图

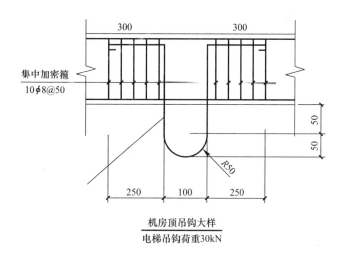

图 8-14 某工程机房顶吊钩大样图

9 荷 载

9.1 恒 荷 载

9.1.1 楼面板

80 厚板：$0.08m \times 25kN/m^3 + 1.5kN/m^2$（装修等）$= 3.5kN/m^2$

100 厚板：$0.10m \times 25kN/m^3 + 1.5kN/m^2 = 4kN/m^2$

120 厚板：$0.12 \times 25kN/m^3 + 1.5kN/m^2 = 4.5kN/m^2$

有地暖的豪宅，一般附加恒载取 $2.0kN/m^2$。

9.1.2 屋面板

120 厚板：$0.12m \times 25kN/m^3 + 5.0kN/m^2$（屋面构造，装修等）$= 8kN/m^2$

9.1.3 卫生间板

100 厚板：$0.10m \times 25kN/m^3 = 2.5kN/m^2$，对于高层住宅，卫生间一般附加恒载为 $4.5 \sim 7kN/m^2$。

9.1.4 楼梯间

$8.0kN/m^2$

9.2 活 荷 载

9.2.1 规范规定

《建筑结构荷载规范》GB 50009—2012（以下简称《荷规》）第 5.1.1 条：民用建筑楼面均布活荷载的标准值及其组合值、频遇值和准永久值系数的最小值，应按表 9-1 的规定采用。

民用建筑楼面均布活荷载标准值及其组合值、频遇值和准永久值系数　　表 9-1

项次	类　别	标准值 （kN/m²）	组合值 系数 Ψ_c	频遇值 系数 Ψ_f	准永久值 系数 Ψ_q
1	（1）住宅、宿舍、旅馆、办公楼、医院病房、托儿所、幼儿园 （2）试验室、阅览室、会议室、医院门诊室	2.0	0.7	0.5 0.6	0.4 0.5
2	教室、食堂、餐厅、一般资料档案室	2.5	0.7	0.6	0.5
3	（1）礼堂、剧场、影院、有固定座位的看台 （2）公共洗衣房	3.0 3.0	0.7 0.7	0.5 0.6	0.3 0.5

项次	类 别	标准值 (kN/m²)	组合值 系数 Ψ_c	频遇值 系数 Ψ_f	准永久值 系数 Ψ_q
4	(1) 商店、展览厅、车站、港口、机场大厅及 其旅客等候室 (2) 无固定座位的看台	3.5 3.5	0.7 0.7	0.6 0.5	0.5 0.3
5	(1) 健身房、演出舞台 (2) 运动场、舞厅	4.0 4.0	0.7 0.7	0.6 0.6	0.5 0.4
6	(1) 书库、档案库、贮藏室、百货食品超市 (2) 密集柜书库	5.0 12.0	0.9	0.9	0.8
7	通风机房、电梯机房	7.0	0.9	0.9	0.8
8	汽车通道及停车库: (1) 单向板楼盖(板跨不小于 2m)和双向板楼 盖(板跨不小于 3m×3m) 客车 消防车 (2) 双向板楼盖(板跨不小于 6m×6m)和无 梁楼盖(柱网不小于 6m×6m) 客车 消防车	 4.0 35.0 2.5 20.0	 0.7 0.7 0.7 0.7	 0.7 0.5 0.7 0.5	 0.6 0.2 0.6 0.2
9	厨房: (1) 一般的 (2) 餐厅的	2.0 4.0	0.7 0.7	0.6 0.7	0.5 0.7
10	浴室、卫生间、盥洗室	2.5	0.7	0.6	0.5
11	走廊、门厅: (1) 宿舍、旅馆、医院病房、托儿所、幼儿园、 住宅 (2) 办公楼、教学楼、餐厅,医院门诊部 (3) 当人流可能密集时	 2.0 2.5 3.5	 0.7 0.7 0.7	 0.5 0.6 0.5	 0.4 0.5 0.3
12	楼梯: (1) 多层住宅 (2) 其他	2.0 3.5	0.7 0.7	0.5 0.5	0.4 0.3
13	阳台: (1) 一般情况 (2) 当人群有可能密集时	2.5 3.5	0.7	0.6	0.5

注: 1. 本表所给各项活荷载适用于一般使用条件,当使用荷载较大、情况特殊或有专门要求时,应按实际情况采用。

2. 第6项书库活荷载当书架高度大于2m时,书库活荷载尚应按每米书架高度不小于2.5kN/m²确定。

3. 第8项中的客车活荷载只适用于停放载人少于9人的客车;消防车活荷载是适用于满载总重为300kN的大型车辆;当不符合本表的要求时,应将车轮的局部荷载按结构效应的等效原则,换算为等效均布荷载。

4. 第8项消防车活荷载,当双向板楼盖板跨介于3m×3m~6m×6m之间时,可按线性插值确定。当考虑地下室顶板覆土影响时,由于轮压在土中的扩散作用,随着覆土厚度的增加,消防车活荷载逐渐减小,扩散角一般可按35°考虑。常用板跨消防车荷载覆土厚度折减系数可按附录C确定。

5. 第11项楼梯活荷载,对预制楼梯踏步平板,尚应按1.5kN集中荷载验算。

6. 本表各项荷载不包括隔墙自重和二次装修荷载。对固定隔墙的自重应按恒荷载考虑,当隔墙位置可灵活自由布置时,非固定隔墙的自重可取每延米长墙重(kN/m)的1/3作为楼面活荷载的附加值(kN/m²)计入,附加值不小于1.0kN/m²。

9.2.2 经验

1. 住宅客厅、卧室、书房、餐厅、过道等: 2.0kN/m²。

2. 公共楼梯、消防疏散楼梯、住宅楼梯、商场: 3.5kN/m²。

3. 厨房、卫生间、公共卫生间：2.5kN/m²。

4. 阳台：2.5kN/m²。

5. 露台：3.5kN/m²。

6. 上人屋面：2.0kN/m²，不上人屋面：0.5kN/m²。

7. 花园：5.0kN/m²。

8. 消防控制室：7.0kN/m²。

9. 电梯机房：7.0kN/m²。

10. 车库：4.0kN/m²。

11. 卫生间（带浴缸）一般取 4.0kN/m²。

9.3 线 荷 载

线荷载(kN/m)＝重度(kN/m³)×宽度(m)×高度(m)

重度根据《建筑结构荷载规范》GB 50009—2012 附录 A 采用材料和构件的自重取，混凝土 25kN/m³，普通实心砖 18～19kN/m³，空心砖≈10kN/m³，石灰砂浆、混合砂浆 17kN/m³。

普通住宅和公建，线荷载一般在 7～15kN/m 之间，在设计时应根据具体工程计算确定。

9.4 施工和检修荷载及栏杆水平荷载

《建筑结构荷载规范》GB 50009—2012 第 5.5 条：

5.5.1 对于施工荷载较大的楼层，在进行楼盖结构设计时，宜考虑施工阶段荷载的影响。当施工荷载超过设计荷载时，应按实际情况验算，并采取设置临时支撑等措施。

5.5.2 设计屋面板、檩条、钢筋混凝土挑檐、雨篷和预制小梁时，施工或检修集中荷载（人和小工具的自重）应取 1.0kN，并应在最不利位置处进行验算。

注：1. 对于轻型构件或较宽构件，当施工荷载超过上述荷载时，应按实际情况验算，或采用加垫板、支撑等临时设施承受。

2. 当计算挑檐、雨篷承载力时，应沿板宽每隔 10m 取一个集中荷载；在验算挑檐、雨篷倾覆时，应沿板宽每隔 2.5～3.0m 取一个集中荷载。

5.5.3 楼梯、看台、阳台和上人屋面等的栏杆活荷载标准值的最小值，应按下列规定采用：

1. 住宅、宿舍、办公楼、旅馆、医院、托儿所、幼儿园，栏杆顶部的水平荷载应取 1.0kN/m；

2. 学校、食堂、剧场、电影院、车站、礼堂、展览馆或体育场，栏杆顶部的水平荷载应取 1.0kN/m，竖向荷载应取 1.2kN/m，水平荷载与竖向荷载应分别考虑。

5.5.4 当采用荷载准永久组合时，可不考虑施工和检修荷载及栏杆水平荷载。

9.5 消防车荷载

为了满足规划对绿地的要求，车库顶板上一般都有 1～3m 不等的覆土，上有消防车道，许多设计人员计算时由于板顶活荷载取值不同，导致计算结果和配筋相差较大，现把朱炳寅对消防车荷载的取值问题解析转录于后，供设计人员参考。

规范明确规定了等效均布荷载的计算原则，但由于消防车轮压位置的不确定性，实际计算复杂且计算结果有时与规范数值出入很大，对双向板问题更加突出。为方便设计，并应网友的要求，此处提供满足工程设计要求的等效荷载计算表，供设计者选择使用。

1. 不同板跨时，双向板等效均布荷载的简化计算表格

表 9-2 中列出了在消防车（300kN 级）轮压直接作用下，不同板跨的双向板其等效均布荷载简化计算数值，供读者参考。

消防车轮压直接作用下双向板的等效均布荷载 表 9-2

板跨 (m)	2.0	2.5	3.0	3.5	4.0	4.5	5.0	5.5	≥6.0
等效均布荷载 (kN/m²)	35.0	33.1	31.3	29.4	27.5	25.6	23.8	21.9	20.0

2. 不同覆土厚度时，消防车轮压等效均布荷载的简化计算

不同覆土厚度时，对消防车轮压等效均布荷载数值的计算可采取简化方法，考虑不同覆土厚度对消防车轮压等效均布荷载数值的影响，近似可按线性关系按表 9-3 确定。

消防车轮压作用下，不同覆土厚度时的等效均布荷载调整系数 表 9-3

覆土厚度 (m)	≤0.25	0.50	0.75	1.00	1.25	1.50	1.75	2.00	2.25	≥2.50
调整系数	1.00	0.92	0.85	0.77	0.70	0.62	0.55	0.47	0.40	0.32

3. 综合考虑板跨和不同覆土层厚度时，消防车轮压等效均布荷载的确定

考虑板跨和不同覆土层厚度确定消防车轮压作用下的等效均布荷载数值时，可采用简化计算方法，参考表 9-4，表 9-5 确定不同板跨、不同覆土层厚度时的等效均布荷载数值。

消防车轮压作用下单向板的等效均布荷载值 (kN/m²) 表 9-4

板跨 (m)	覆土厚度 (m)									
	≤0.25	0.50	0.75	1.00	1.25	1.50	1.75	2.00	2.25	≥2.50
≥2	35.0	32.4	29.7	27.1	24.5	21.8	19.2	16.6	13.9	11.3

消防车轮压作用下双向板的等效均布荷载值 (kN/m²) 表 9-5

板格的短边跨度 (m)	覆土厚度 (m)									
	≤0.25	0.50	0.75	1.00	1.25	1.50	1.75	2.00	2.25	≥2.50
2.0	35.0	32.4	29.7	27.1	24.5	21.8	19.2	16.6	13.9	11.3
2.5	33.1	30.7	28.3	25.8	23.4	21.0	18.6	16.1	13.7	11.3
3.0	31.3	29.1	26.9	24.6	22.4	20.2	18.0	15.7	13.5	11.3
3.5	29.4	27.4	25.4	23.4	21.4	19.3	17.3	15.3	13.3	11.3
4.0	27.5	25.7	23.9	22.1	20.3	18.5	16.7	14.9	13.1	11.3
4.5	25.6	24.0	22.4	20.8	19.2	17.7	16.1	14.5	12.9	11.3
5.0	23.8	22.4	21.0	19.6	18.2	16.9	15.5	14.1	12.7	11.3
5.5	21.9	20.7	19.5	18.4	17.2	16.0	14.8	13.7	12.5	11.3
≥6.0	20.0	19.0	18.1	17.1	16.1	15.2	14.2	13.2	12.3	11.3

4. 等效均布荷载属于结构估算的范畴，追求过高的计算精度对工程设计而言没有必要。实际工程中应注意效应的统一性，即注意在不同效应时，等效荷载不可通用。

9.6 某高层剪力墙结构荷载取值

9.6.1 主要均布恒、活载

主要均布恒、活载见表9-6。

恒、活载

表9-6

结构部位		附加恒载（kPa）	活载（kPa）	备注
住宅	房、厅、餐厅	1.5	2.0	
	厨房	1.5	2.0	
	卫生间	7.0	2.5/4.0（带浴缸）	沉箱350mm回填（图中注明回填重度不大于20kN/m³）；降板80mm时恒载取2.0
	阳台	1.5	2.5	覆土恒载另计
	户内楼梯间	7.0	2.0	两跑且休息平台无梯梁时（或梁不影响荷载传递路径时，例如剪力墙围合）可将板厚输为0，设定荷载传递方向；其余情况应按线荷载输入
	转换层	4.5	2.0	300mm陶粒混凝土垫层
公共区域	首层大堂	1.5	2.5	
	公共楼梯间	8.5	3.5	两跑且休息平台无梯梁时（或梁不影响荷载传递路径时，例如剪力墙围合）可将板厚输为0，设定荷载传递方向；其余情况应按线荷载输入
	走廊、门厅	1.5	2.0	住宅、幼儿园、旅馆
		1.5	2.5	办公、餐厅、医院门诊
		1.5	3.5	教学楼及其他人员密集时
	绿化层（屋顶花园）	覆土厚度+0.4	3.0	覆土按18kN/m³，覆土荷载与附加恒载不同时考虑
	露台	4.5	2.5	如考虑种植，覆土另算，活载3.0
	上人屋面	5.0	2.0	屋面做法按300mm厚考虑，混凝土找坡，应按具体情况修正附加恒载
	不上人屋面	5.0	0.5	屋面做法按300厚考虑，轻钢屋面活载0.7
	地下室顶板	覆土重+0.6 无覆土时取2.0	5.0	覆土按18kN/m³，覆土荷载与附加恒载不同时考虑，活荷载考虑施工荷载5kN/m²
	地下室底板	2.0	2.5	自承重底板、车库
	管道转换层	0.5	4.0	
	商业裙房首层板	2.5	5.0	覆土另算。活荷载考虑施工荷载5kN/m²
	垃圾站	1.5	3.5	站内承重大于10t
汽车通道及客车停车库	客车	2.0	4.0	单向板楼盖（板跨不小于2m）或双向板楼盖（板跨不小于3m）；覆土厚度按1.2m考虑，单向板跨度按3m考虑，双向板跨度按4m考虑。
	消防车无覆土	2.0	35.0	
	消防车有覆土	覆土重+0.6	26.7（双向板）29.5（单向板）	消防车荷载按覆土厚度折减后应按应力扩散角（35°）确定消防车荷载实际作用范围

结构部位		附加恒载（kPa）	活载（kPa）	备注
汽车通道及客车停车库	客车	2.0	2.5	双向板楼盖和无梁楼盖（板跨不小于 6m×6m）消防车荷载按覆土厚度折减后应按应力扩散角（35°）确定消防车荷载实际作用范围
	消防车无覆土	2.0	20.0	
	消防车有覆土	覆土重+0.6	20.0	
	重型车道、车库	2.0	10	荷载由甲方确定
商业	商铺	2.0	3.5	加层改造荷载另计
	餐厅、宴会厅	2.0	2.5	
	餐厅的厨房	1.5	4.0	厨房降板做地沟时，附加恒载取 20×回填高度+0.5
	储藏室	1.5	5.0	
	自由分隔的隔墙	按附加活荷载考虑		每延米墙重的 1/3 且不小于 1.0
设备区	轻型机房	2.0（机房按回填设计时，取 20×回填高度）	7.0	风机房、电梯机房、水泵房、空调配电房
	中型机房		8.0	制冷机房
	重型机房		10.0	变配电房、发电机房

注　1. 楼板自重均由程序自动计算，甲方要求楼板混凝土重度严格按 25kN/m³ 控制时，可相应减小附加恒载，如取 1.4kPa。

　　2. 消防车荷载输入模型时可按照消防车道所占板面积比例进行折减。双向板楼盖板跨介于 3m×3m～6m×6m 之间时，按规范值输入。消防车荷载不考虑裂缝控制。消防车荷载折减原则：算板配筋不折减；单向板楼盖的主梁折减系数取 0.6，单向板楼盖的次梁和双向板楼盖的梁折减系数 0.8；算墙柱折减系数取 0.3；基础设计不考虑消防车荷载。[消防车荷载按自定义工况-消防车输入]

　　3. 板上固定隔墙荷载按板间距恒荷载输入后进行整体计算。

　　4. 施工活荷载不与使用活荷载及建筑装修荷载同时考虑。

　　5. 同一板块有阳台及卧室功能时，应按加权折算后的活荷载输入，不得直接输入 2.0（强条）。

9.6.2　主要线荷载

1. 隔墙荷载

本工程建筑隔墙按加气混凝土砌块；外、内墙选用 A5.0（干重度：7.25kN/m³ 根据 JGJ/T 17—2008 第 4.0.8 条砌体设计重度：10.0kN/m³）。内隔墙两侧按 20mm 抹灰考虑，200 厚内隔墙面荷载为 2.8kN/m²；外隔墙按内侧 20mm 抹灰、外侧 30mm 厚石材（平均重度 20kN/m³）考虑，200 厚外隔墙面荷载 3.0kN/m²；100 厚墙两侧按 20mm 抹灰考虑，面荷载 1.8kN/m²。面荷载乘以高度（层高－梁高）后按线荷载输入。外墙有门窗洞口（飘窗除外）的，可按 0.8 倍折算。主要楼层的隔墙线荷载详见表 9-7。

隔墙线荷载　　　　　　　　　　　　　　　　表 9-7

层高	墙体类型	隔墙线荷载（kN/m）	
		无门窗洞口	有门窗洞口
2.9m	外墙（3.0kN/m²）	7.2	5.8 或按长度折算
	200 厚内墙（2.8kN/m²）	6.7	5.4 或按长度折算
	100 厚墙体（1.8kN/m²）	4.3	3.4 或按长度折算
5.1m	200 厚外墙（3.0kN/m²）	13.4	如果仅开 2m 高门洞则不折减，如开较大洞口可以根据实际折减
	200 厚内墙（2.8kN/m²）	12.5	如果仅开 2m 高门洞则不折减，如开较大洞口可以根据实际折减
	100 厚墙体（1.8kN/m²）	8	如果仅开 2m 高门洞则不折减，如开较大洞口可以根据实际折减

层高	墙体类型	隔墙线荷载（kN/m）	
		无门窗洞口	有门窗洞口
6.0m	200厚外墙（3.0kN/m²）	16.2	如果仅开2m高门洞则不折减，如开较大洞口可以根据实际折减
	200厚内墙（2.8kN/m²）	15.2	如果仅开2m高门洞则不折减，如开较大洞口可以根据实际折减
	100厚墙体（1.8kN/m²）	9.8	如果仅开2m高门洞则不折减，如开较大洞口可以根据实际折减
备注		1. 其他层高隔墙荷载可按面荷载×（层高一梁高）自行计算；（取一位小数，四舍五入） 2. 梁高按500mm高考虑。	

2. 其他线荷载（表9-8）

其他线荷载 　　　　　　　　　　　　　　　　　　表9-8

荷载类别	线荷载（kN/m）	备注
灰砂砖（100/200，$h=1$m）	2.6/4.4	kN/m 每米墙高
页岩多孔砖（200，$h=1$m）	3.6	kN/m/每米墙高，砌块重度≤11kN/m³，砌体重度取13kN/m³
悬挑600mm凸窗	10	双层挑板凸窗，上翻450mm。有侧板时，每个侧板增加2.5kN/m
玻璃阳台栏杆	3.0	混凝土栏杆按实际计算，请留意阳台转角处是否有砖集集中荷载
推拉门	3.0	适用于标准层（3.0m以下层高）。其他楼层按1kN/m²×层高计算
玻璃窗	3.0	通高窗，适用于标准层（3.0m以下层高）。其他楼层按1kN/m²×层高计算
玻璃幕外墙	4.5	适用于标准层（3.0m以下层高）。其他楼层按1.5kN/m²×层高计算
女儿墙	7.0	适用于高度1.5m以内的150mm混凝土女儿墙
楼梯	根据跨度查表9.6	楼层标高平台梁板应按实际建入模型计算，休息平台梯梁按虚梁建模（两端铰接），休息平台梁荷载按7.5kN/m附加到楼层梁上，梁上输入线荷载；楼层梁、休息平台梯梁和楼层梁之间楼板按开洞输入。一个层高范围内大于两跑时，荷载应比例增大，楼梯荷载输入均应符合实际情况

注：梁内侧无楼板，而外侧支承悬挑板或挑梁时，应将梁所承受的实际扭矩输入模型进行计算和配筋，且该梁的扭矩折减系数应取为1.0。注意屋顶剪力墙上女儿墙荷载不得遗漏。

9.6.3 节点荷载

节点荷载如表9-9所示。

节点荷载 　　　　　　　　　　　　　　　　　　表9-9

荷载类别	荷载（kN）	备注
电梯挂钩荷载	30	作用在机房顶吊钩梁中间
电梯动荷载	125	作用在机房层电梯正、背面的梁（或墙）中间

10 地下室设计

10.1 荷载和地震作用

10.1.1 竖向荷载

竖向荷载有上部及各层地下室顶板传来的荷载和外墙自重。覆土一般为 $1.0 \sim 1.5$m，以 1.2m 居多，根据建筑要求来取覆土恒载。塔楼内部可能要整体下沉或者局部下沉 600mm 左右，方便走管，也有考虑其覆土荷载。活荷载一般可取 $4kN/m^2$ 或者 $5kN/m^2$，具体根据公司内部的技术统一措施来填写。

10.1.2 水平荷载

水平荷载有室外地坪活荷载、侧向土压力、地下水压力、人防等效静荷载。

1. 室外地坪活荷载：一般民用建筑的室外地面（包括可能停放消防车的室外地面），活荷载可取 $5kN/m^2$。有特殊较重荷载时，按实际情况确定。

2. 土压力：当地下室采用大开挖方式，无护坡桩或连续墙支护时，地下室外墙承受的土压力宜取静止土压力。土压力系数 K_0，对一般固结土可取 $K_0 = 1 - \sin\varphi$（φ 为土的有效内摩擦角），一般情况可取 0.5。

当地下室施工采用护坡桩或连续墙支护时，地下室外墙土压力计算中可以考虑基坑支护与地下室外墙的共同作用，或按静止土压力乘以折减系数 0.66 近似计算，$K_a = 0.5 \times 0.66 = 0.33$。

地下水以上土的重度，可近似取 $18kN/m^3$，地下水以下土的重度可近似取 $11.0kN/m^3$。

3. 水压力：水位高度可按最近 $3 \sim 5$ 年的最高水位确定，不包括上层滞水。

10.1.3 风荷载

地下室一般不考虑风荷载；如果地下室层数不填 0，表示有地下室，程序自动取地下室部分的基本风压为 0，并从上部结构风荷载中自动扣除地下室部分的高度。

10.1.4 地震作用

地下室的地震作用主要被室外回填土吸收，只有少部分由地下室构件承担，因此《抗规》第 5.2.5 条要求的最小地震剪力调整，地下室部分可不考虑，即不考虑剪重比，但程序仍然给出调整。

10.2 荷载分项系数

荷载分项系数参见表 10-1。

荷载分项系数   表 10-1

荷载分项系数	室外地面活荷载	土压力	水压力
普通地下室	1.4	1.2	1.2

注：1. 表中普通地下室外墙的荷载分项系数是指可变荷载效应控制的基本组合分项系数。必要时应考虑永久荷载效应控制的组合。
    2. 地下室外墙受弯及受剪计算时，土压力引起的效应为永久荷载效应，其荷载分项系数可取 1.35。水压力若按最高水平，则一般按恒荷载设计，分项系数可参考地下水池设计规范。

10.3 地下室墙厚的确定

多高层地下室外墙墙厚应 ≥250mm，一般一层地下室时外墙厚度 300～350mm。地下室侧壁厚度主要取决于地下室深度，同时也要考虑承受水压的最大水头 H 与相应壁厚 t 的比值，H/t 的比值一般宜控制在 25 以内以能取得较好的防水效果。

地下室内墙的厚度，一般应大于等于塔楼一层（或架空层）的厚度，如果轴压比或者整体稳定性不满足要求时，再把墙厚加大。为了避免短肢剪力墙，很多地方人为地把厚墙体长度小于 8 倍（但大于 4 倍）墙厚的剪力墙厚度改为 310mm。

塔楼周边的剪力墙为了与地下室外面的大梁搭接，往往需要做端柱，端柱截面一般不宜小于 600mm×600mm，有时候该剪力墙翼缘长度大于 600mm 时，也可以取翼缘长度×600mm。但如果采用无梁楼盖时，一般不需要做端柱，墙厚不宜小于 300mm 即可。

10.4 混凝土强度等级的选取

一般控制在 C30～C35 之间，混凝土强度等级越高，水泥用量大，易产生裂缝。

10.5 保护层厚度的选取

《地下工程防水技术规范》GB 50108—2001 对防水混凝土结构规定，迎水面钢筋保护层厚度 ≥50mm。按《混凝土结构设计规范》GB 50010—2010 第 3.5.2 条，外墙外侧环境类别为"二 b"，内侧"二 a"，所以，按《混规》8.2.1 条墙外侧保护层厚度取 25mm，内侧取 20mm。《全国民用建筑工程设计技术措施——防空地下室》2009JSCS-6 中明确指出，当有外包柔性防水层时，迎水面保护层厚度可以取 30mm。

所以保护层的厚度选取应该具体情况具体分析，外侧保护层厚度取 50mm 时，由于外墙一般较厚，且拆模早，养护困难，容易出现裂缝，施工时应采取一定的措施；外侧保护层厚度取 30mm 时，需要外包柔性防水层。

10.6　抗震等级的确定

1. 地下一层的抗震等级与上部结构相同，地下一层以下楼层抗震等级，7 度不宜低于四级、8 度不宜低于三级、9 度不宜低于二级；对于乙类建筑，6 度不宜低于四级、7 度不宜低于三级、8 度不宜低于二级、9 度时专门研究。对超出上部主体部分地下室，可根据具体情况采用三级或四级。在 SATWE 软件参数定义菜单中可定义全楼的抗震等级，抗震等级不同的部位可在特殊构件菜单中逐个定义。

2. 地下室一侧或两侧开敞时由于土的约束作用较小，所以地下室层抗震等级与上部结构抗震等级相同。

10.7　地下室外墙计算时要注意的一些问题

1. 当地下室无横墙或横墙间距大于层高的 2 倍时，其底部与刚度很大的基础底板或基础梁相连，可认为是嵌固端，首层顶板相对于外墙而言平面外刚度很小，对外墙的约束较弱，所以外墙顶部应按铰接考虑。当地下室只有一层时，可简化为下端嵌固、上端铰支的简支梁计算。地下室层数超过一层时，可简化为下端嵌固、上端铰支的连续梁计算，地下室中间层可按连续铰支座考虑。

2. 当地下室内横墙较多或扶壁柱刚度相对于外墙板较大，且间距不大于 2 倍层高时，地下室外墙可简化为下端嵌固、上端铰支的双向板。

3. 地面层开洞位置（如楼梯间、地下车道）地下室外墙顶部无楼板支撑，为悬臂构件，计算模型的支座条件和配筋构造均应与实际相符。

4. 当竖向荷载较大时，外墙应该按压弯构件计算（偏心受压），但一般可仅考虑墙平面外受弯计算配筋。

5. PKPM 软件地下室外墙按支撑在顶板和底板之间的单向板考虑，这种模型对于层高较小而柱距较大的无窗洞地下室计算误差不大。而对于柱距与层高接近的地下室，外墙按单向板考虑不合适，会导致外墙水平方向配筋偏小，竖向方向配筋偏大。由于没有考虑柱的侧压力，将使柱的计算不安全，特别是对上部有较多窗洞的半地下室，按此模型考虑不符合实际，因此在设计地下室外墙时，应自己手算或者用小软件计算。

10.8　程序操作

外墙一般自己手算或者用小软件计算，计算外墙的小软件有很多，但操作过程都基本相同，先填写一些基本参数，比如：地下室层数，层高，墙厚，混凝土强度等级，钢筋强度等级、土层总数及土的相关参数、计算模型、室外地坪标高、室外水位标高、室外堆载、土压分项系数、水压分项系数、裂缝限值等，然后再计算，在计算结果中可以查看弯矩、剪力图、配筋结果等。以下是用某个小软件计算地下室外墙的操作过程（图 10-1～图 10-4）

1. 操作界面（图10-1）。

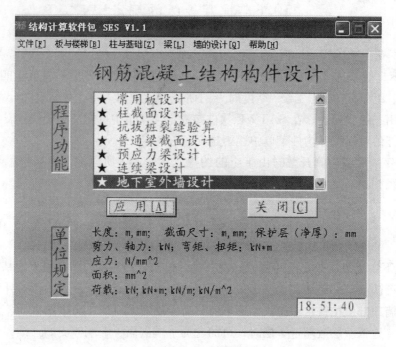

图10-1 操作界面

2. 点击"应用"，填写相关参数（图10-2）。

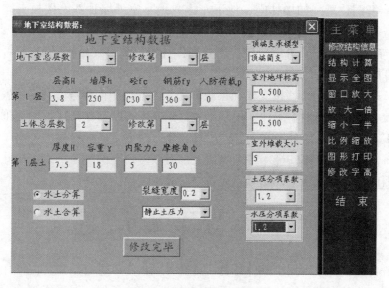

图10-2 参数填写对话框

3. 点击"结果计算"，可看到已填写的相关参数（图10-3）。

4. 点击"显示全图"，可看到侧压力设计/标准值，弯矩设计/标准值、剪力设计/标准值等（图10-4）。

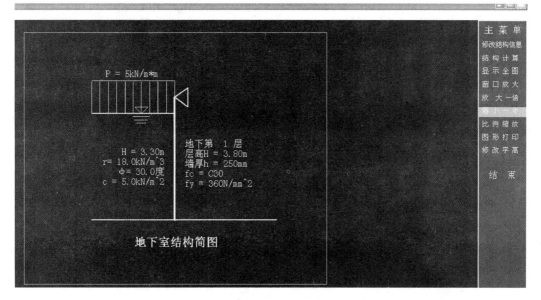

图 10-3　相关参数查看

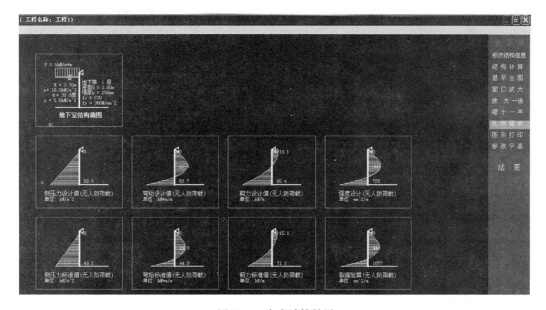

图 10-4　内力计算结果

10.9　地下室配筋设计要点

10.9.1　规范规定

《高规》12.2.5：高层建筑地下室外墙设计应满足水土压力及地面荷载侧压作用下承载力要求，其竖向和水平分布钢筋应双层双向布置，间距不宜大于150mm，配筋率不宜小于0.3%。

10.9.2 经验

表 10-2 是淄博市建筑设计研究院徐传亮总工的经验总结，设计时可以参考，但不能作为设计依据。

地下室外墙配筋

表 10-2

墙高 H(m)	墙厚 h(mm)	竖向筋	水平筋	混凝土强度等级
3.6	250	$\phi10@100$	$\phi10@150$	C30
3.9	250	$\phi12@150$	$\phi10@150$	C30
4.2	250	$\phi12@125$	$\phi12@150$	C30
4.5	300	$\phi12@125$	$\phi12@150$	C30
4.8	300	$\phi12@110$	$\phi12@150$	C30
5.1	300	$\phi14@120$	$\phi12@150$	C30

注：地下室顶板梁纵筋最大直径取 28mm，但最大取 25mm 最好。

10.10 地下室设计要点

1. 设计要点

（1）地下室迎土面支座配筋按 0.2mm 裂缝控制，裂缝计算时板、墙保护层厚度取 25mm。

（2）一般情况下，侧壁按单向连续板计算，底层固端，顶层铰接。竖向钢筋按计算确定，通长钢筋间距 200mm 或 150mm，迎土面支座不足另设加筋（1/3 净高处截断）；单侧水平分布筋按 0.15% 最小配筋率控制，间距 150mm，对于 300mm 厚侧壁为 $\phi12@150$。侧壁楼层半高位置应设置 1m 宽@100 水平钢筋加强带。

（3）当侧壁顶端没有楼盖时，应按悬臂板计算配筋。配筋原则同一般情况。车道等部位的悬臂侧壁，设置有效的建筑外防水时，裂缝宽度可按 0.3mm 控制。

（4）当层高较高时，为减小侧壁厚度改善经济性，可考虑结合柱网增设扶壁柱（需与建筑协商）。当扶壁柱截面高度大于板跨（层高）的 1/6（或悬臂高度的 1/4）和侧壁厚度的 2 倍时，侧壁可按四边支承（一般情况）或三边支承（顶端无楼盖），竖向钢筋和水平钢筋均按计算配筋，竖向通长钢筋间距 200mm，迎土面支座不足另加；水平钢筋间距 150mm。扶壁柱按计算要求配筋。

（5）特别注意地下室范围以外的车道侧壁，应按悬臂板计算，其计算配筋较大时应分段配筋。

（6）地下室侧壁无须做暗梁。

（7）地下室侧壁按纯弯构件计算，地面荷载取 5kN/m²。

（8）地下室侧壁按墙输入，在框架梁与外墙交接处，跨度较大（≥5m）时设置壁柱。

（9）当地下室基坑支护采用悬臂桩或外锚桩支挡时，地下室外墙承受的土压力可适当折减，折减系数可取 0.7。

地下室顶板不作为嵌固端时，参考《高规》10.6.2，一般板厚可取 160mm，配筋不宜小于 0.25%，双层双向。

（10）当柱网 7.8m×7.8m 左右，覆土 1.2m 左右时，采用双向次梁体系的地下室，一般主梁取 400mm×（800～1000）mm，次梁取（300～350)mm×(800～900) mm。当采用无梁楼盖时，柱网 7.8m×7.8m 左右，覆土 1.2m 左右时，柱帽尺寸一般为 2.8m×2.8m 左右，板厚一般可取 300～350mm，柱帽高度一般可取 700～800mm（包括板厚）。

2. 控制裂缝措施

（1）合理配筋，墙体配筋时尽量遵循小而密的原则。

（2）地下室外墙配筋时，水平钢筋放在竖向钢筋的外面，有利于裂缝的控制，因为根据经验，地下室一般是竖向裂缝为主。

（3）设置加强带。为了实现混凝土连续浇注无缝施工而设置补偿收缩混凝土带，根据一些工程实践经验，一般超过 60m 应设置膨胀加强带。

（4）设置后浇带。可以在混凝土早期短时期释放约束力。一般每隔 30～40m 设置贯通顶板、底部及墙板的施工后浇带。后浇带可设置在柱距三等分的中间范围内以及剪力墙附近，其方向宜与梁正交，沿竖向应在结构同跨内；底板及外墙的后浇带宜增设附加防水层；后浇带封闭时间宜滞后 45d 以上，其混凝土强度等级宜提高一级，并宜采用无收缩混凝土，低温入模。

（5）优化混凝土配合比，选择合适的骨料级配，从而减少水泥和水的用量，增强混凝土的和易性，有效地控制混凝土的温升。也可以掺加高效减水剂。

10.11　地下室抗浮设计措施

1. 增加地下室层高来增加地下室的重量是解决地下室抗浮的一个直接有效的方法，但这种方法应该结合地基土的承载力而定，有时候并不经济。也可以增加基础底板的厚度、增加基础顶板的覆土厚度、基础顶面采用重度大且价格低廉的填料。塔楼抗浮分为整体抗浮或者局部抗浮，局部抗浮时，可以在 PKPM 中多建一个标准层，层高 1m，然后输入竖直向上的水浮力恒载（水浮力/1.4），并不考虑附加恒载 1.5kN/m²，不考虑填充墙线荷载，偏保守设计，SATWE 中的活荷载分项系数取 0，查看柱或者墙底的轴力设计值。如果局部抗浮满足，整体抗浮一定满足。局部抗浮不满足，可以采取一定的措施进行抗浮设计。塔楼整体抗浮不满足时，可以降水处理，当施工到整体抗浮满足的楼层时，才停止降水。

当抗浮水位不一样时，可以布置 100mm×100mm 的虚梁，然后输入不同的水浮力大小值。

2. 尽可能提高基坑坑底的设计标高，间接降低抗浮设防水位，梁式筏基的基础埋深要大于平板式筏基，故采用平板式筏板基础更有利于降低抗浮水位。楼盖提倡使用宽扁梁或无梁楼盖。一般宽扁梁的截面高度为 $L(1/22～1/16)$，宽扁梁的使用将有效地降低地下结构的层高，从而降低了抗浮设防水位。

3. 设置抗拔桩。对原采用桩基础的建筑结构，可将承重桩同时设计成抗拔桩，若原有承重桩作为抗拔桩后仍不足以承受地下水作用产生的浮力，可在适当位置增设纯抗拔桩。当主楼与裙房之间没有设缝时，裙房因为抗浮要部分设置抗浮桩，但有可能会加大主楼与裙房之间沉降差值。

4. 增设抗拔锚杆，抗拔锚杆应进入岩层，如岩层较深，可锚入坚硬土层，并通过现场抗拔试验确定其抗拔承载力。

10.12　地下室设计时要注意的一些问题

1. 建筑物的一面或二面，三面外墙兼作挡土墙，结构外荷载作用不对称时，建议挡土墙采用专门的计算方法进行分析，可以用节点荷载模拟挡土墙荷载。

如果地下室只单边有回填土，则该层可以不作为地下室，要用节点荷载模拟挡土墙荷载，挡土墙应采用专门的软件进行分析。

2. 带地下室的剪力墙结构底部加强区的上限高度，程序自动扣除地下室的层数和高度；加强区下限高度通常从地下室一层算起，地下室一层以下可以不加强；SATWE 设有"剪力墙加强区起算层号"，若没有地下室，填1，即剪力墙加强区从一层算起；有地下室，取地下室最高层号，假设地下室2层，则填2。

3. 主体的地下室（一层）建为第一个标准层，裙房没有地下室（主体裙房间不设缝，裙房只有一层），裙房建为第二个标准层，其他的以此类推，则要把 PMCAD 参数设置里面"与基础相连的最大层号"填为2，这样 SATWE 才能计算准确。

设计裙房基础时，由于裙房所在标准层的层高是取地下室顶板到裙房顶板，这样裙房在没有地下室部分竖向构件的计算长度系数不对，一般有两种做法：①在 SATWE 前处理菜单中修改裙房在没有地下室部分竖向构件的计算长度系数；②在 SATWE 的结构布置数据文件 STRU. SAT 中修改裙房在没有地下室部分竖向构件的计算长度。这两种方法都要执行"生成 SATWE 数据文件及数据检查"。

4. 一栋带2层地下室的高层，当地下室顶板作为上部结构的嵌固部位时，地下一层要设约束边缘构件，地下二层可以只设构造边缘构件，它是因为越向下，由于覆土的作用，地下室变形越小。地下室外墙和上部结构剪力墙不是一个概念，上部结构的剪力墙是按偏心受力构件计算的，而地下室外墙可以简化为受弯构件计算。

10.13　某工程地下室设计要点

（1）地下室底板采用平板＋独立基础（侧壁采用条形基础）结构，板厚 250mm。地下室底板沿侧壁边外飘长度按条形基础计算取值且不小于 500mm（桩基时不小于 300mm 及底板厚度）。地下一层侧壁厚度 300mm，地下二层侧壁厚 400mm，底板和侧壁临土面钢筋按 0.2mm 裂缝控制（计算裂缝时保护层厚度按 25mm 考虑），考虑人防工况，人防工况考虑材料强度提高并不考虑挠度和裂缝要求。集水井、电梯底坑等应考虑其壁厚，不得与独立基础或桩有冲突。

（2）顶板非人防区楼盖，采用框架井字梁（跨度小的可用草字梁）板楼盖，框架梁跨中暂定不大于 800mm，如计算需要可以在支座处进行加腋。具体还需跟建筑、设备专业商量。塔楼相关范围板厚 180mm，其余 160mm。顶板框架梁角部设置两根贯通钢筋（非搭接方式）。

（3）地下室中间层楼盖，采用单向单次梁楼盖，单次方向框架梁截面 250mm×

650mm，次梁截面 200mm×650mm，另向框架梁截面 300mm×700mm。板厚 120mm，框架梁面角筋、板面筋无需拉通。地下室部分施工图应和人防设计单位密切配合，统一混凝土强度等级、模板图布置等，做到设计协调一致。顶板、底板、外墙等人防荷载取值应由人防设计单位提供。

10.14　地下室底板设计要点

1）地下室底板采用无梁楼板形式，配筋形式采用柱上板带＋跨中板带的形式，采用"贯通筋＋支座附加筋（计算需要时）"，即拉通一部分再附加一部分的配筋形式。计算程序可用复杂楼板有限元计算。附加筋从承台（基础）边伸出长度≥1m，且不小于净跨的 1/5。

2）桩承台为抗冲切柱帽，部分承台可通过适当加大柱帽的尺寸的方法降低底板配筋。

3）底板正向计算时为自承重体系，向下荷载为底板自重、建筑面层重量及底板上设备及活荷载，底板下地基土承载力须满足要求，不满足时应由基础承受底板自重、面层及其活荷载。底板反向计算时向下荷载为底板自重、建筑面层重量，向上荷载为水浮力，并按照规范取用相应荷载组合，其中水浮力分项系数取 1.2。

4）底板下地基土承载力特征值不应小于 130kPa（淤泥土或扰动上时，换填不小于 500mm 厚中粗砂密实处理或同垫层的素混凝土）。

5）底板与地下室外墙连接处应充分考虑外墙底部固端弯矩对底板的影响，伸出外墙边 500mm。

6）底板计算裂缝时混凝土护层取 25(50mm)，裂缝控制宽度为 0.2mm。

7）地下室外墙下部除确有必要外不设置基础梁。

8）当部分部位设置基础梁时，其配筋计算时只考虑垂直荷载；一般情况下，基础梁不能用列表表达法，而用平面表达法（即支座面筋不全长拉通，另设置小直径架立钢筋，抗剪不够时可采取梁端 1.5h 范围内，箍筋加密至@150 或@100）。

9）塔楼范围一般要整体沉板或者局部沉降板，很多时候，地下室塔楼范围内的梁要做成变截面梁。地下室塔楼边缘的梁宽，一般不宜小于 300mm，不应小于 250mm。地下室的梁裂缝控制一般可控制在 0.3mm，如果按 0.2mm 控制，一般配筋太大。

10）对于地下室底板，标高往往不同，需要补充底板标高不同时的大样，如图 10-5 所示。

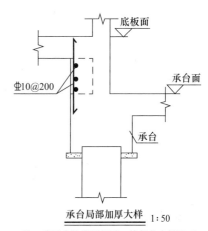

注：当承台比底板低时，均按此大样施工。

图 10-5　承台局部加厚大样

89

11 基础设计

11.1 独立基础

11.1.1 适用条件

地质条件比较好的多层框架结构。

11.1.2 荷载估算

假设框架柱网尺寸为 8m×8m（图 11-1），地上按 15kN/m² 估算，则跨中柱每层轴力标准值 $F=15kN/m^2 \times 8m \times 8m=960kN$，地下部位按 25kN/m² 计算，则 8m×8m 跨中柱每层轴力 $F=25kN/m^2 \times 8m \times 8m=1600kN$。

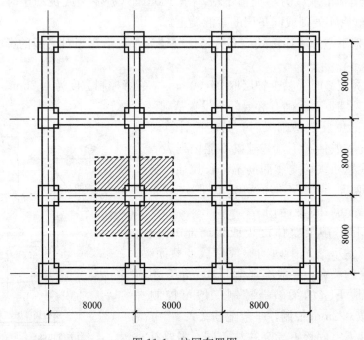

图 11-1 柱网布置图

11.1.3 独立基础截面

1. 规范规定

《建筑地基基础设计规范》GB 50007—2011 第 8.2.1-1 条：扩展基础的构造，应符合下列要求：锥形基础的边缘高度不宜小于 200mm，且两个方向的坡度不宜大于 1:3；阶梯形基础的每阶高度，宜为 300～500mm。

2. 经验

表 11-1 是北京市建筑设计研究院刘铮的经验总结，设计时可以参考，在编制表格时，柱子柱网尺寸为 8m×8m，轴压比按 0.8 估算，混凝土强度等级基础 C30，$f_c=14.3\text{N/mm}^2$，$f_t=1.43\text{N/mm}^2$，埋深 1.5m，转换系数取 1.26，受力钢筋 HRB400，修正后的地基承载力特征值为 150kPa。

<table>
<tr><td colspan="6" align="center">单独柱基高度的经验高度确定表格以及底板配筋面积</td><td>表 11-1</td></tr>
<tr><td>轴压力（设计值）
（kN）</td><td>柱截面尺寸
（mm）</td><td>柱基底面尺寸
（mm）</td><td>柱基础高度
（mm）</td><td>计算钢筋面积
（mm²）</td><td colspan="2">实配钢筋面积双向
（mm²）</td></tr>
<tr><td>1200 单层</td><td>350×350</td><td>2900×2900</td><td>450</td><td>629</td><td colspan="2">Φ12@150＝754</td></tr>
<tr><td>2400 二层</td><td>500×500</td><td>4000×4000</td><td>600</td><td>888</td><td colspan="2">Φ14@150＝1026</td></tr>
<tr><td>3600 三层</td><td>600×600</td><td>4900×4900</td><td>750</td><td>1037</td><td colspan="2">Φ12@100＝1131</td></tr>
<tr><td>4800 四层</td><td>650×650</td><td>5700×5700</td><td>850</td><td>1222</td><td colspan="2">Φ14@100＝1538</td></tr>
</table>

3. 独立基础截面的两种估算方法

方法 1：点击【SATWE 的核心集成设计/计算结果/底层墙柱/D＋L】，得到柱底 D＋L(恒＋活) 轴力设计值 N，再求出修正后的地基承载力特征值 f_a → $A=N/1.26/f_a$，$b=\sqrt{A}$。程序操作过程如图 11-2 所示。

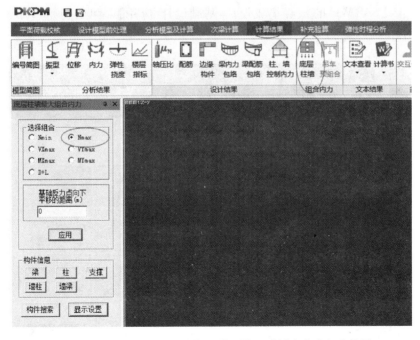

图 11-2 SATWE 后处理对话框（底层柱，墙最大内力组合简图）

方法 2：手算：$A=(15\text{kN/m}^2×\text{面积}×\text{层数}+25\text{kN/m}^2×\text{面积}×\text{层数})/f_a$ → $b=\sqrt{A}$

注：独立基础一般为方形，不为方形时，长宽比应≤2。人工土地基承载力一般在80kPa左右，工程中持力层土质比较好时，修正后地基承载力一般在180～250kPa之间。

11.1.4 独立基础配筋设计要点

1. 规范规定

《建筑地基基础设计规范》GB 50007—2011 第8.2.1-3条：扩展基础受力钢筋最小配筋率不应小于0.15%，底板受力钢筋的最小直径不宜小于10mm；间距不宜大于200mm，也不宜小于100mm。墙下钢筋混凝土条形基础纵向分布钢筋的直径不宜小于8mm；间距不宜大于300mm；每延米分布钢筋的面积应不小于受力钢筋面积的15%。当有垫层时钢筋保护层的厚度不小于40mm；无垫层时不小于70mm。

《建筑地基基础设计规范》GB 50007—2011 第8.2.1-5条：当柱下钢筋混凝土独立基础的边长和墙下钢筋混凝土条形基础的宽度大于或等于2.5m时，底板受力钢筋的长度可取边长或宽度的0.9倍，并宜交错布置。

2. 经验

见表11-1。北京市《建筑结构专业技术措施》第3.5.2条规定，如独立基础的配筋不小于φ10@200双向时，可不考虑最小配筋率的要求。

11.1.5 PKPM程序操作

1. PKPM程序操作过程简述

在JCCAD中计算，操作过程如下：

（1）点击【SATWE的核心集成设计/基础设计/应用】，弹出初始选择对话框，如图11-3所示。

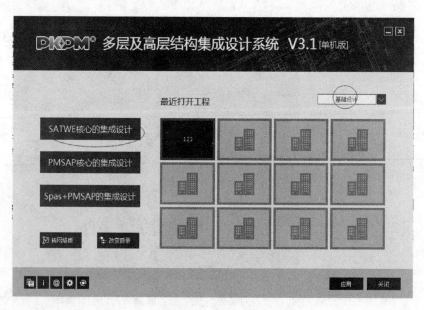

图11-3 基础设计

（2）点击【参数】，如图11-4～图11-12所示。

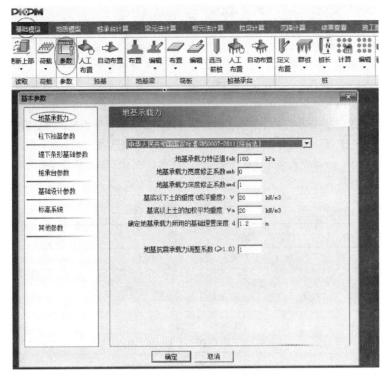

图 11-4　地基承载力

参数注释：

1. 计算承载力的方法：

程序提供 5 种计算方法，设计人员应根据实际情况选择不同的规范，一般可选择"中华人民共和国国家标准 GB 50007—2011—综合法"，如图 11-5 所示。选择"中华人民共和国国家标准 GB 50007—2011—综合法"和"北京地区建筑地基基础勘察设计规范 DBJ 11-501-2009"需要输入的参数相同，"中华人民共和国国家标准 GB 50007—2011—抗剪强度指标法"和"上海市工程建设规范 DGJ 08-11-2010—抗剪强度指标法"需输入的参数也相同。

图 11-5　计算承载力方法

2. "地基承载力特征值 f_{ak}(kPa)"：

"地基承载力特征值 f_{ak}(kPa)"应根据地质报告输入。

3. "地基承载力宽度修正系数 amb"：

初始值为 0，当基础宽度大于 3m 时，从载荷试验或其他原位测试、经验值等方法确定的地基承载力应按《建筑地基基础设计规范》GB 50007—2011 第 5.2.4 条确定；当基础宽度大于 3m 或埋置深度大于 0.5m 时，从载荷试验或其他原位测试、经验值等方法确定的地基承载力特征值，尚应按下式修正：

$$f_a = f_{ak} + \eta_b \gamma (b-3) + \eta_d \gamma_m (d-0.5)$$

式中 f_a——修正后的地基承载力特征值（kPa）；

$\quad$ f_{ak}——地基承载力特征值（kPa），按《地规》第 5.2.3 条的原则确定；

$\quad$ η_b、η_d——基础宽度和埋置深度的地基承载力修正系数，按基底下土的类别查表 11-2 取值；

$\quad$ γ——基础底面以下土的重度（kN/m³），地下水位以下取浮重度；

$\quad$ b——基础底面宽度（m），当基础底面宽度小于 3m 按 3m 取值，大于 6m 时按 6m 取值；

$\quad$ γ_m——基础底面以上土的加权平均重度（kN/m³），位于地下水位以下的土层取有效重度；

$\quad$ d——基础埋置深度（m），宜自室外地面标高算起。在填方整平地区，可自填土地面标高算起，但填土在上部结构施工后完成时，应从天然地面标高算起。对于地下室，当采用箱形基础或筏基时，基础埋置深度自室外地面标高算起；当采用独立基础或条形基础时，应从室内地面标高算起。

承载力修正系数　　　　　　　　　　　　　　表 11-2

土的类别		η_b	η_d
淤泥和淤泥质土		0	1.0
人工填土 e 或 I_L 大于等于 0.85 的黏性土		0	1.0
红黏土	含水率 $a_w>0.8$	0	1.2
	含水率 $a_w\leqslant0.8$	0.15	1.4
大面积压实填土	压实系数大于 0.95、黏粒含量 $p_c>10\%$ 的粉土	0	1.5
	最大干密度大于 2100kg/m³ 的级配砂石	0	2.0
粉土	黏粒含量 $p_c\geqslant10\%$ 的粉土	0.3	1.5
	黏粒含量 $p_c<10\%$ 的粉土	0.5	2.0
e 及 I_L 均小于 0.85 的黏性土		0.3	1.6
粉砂、细砂（不包括很湿与饱和量的稍密状态）		0.0	3.0
粗砂、中砂、砾砂和碎石土		3.0	4.4

在设计独立基础时，不知道独立基础的宽度，可以先按相关规定填写，程序会自动判别，当基础宽度大于 3m，地基承载力特征值乘以宽度修系数。

4."地基承载力深度修正系数 amd"：

初始值为 1，当基础埋置深度大于 0.5m 时，从载荷试验或其他原位测试、经验值等方法确定的地基承载力应按《建筑地基基础设计规范》GB 50007—2011 第 5.2.4 条确定。

5."基底以下土的重度（或浮重度）γ(kN/m³)"：初始值为 20，应根据地质报告填入。

6."基底以下土的加权平均重度（或浮重度）γ_m(kN/m³)"：初始值为 20，应取加权平均重度。

7."确定地基承载力所用的基础埋置深度 d(m)"：

基础埋置深度，一般自室外地面标高算起。在填方整平地区，可自填土地面标高算起，但填土在上部结构施工完成时，应从天然地面标高算起。对于地下室，当周围无可靠侧向限制时，埋置深度应从具有侧限的地面算起，如采用箱形或筏板基础，基础埋置深度自室外地面标高算起，如果采用独立基础或条形基础而无满堂抗水板时，应从室内地面标高算起。

《北京市建筑设计技术细则　结构专业》规定，地基承载力进行深度修正时，对于有地下室之满堂基础（包括箱形基础、筏形基础以及有整体防水板的单独柱基），其埋置深度一律从室外地面算起。当高层建筑侧面附有裙房且为整体基础时（无论是否由沉降缝分开），可将裙房基础底面以上的总荷载折合成土重，再以此土重换算成若干深度的土，并以此深度进行修正。当高层建筑四边的裙房形式不同，或仅一、二边为裙房，其他两边为天然地面时，可按加权平均方法进行深度修正。

规范要求的基础最小埋置深度无论有无地下室，都从室外地面算至结构最外侧基础底面（主要考虑整体结构的抗倾覆能力、稳定性和冻土层深度）。当室外地面为斜坡时基础的最小埋置以建筑两侧较低一侧的室外地面算起。

8. "地基抗震承载力调整系数"

按《抗规》第 4.2.3 条确定，如表 11-3 所示。一般填写 1.0 偏于安全。地基抗震承载力调整系数，实际上是吃了以下两方面的潜力：动荷载下地基承载力比静荷载下高、地震是小概率事件，地基的抗震验算安全度可适当减低。在实际设计中，对强夯、排水固结法等地基处理，由于地基的性能在处理前后有很大的改变，可根据处理后地基的性状按《抗规》表直接决定 ζ_a 值。对换填等地基处理（包括普通地基下面有软弱土层），如果基础底面积由软弱下卧层决定，宜根据软弱下卧层的性状按表 11-3 决定 ζ_a 值；否则按上面较好土层性状决定 ζ_a 值。对水泥搅拌桩、CFG 桩等复合地基，由于一般增强体的置换率都比较小，原天然地基的性状占主导地位，可以按天然地基的性状决定 ζ_a 值。

地基抗震承载力调整系数　　　　　　　　　　　　　　表 11-3

岩土名称和性状	ζ_a
岩石，密实的碎石土，密实的砾、粗、中砂，$f_{ak} \geqslant 300$ 的黏性土和粉土	1.5
中密、稍密的碎石土，中密和稍密的砾、粗、中砂，密实和中密的细砂、粉砂，150kPa$\leqslant f_{ak}<$300kPa 的黏性土和粉土，坚硬黄土	1.3
稍密的细、粉砂，100kPa$\leqslant f_{ak}<$150kPa 的黏性土和粉土，可塑黄土	1.1
淤泥，淤泥质土、松散的砂，杂填土，亲近堆积黄土及流塑黄土	1.0

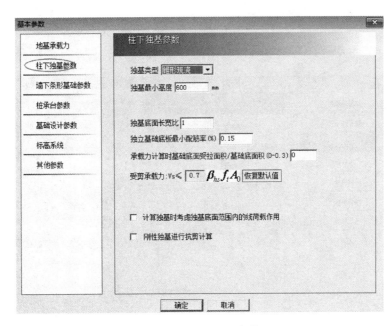

图 11-6　柱下独基参数

注：此部分参数，可以根据实际工程具体填写，在实战设计中，独立基础的布置可总结如下：

（1）点击：基础模型—工具—绘图选项—勾选节点荷载、线荷载、按柱形心显示节点荷载，线荷载按荷载总值显示、（再勾选标准组合，最大轴力），并导出 T 图，将（标准组合、最大轴力）图转换为 dwg 图，如图 11-7 所示。

（2）对照（标准组合、最大轴力）图，按轴力大小值进行归并，一般将轴力相差 200～300kN 左右的独立基础进行归并。选一个最不利荷载的柱子，点击：基础设计/自动布置/单柱基础，即生成了独立基础，可以查看其截面大小与配筋。

（3）在基础平面图中把该独立基础用平法表示，再把其他轴力比该值小 200～300kN 范围内的柱子也布置该独立基础，并用平法标注。布置独立基础可以在 TSSD 中点击：基础布置/独立基础。再用同样的方法完成剩下的独立基础布置。

（4）在实际工程中，如果是框架结构，采用二阶或者多阶，阶梯分段位置，在独立基础长度与宽度方向，可以平均分。地下室部分为了防水，常常将独立基础不分阶梯。

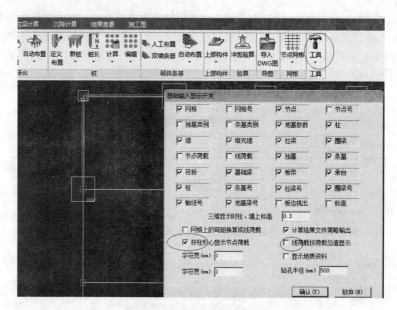

图 11-7　工具/绘图选项

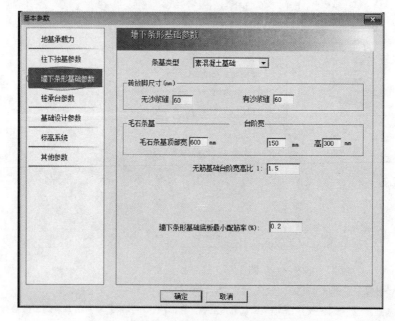

图 11-8　墙下条形基础参数
注：一般根据实际工程填写。

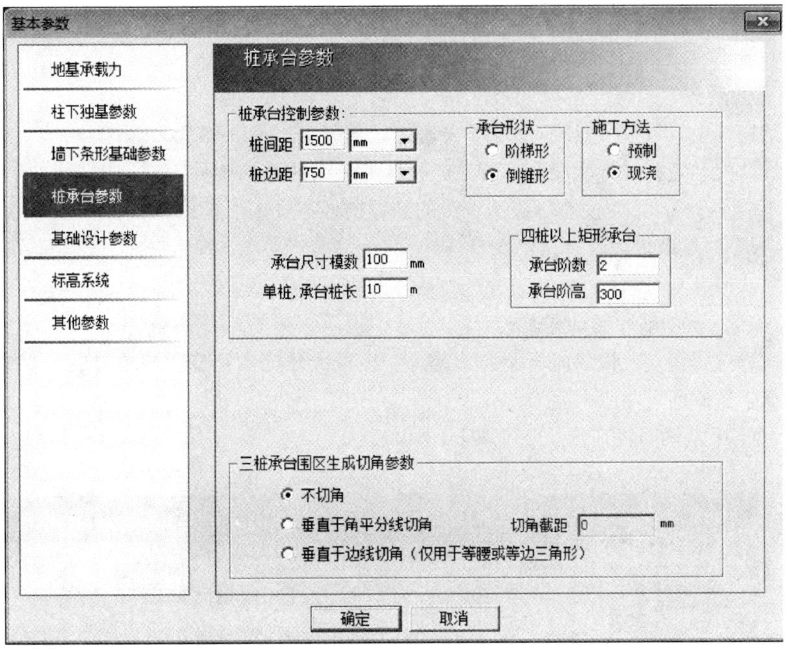

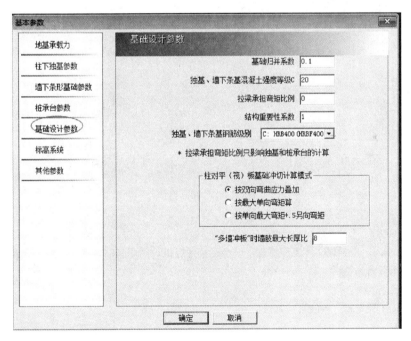

图 11-9　桩承台参数

注：一般根据实际工程填写。

图 11-10　基础设计参数

参数注释：

1. 基础归并系数

一般可填写 0.1。

2. 独基、条基、桩承台底板混凝土强度等级 C

一般按实际工程填写，取 C30 居多。

3. 拉梁弯矩承台比例

由于拉梁一般不在 JCCAD 中计算，此参数可填写 0。

4. 结构重要性系数

应和上部结构统一，可按《混规》3.3.2 条确定，普通工程一般取 1.0。

在持久设计状况和短暂设计状况下，对安全等级为一级的结构构件不应小于 1.1，对安全等级为二级的结构构件不应小于 1.0，对安全等级为三级的结构构件不应小于 0.9；对地震设计状况下应取 1.0。

5. "多墙冲板"时墙肢最大长厚比：

一般可按默认值 8 填写。

6. 柱对平（筏）板基础冲切计算模式

程序提供三种选择模式：按双向弯曲应力叠加、按最大单向弯矩算、按单向最大弯矩＋0.5 另向弯矩；一般可选择，按双向弯曲应力叠加。

7. 独基、墙下条基钢筋级别：一般可取 HRB400。

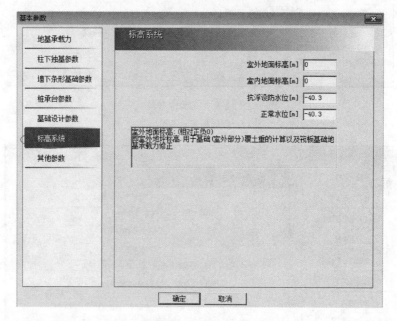

图 11-11　标高系统

参数注释：

1. 室外地面标高

初始值为－0.3，应根据实际工程填写，应由建筑师提供；用于基础（室外部分）覆土重的计算以及筏板基础地基承载力修正。

2. 室内地面标高

应根据实际工程填写，一般可按默认值 0。

3. 抗浮设防水位

用于基础抗浮计算，一般楼层组装时，地下室顶板标高可填写 0.00m，然后再根据实际工程换算得到抗浮设防水位。

4. 正常水位

应根据实际工程填写。

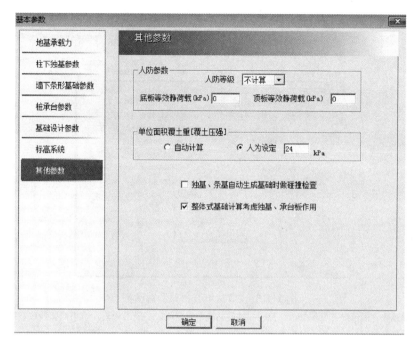

图 11-12　其他参数

· 参数注释：

1. 人防等级

普通工程一般选择"不计算"，此参数应根据实际工程选用。

2. 底板等效静荷载、顶板等效静荷载

不选择"人防等级"，等效静荷载为 0，选择"人防等级"后，对话框会自动显示在该人防等级下，无桩无地下水时的等效静荷载，可以根据工程需要，调整等效静荷载的数值。对于筏板基础，如采用【桩筏筏板有限元计算】的计算方法，则"底板等效静荷载、顶板等效静荷载"的数值还可在【桩筏筏板有限元计算】→【模型参数】中修改，但"人防等级"参数必须在此设定；如采用【基础梁板弹性地基梁法计算】，则只能在此输入。

3. 单位面积覆土重（覆土压强）

一般可按默认值，人为设定 24kPa。该项参数对筏板基础不起作用，筏板基础覆土重在"筏板荷载"菜单里输入。

（3）点击【荷载/荷载组合】，弹出"荷载组合参数"对话框，如图 11-13 所示。

（4）点击【荷载输入/读取荷载】，如图 11-14 所示。

《抗规》4.2.1：下列建筑可不进行天然地基及基础的抗震承载力验算：

1. 本规范规定可不进行上部结构抗震验算的建筑。

2. 地基主要受力层范围内不存在软弱黏性土层的下列建筑：

1）一般的单层厂房和单层空旷房屋；

2）砌体房屋；

3）不超过 8 层且高度在 24m 以下的一般民用框架和框架-抗震墙房屋；

4）基础荷载与 3）项相当的多层框架厂房和多层混凝土抗震墙房屋。

注：软弱黏性土层指 7 度、8 度和 9 度时，地基承载力特征值分别小于 80kPa、100kPa 和 120kPa 的土层。

图 11-13 "荷载组合参数"对话框

1. 荷载分项系数一般情况下可不修改，灰色的数值是规范指定值，一般不修改，若用户要修改，则可以双击灰色的数值，将其变成白色的输入框后再修改。
2. 当"分配无柱节点荷载"打"勾号"后，程序可将墙间无柱节点或无基础柱上的荷载分配到节点周围的墙上，从而使墙下基础不会产生丢荷载情况。分配原则是按周围墙的长度加权分配，长墙分配的荷载多，短墙分配的荷载少。
3. JCCAD读入的是上部未折减的荷载标准值，读入 JCCAD 的荷载应折减。当"自动按楼层折减或荷载"打"勾号"后，程序会根据与基础相连的每个柱、墙上面的楼层数进行活荷载折减。

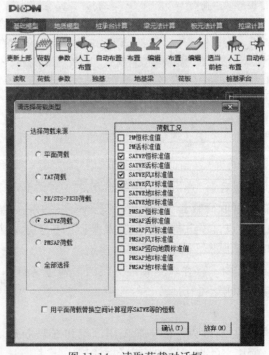

图 11-14 读取荷载对话框

注：一般选择 SATWE 荷载，对于某些工程的独立基础，应根据《抗规》4.2.1 条的要求，去掉 SATWE 地 X 标准值、SATWE 地 Y 标准值。

（5）【自动布置/单柱基础】，按 Tab 键，选择"窗口方式选取"，框选要布置的范围，弹出对话框，如图 11-15 所示，根据实际工程填写相关参数，点击确定后，程序会自动生成独立基础。

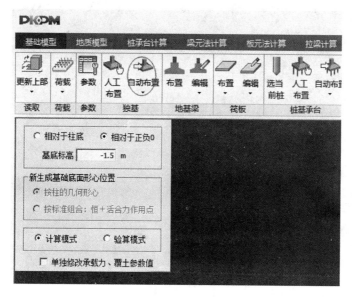

图 11-15　独立基础布置方式

（6）【施工图】→【基础详图-插入详图】，可以自动生成独立基础详图，如图 11-16、图 11-17 所示。

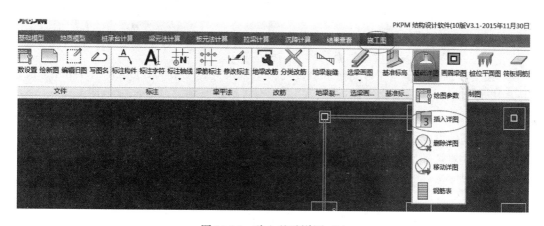

图 11-16　独立基础详图（1）

2. 画或修改独立基础施工图时应注意的问题

（1）截面

1）规范规定

《建筑地基基础设计规范》GB 50007—2011 第 8.2.1-1 条：扩展基础的构造，应符合下列要求：锥形基础的边缘高度不宜小于 200mm，且两个方向的坡度不宜大于 1：3；阶梯形基础的每阶高度，宜为 300～500mm。

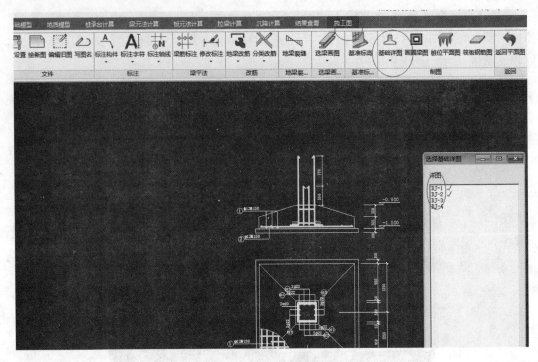

图 11-17　独立基础详图（2）

2）经验

① 矩形独立基础底面的长边与短边的比值 l/b，一般取 1～1.5。阶梯形基础每阶高度一般为 300～500mm。基础的阶数可根据基础总高度 H 设置，当 $H \leqslant 500$mm 时，宜分一阶；当 500mm$<H \leqslant 900$mm 时，宜分为二阶；当 $H>900$mm 时，宜分为三阶。锥形基础的边缘高度，一般不宜小于 200mm，也不宜大于 500mm；锥形坡角度一般取 25°，最大不超过 35°；锥形基础的顶部每边宜沿柱边放出 50mm。

② 独立基础的最小尺寸可类比承台及高杯基础尺寸，一般为 800mm×800mm。最小高度一般为 $20d+40$（d 为柱纵筋直径，40mm 为有垫层时独立基础的保护层厚度），一般最小高度取 400mm。

独立柱基础可以做成刚性基础和扩展基础，刚性基础须满足刚性角的规定；做成扩展基础须满足柱对基础冲切需求以及基底配筋必须计算够。目前的 PKPM 系列软件中 JC-CAD 一般出来都是柔性扩展基础，在允许的条件下，基础尽量做得刚一些，这样可以减少用钢量。

独立基础有锥形基础和阶梯形基础两种。锥形基础不需要支撑，施工方便，但对混凝土塌落度控制要求比较严格。当弯矩比较大时，独立基础截面会增大很多。

③ 地下室采用独立基础时，为了方便施工，一般不分阶。

（2）配筋

1）规范规定

《建筑地基基础设计规范》GB 50007—2011 第 8.2.1-3 条：扩展基础受力钢筋最小配筋率不应小于 0.15%，底板受力钢筋的最小直径不宜小于 10mm；间距不宜大于 200mm，也不宜小于 100mm。墙下钢筋混凝土条形基础纵向分布钢筋的直径不宜小于 8mm；间距不宜大于 300mm；每延米分布钢筋的面积应不小于受力钢筋面积的 15％。当有垫层时钢筋保护层的厚度不小于 40mm；无垫层时不小于 70mm

《建筑地基基础设计规范》GB 50007—2011 第 8.2.1-5 条：当柱下钢筋混凝土独立基础的边长和墙下钢筋混凝土条形基础的宽度大于或等于 2.5m 时，底板受力钢筋的长度可取边长或宽度的 0.9 倍，并宜交错布置。

2）经验

见表 2-31。北京市《建筑结构专业技术措施》第 3.5.12 条规定，如独立基础的配筋不小于 $\phi 10@200$ 双向时，可不考虑最小配筋率的要求。分布筋大于 $\phi 10@200$ 时，一般可配 $\phi 10@200$。独立基础一般不必验算裂缝。

11.1.6 拉梁设计

1. 规范规定

《抗规》第 6.1.11 条：框架单独柱基有下列情况之一时，宜沿两个主轴方向设置基础系梁：

1）一级框架和Ⅳ类场地的二级框架；

2）各柱基础底面在重力荷载代表值作用下的压应力差别较大；

3）基础埋置较深，或各基础埋置深度差别较大；

4）地基主要受力层范围内存在软弱黏性土层、液化土层或严重不均匀土层；

5）桩基承台之间。

2. 拉梁的作用

当拉梁跨度小于 8m 时，设置拉梁可以平衡一部分柱底弯矩，再加上覆土可以约束柱子的变形，荷载不是很大时柱下独立基础一般可以按轴心受压计算。拉梁将各个单独柱基拉结成一个整体，增强其抗震性能，也同时避免各个柱基单独沉降，减小柱子计算长度，减小首层层间位移角，这是主要作用。拉梁也可以承托首层柱间填充墙，这是次要作用。

当拉梁跨度大于 8m 时，设置拉梁就没有必要，如果拉梁本身刚度不是很强，如同用一根铁丝拉结两个单独柱基一起沉降，很难。不管是设置在基础顶，还是 −0.05m 处，都能平衡掉一部分柱底弯矩。要想较好地调节不均匀沉降，拉梁底可与基础底齐平，拉梁设置在 −0.05m 处对减小基础的不均匀沉降作用不大。

3. 拉梁设置位置

（1）设在基础顶

当层间位移角能满足规范要求时，拉梁应设置在基础顶（拉梁底与基础顶平齐），同时也能避免形成短柱。拉梁设在基础顶时，拉梁可以不建模，拉梁用手算，按轴心受压设计独立基础。

（2）设置在 −0.05m 处

设置在 −0.05m 处大多是首层柱子弹性层间位移角不满足规范要求。

4. PKPM 程序操作时应注意的一些问题

（1）拉梁设在 −0.05m 处时，把拉梁当做一层输入，拉梁在 PMCAD 里按主梁输入，填充墙的线荷载如实填写，包括梯柱的集中力，楼板全房间开洞，整体计算时，定义为弹性膜（平面外刚度为 0，真实计算平面内刚度），并采用总刚进行分析。

（2）把拉梁层当做一个标准层时应把"嵌固端所在层号"分别填入为1和2各计算一次，框架柱配筋取两次结果的较大值。

5. 拉梁截面

$H=L(1/15\sim1/20)$，一般取$L/15$，宽度b一般取高度的$1/2$左右。假设柱的跨度是8m，则拉梁截面可取300mm×550mm。

6. 配筋

拉梁主筋在不考虑承托竖向荷载时，配筋率一般在$1.0\%\sim1.6\%$，且上下铁均≥$2\phi14$。由于地震的反复性，拉梁的弯矩会变号，设计时拉梁上下铁应相同。

7. 独立柱基加防水板做法一些要注意的问题

（1）多层框架结构建有地下室且具有防水要求时，如地基较好，可以选用独立基础加防水板的做法，高层建筑的裙房也可以采用此种做法。当采用独立基础加防水板的做法时，柱下独立基础承受上部结构的全部荷载，防水板仅按防水要求设置，但必须在防水板下设置一定厚度的易压缩材料，如聚苯板或松散焦渣等，于是可以不考虑地基土反力的作用，否则，防水板上会由于独立基础的不均匀沉降受到向上力的作用。

（2）防水板的厚度不应小于250mm，一般3m左右的水龙头，8m左右柱网，300～350mm厚；混凝土强度等级不应低于C25，一般取C30，和独立基础一样；宜采用HRB400级钢筋配筋，双层双向配筋，钢筋直径不宜小于12mm，间距宜采用150～200mm。

（3）独立基础＋防水板，对防水板设计时，可以多建一层，在PMCAD中设计，或者采用SLABCD＋柱帽设计。如果要在JCCAD中进行设计，一般基床系数可填写为0；承台计算时，基床系数一般也填写为0，然后利用板元法计算承台配筋。

（4）水浮力标准组合系数一般可取1.05，基本组合系数一般可取1.4。防水板厚一般可取250～400m，以300～350mm居多。对于抗浮水位低于地下室底板的建筑，防水板一般可取200mm厚，配筋10@200双层双向。

11.1.7 独立基础大样图

独立基础和拉梁大样图如图11-18、图11-19所示。

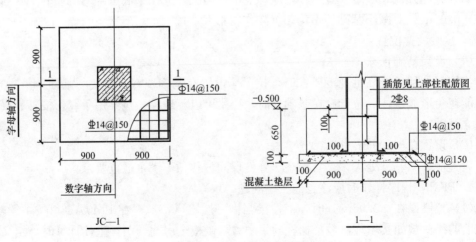

图 11-18　独立基础大样图

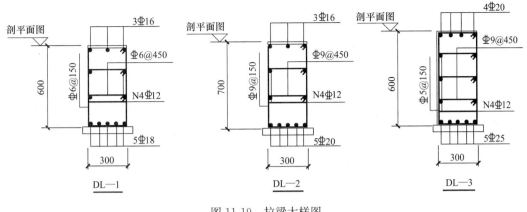

图 11-19　拉梁大样图

11.2　条形基础

11.2.1　适用条件

1. 多层框架或者框架-剪力墙结构，当地基承载力低，不能采用单独柱基，又不宜采用桩基时，可以选用柱下条形基础。

2. 两个建筑相邻很近，新建柱下独立基础不能外延，只能内延时，可用柱下条形基础。

3. 地基土质变化较大或局部有不均匀的软弱地基，需作地基处理时或各柱荷载差异过大，采用柱下独立基础不均匀沉降可能会很大时可用条形基础。

4. 多层房屋墙下一般用条形基础。

小结：条形基础主要是以下两种情况采用，一是当地基承载力低时，用条形基础增加整体刚度；二是当柱下独立基础产生的不均匀沉降差值过大时，用条形基础去协调变形，减小不均匀沉降差值。

11.2.2　条形基础截面

1. 规范规定

《建筑地基基础设计规范》GB 50007—2011 第 8.2.1-1 条：扩展基础的构造，应符合下列要求：锥形基础的边缘高度不宜小于 200mm，且两个方向的坡度不宜大于 1∶3；阶梯形基础的每阶高度，宜为 300～500mm。

2. 经验

（1）条形基础宽度

条形基础宽度＝柱下或墙下轴力设计值/1.26/墙长/$(f_a-20kN/m^2×埋深)$

注：1. 该公式中柱下或墙下轴力设计值不包括覆土重量。

2. 在纵横墙相交的地方，考虑到基础重叠，应乘以增大系数，增大系数一般为 1.1～1.3。

（2）条形基础高度

① 条形基础高度可以取条基半宽的 1/4～1/6，一般取 1/5，当条形基础宽度比较大（大于 2.5m）时，可取上限 1/4。

② 一般多层房屋，条形基础高度大多在 $300\sim500$mm 之间，条形基础高度大于 250mm 时可以放坡，放坡$\leqslant1:3$。

③ 柱下条形基础地梁高度可参考表 11-4。

柱下条形基础地梁高度经验值　表 11-4

基础梁梁底反力标准值（kN/m）	基础梁高度/柱中心距
$150\leqslant q\leqslant250$	$1/5\sim1/8$
$250\leqslant q\leqslant400$	$1/4\sim1/6$

11.2.3 配筋

1. 规范规定

《建筑地基基础设计规范》GB 50007—2011 第 8.2.1-3 条：扩展基础受力钢筋最小配筋率不应小于 0.15%，底板受力钢筋的最小直径不宜小于 10mm；间距不宜大于 200mm，也不宜小于 100mm。墙下钢筋混凝土条形基础纵向分布钢筋的直径不宜小于 8mm；间距不宜大于 300mm；每延米分布钢筋的面积应不小于受力钢筋面积的 15%。当有垫层时钢筋保护层的厚度不小于 40mm；无垫层时不小于 70mm。

《建筑地基基础设计规范》GB 50007—2011 第 8.2.1-5 条：当柱下钢筋混凝土独立基础的边长和墙下钢筋混凝土条形基础的宽度大于或等于 2.5m 时，底板受力钢筋的长度可取边长或宽度的 0.9 倍，并宜交错布置。

2. 经验

（1）墙下条形基础

① 底板纵筋

底板纵筋弯矩 M 可按式（11-1）计算、配筋面积 A_s 可按式（11-2）近似估算，底板纵筋一般在 $\phi12@200\sim\phi14@100$ 之间。

$$M = qa^2/2 \tag{11-1}$$

$$A_s = M/(0.9f_yh_0) \tag{11-2}$$

式中　M——底板弯矩设计值；

　　　q——线荷载设计值；

　　　a——净挑跨度；

　　　f_y——纵筋抗拉强度设计值；

　　　h_0——截面有效高度。

② 底板分布筋

每延米 $A_s\geqslant15\%$ 受力筋 A_s，一般 $\phi8@200=251$mm^2 能满足规范要求。

（2）柱下条形基础

地梁每侧腰筋不必按《混规》第 9.2.13 条执行，即每侧腰筋的截面面积不应小于腹板截面面积的 0.1%，因为腰筋的主要作用是预防干缩裂缝，而地梁干缩裂缝不是很多，梁侧腰筋直径 ϕ 多为 $10\sim16$mm。地梁纵筋应优先采用 HRB400、HRB500 钢筋，并应优先采用较大直径的钢筋，比如 $\phi28$、$\phi30$ 等，以方便施工。

11.2.4 柱下混合条形基础

1. 基本概念

柱和墙相连，即柱中有墙，墙中有柱，有时候框架-剪力墙结构中梁的钢筋很大，到了$\Phi 22$，在很薄的剪力墙中不方便锚固，于是做端柱，方便梁钢筋的锚固，端柱更重要的作用是提高剪力墙的延性和稳定性。

2. 计算方法

① 将柱轴力按一定的分配原则分配到混凝土墙上去，再按照墙下条基设计，但墙长应不大于 2 倍墙高。

② 单独柱基和墙下条基分离式设计。先按柱下轴力值设计柱下独立基础，再按照混凝土墙轴力值设计墙下条形基础。独立基础尺寸≥条基宽度，这么设计，柱端基础的截面大，可以有效地抵抗地震作用时剪力墙的平面内弯矩，可以避免墙端部沉降大、中间沉降小的情况。

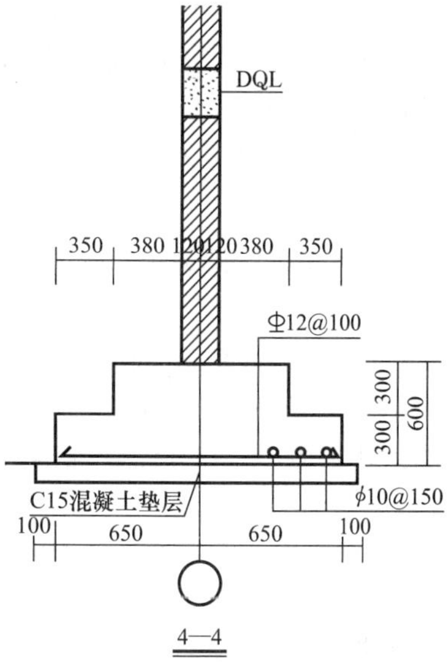

11.2.5 条基大样

如图 11-20、图 11-21 所示。

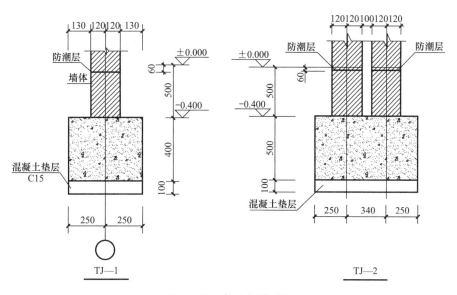

图 11-20 条基大样（1）

图 11-21 条基大样（2）

11.3 筏板基础

11.3.1 适用条件

当柱或承重墙传来的荷载较大，地基土质软弱又不均匀，采用单独或条形基础均不能满足地基承载力或沉降的要求时，可采用筏板式钢筋混凝土基础，这样既扩大了基底面积又增加了基础的整体性，并避免建筑物局部发生不均匀沉降。

11.3.2 荷载估算

剪力墙结构地上按 15kN/m² 估算，地下按 25kN/m² 估算，一座高层建筑，地上 30 层地下一层，则传给地基的荷载（标准值）为 475kN/m²。若筏板 1300mm 厚，则筏板自重面荷载标准值为：25kN/m³ × 1.3m ＝ 32.5kN/m²，传给基础总的面荷载标准值为：475kN/m² ＋ 32.5kN/m² ＝ 507.5kN/m²，可以用这个值估计所需地基承载力。

11.3.3 筏板基础板厚

1. 规范规定

《建筑地基基础设计规范》GB 50007—2011 第 8.4.12-2 条：当底板区格为矩形双向板时，底板受冲切所需的厚度 h_0 按式（11-3）进行计算，其底板厚度与最大双向板格的短边净之比不应小于 1/14，且厚度不应小于 400mm。

$$h_0 = \frac{(l_{n1} + l_{n2}) - \sqrt{(l_{n1} + l_{n2})^2 - \dfrac{4 p_n l_{n1} l_{n2}}{p_n + 0.7 \beta_{hp} f_t}}}{4} \tag{11-3}$$

式中　l_{n1}、l_{n2}——计算板格的短边和长边的净长度（m）；

p_n——扣除底板及其上填土自重后，相应于作用的基本组合时的基底平均净反力设计值（kPa）。

《高规》12.3.4：平板式筏基的板厚可根据受冲切承载力计算确定，板厚不宜小于 400mm。冲切计算时，应考虑作用在冲切临界截面重心上的不平衡弯矩所产生的附加剪力。当筏板在个别柱位不满足受冲切承载力要求时，可将该柱下的筏形局部加厚或配置抗冲切钢筋。

2. 经验

15 层以下时，可以按每层 50mm 估算，超过 15 层以后，不能用此方法，否则估算出的板厚会不经济。由于是双向板，一般不用抗剪切控制，否则板厚增加很多。

多层框架，筏板可做到 250mm。

11.3.4 筏板基础分类

1. $h_{板厚}/L_{跨度} < 3.5\%$ 时，基础为柔性基础，假设跨度为 8m，则要 < 280mm 厚。

2. $3.5\% < h_{板厚}/L_{跨度} < 9\%$ 时，基础为刚性基础，假设跨度为 8m，则板厚在 280～720mm 之间。

3. $h = 9\% L_{跨度}$ 时为基础的临界厚度，超过临界厚度后，增加板厚对减小差异沉降作用很小了。

11.3.5 地梁截面

1. 地梁高度

一般可取计算跨度的 1/8～1/4，估算时，可以取 1/6，荷载越小，越接近下限值 1/8。

2. 地梁宽度

估算时可取柱子高度的 1/2，但一般应≥柱宽＋100mm。地梁宽也可以小于柱宽度，但要局部加腋，柱角与八字角之间的净距应≥50mm，如图 11-22 所示。

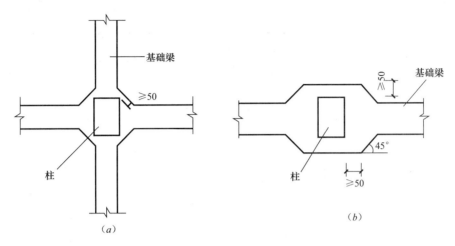

图 11-22　地下室顶层柱与梁板式筏基的基础梁连接构造要求

11.3.6　筏板基础配筋设计要点

1. 规范规定

《高规》12.3.6：筏形基础应采用双向钢筋网片分别配置在板的顶面和底面，受力钢筋直径不宜小于 12mm，钢筋间距不宜小于 150mm，也不宜大于 300mm。

《建筑地基基础设计规范》GB 50007—2011 第 8.4.15 条：按基底反力直线分布计算的梁板式筏基，其基础梁的内力可按连续梁分析，边跨跨中弯矩以及第一内支座的弯矩值乘以 1.2 的系数。梁板式筏基的底板和基础梁的配筋除满足计算要求外，纵横方向的底部钢筋尚应有不少于 1/3 贯通全跨，且其配筋率不应小于 0.15%，顶部钢筋按计算配筋全部连通，底板上下贯通钢筋的配筋率不应小于 0.15%。

《建筑地基基础设计规范》GB 50007—2011 第 8.4.16 条：按基底反力直线分布计算的平板式筏基，可按柱下板带和跨中板带分别进行内力分析。柱下板带中，柱宽及其两侧各 0.5 倍板厚且不大于 1/4 板跨的有效宽度范围内，其钢筋配置量不应小于柱下板带钢筋数量的一半，且应能承受部分不平衡弯矩 $\alpha_m M_{unb}$。M_{unb} 为作用在冲切临界截面重心上的不平衡弯矩，α_m 应按公式（11-4）进行计算。平板式筏基柱下板带和跨中板带的底部支座钢筋应有不少于 1/3 贯通全跨，顶部钢筋应按计算配筋全部连接，上下贯通钢筋的配筋率不应小于 0.15%。

$$\alpha_m = 1 - \alpha_s \tag{11-4}$$

式中　α_m——不平衡弯矩通过弯曲来传递的分配系数；

　　　α_s——不平衡弯矩通过冲切临界面上的偏心剪力来传递的分配系数。

2. 经验

表 11-5 是北京市建筑设计研究院原总工郁彦总结过一个筏板厚度与地梁尺寸的配筋表格，编制表格时以柱网 8m×8m，轴压比 0.9 为计算依据，设计时仅做参考。

每层平均荷载标准值 $q(kN/m^2)$	层数、混凝土等级	C20	C30	C40	C50	C60
14	10 层	地梁 600×1600 主筋上下各 15 个 HRB335 的 $\phi25$ 四肢箍 HRB335 的 $\phi12$@175 筏板厚 500	地梁 600×1600 主筋上下各 14 个 HRB335 的 $\phi25$ 四肢箍 HRB335 的 $\phi12$@200 筏板厚 400			
15	20 层		地梁 800×1800 主筋上下各 27 个 HRB335 的 $\phi25$ 六肢箍 HRB335 的 $\phi14$@200 筏板厚 750	地梁 700×1800 主筋上下各 26 个 HRB335 的 $\phi25$ 六肢箍 HRB335 的 $\phi14$@225 筏板厚 650		
16	30 层		地梁 900×2400 主筋上下各 25 个 HRB335 的 $\phi28$ 六肢箍 HRB335 的 $\phi16$@225 筏板厚 1100	地梁 800×2400 主筋上下各 25 个 HRB335 的 $\phi28$ 六肢箍 HRB335 的 $\phi16$@225 筏板厚 950	地梁 800×2400 主筋上下各 24 个 HRB335 的 $\phi28$ 六肢箍 HRB335 的 $\phi16$@225 筏板厚 850	
17	40 层		地梁 1000×3000 主筋上下各 27 个 HRB335 的 $\phi28$ 六肢箍 HRB335 的 $\phi16$@200 筏板厚 1450	地梁 800×3000 主筋上下各 27 个 HRB335 的 $\phi28$ 六肢箍 HRB335 的 $\phi16$@200 筏板厚 1250	地梁 800×3000 主筋上下各 27 个 HRB335 的 $\phi28$ 六肢箍 HRB335 的 $\phi16$@225 筏板厚 1150	地梁 800×3000 主筋上下各 27 个 HRB335 的 $\phi28$ 六肢箍 HRB335 的 $\phi16$@250 筏板厚 1050
18	50 层			地梁 900×3400 主筋上下各 27 个 HRB335 的 $\phi30$ 八肢箍 HRB335 的 $\phi16$@225 筏板厚 1550	地梁 800×3000 主筋上下各 27 个 HRB335 的 $\phi30$ 八肢箍 HRB335 的 $\phi16$@225 筏板厚 1400	地梁 800×3000 主筋上下各 27 个 HRB335 的 $\phi28$ 八肢箍 HRB335 的 $\phi16$@225 筏板厚 1300

3. 筏板基础配筋时要注意的一些问题

(1) 筏基底板配筋时应遵循"多不退少补"的原则。

(2) 如果底板钢筋双层双向，且在悬挑部分不变，阳角可以不设放射筋，因为底板钢筋双层双向，能抵抗住阳角处的应力集中，独立基础也从没设置过放射钢筋。

(3) 从受力的角度讲，没必要在较厚的筏板厚度中间加一层粗钢筋网。基础板埋置在土中，加一层粗钢筋网对于防止温度收缩裂缝也没有意义。

(4) 地梁应尽量使用大直径的钢筋，比如 $\phi32$。筏基板及地梁均无延性要求，其纵筋伸入支座锚固长度、箍筋间距、弯钩等皆应按照非抗震构件要求进行设计。

（5）对于悬挑板，不必把悬挑板内跨筏板的上部钢筋通长配置至悬挑板的外端，悬挑板一般 $\phi 10@150\sim200mm$ 双向构造配筋即可。

11.3.7 PKPM 程序操作

点击【基础设计/筏板/布置/筏板防水板】，如图 11-23、图 11-24 所示。以上参数详细设置可以见 JCCAD 说明书。

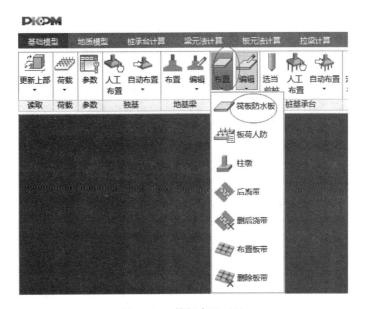

图 11-23　筏板布置（1）

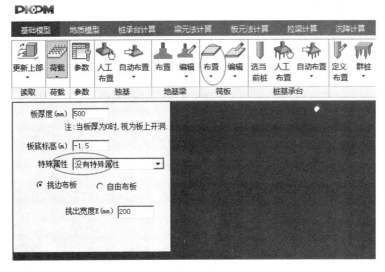

图 11-24　筏板布置（2）

点击【板元法计算/计算参数】，如图 11-25、图 11-26 所示。

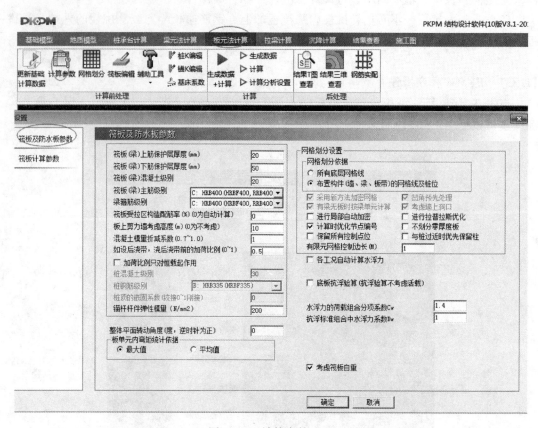

图 11-25　计算参数（1）

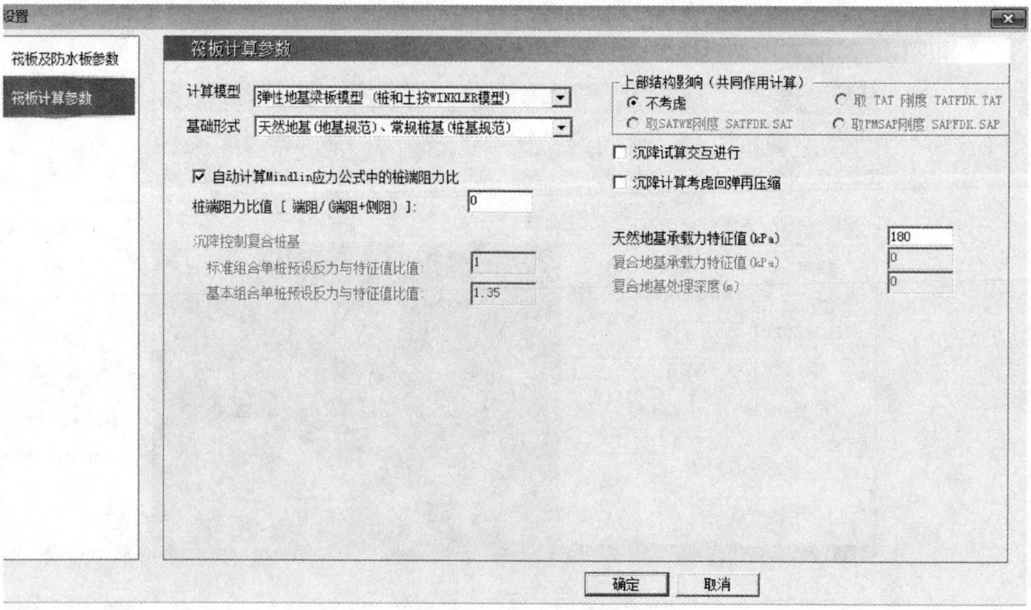

图 11-26　计算参数（2）

1. 小结

在设计时，一般只用 PKPM 算筏板基础的内力，再在 PKPM 自动生成的"基础平面布置图"上依据计算结果自己手画施工图。

PKPM 计算时，要选择合理的模型计算力，各个参数要准确填写。画施工图时，要满足计算和规范中的构造要求。

PKPM 计算筏板时，基床系数填写很重要。一般可根据经验选一个，比如 20000～50000，再看沉降；或者按照地勘报告建议值填写，实在不确定，可以按照规范建议值进行包络设计。基床系数越大，筏板的配筋会越小，一般筏板边缘出现计算配筋时，此时筏板的选型一般是比较经济的。

筏板配筋时，如果刚性角范围内（一般为 45°角）配筋较大，一般可以不用太去理会，构造配筋即可。筏板挑出的长度，如果不是抗浮、调重心需要，一般挑出长度为 300mm～筏板厚度。

2. PKPM 程序操作时要注意的一些问题

（1）基础梁板弹性地基梁计算，此方法比板元法计算的配筋要小，一般板厚与地梁高度之比小于 0.5 时优先采用梁元法，否则用板元法。

（2）弹性地基基床反力系数，一般平均值为 20000（在筏板布置和板元法的参数设置中，是板的基床系数）；计算基础沉降值时应考虑上部结构的共同作用。K 值应该取与基础接触处的土参考值，土越硬，取值越大，埋深越深，取值越大；如果基床反力系数为负值，表示采用广义文克尔假定计算分析地梁和刚性假定计算沉降，基床反力系数的合理性就是看沉降结果，要不断地调整基床系数，使得与经验值或者规范分层总和法手算地基中心点处的沉降值相近；算出的沉降值合理后，从而确定了 K，再以当前基床反力系数为刚度而得到的弹性位移，再算出内力。一般来说，按规范计算的平均沉降是可以采取的，但是有时候与经验值相差太大时，干脆以手算为准或者以经验值为准，反算基床系数。

（3）弹性地基梁计算参数中弹性地基梁模式有 5 个，详见 11.2.6-4 节。

（4）筏板有限元计算模型

JCCAD 提供四种计算方法，分别为：①弹性地基梁板模型（WINKLER 模型）；②倒楼盖模型（桩及土反力按刚性板假设求出）；③单向压缩分层总和法——弹性解：Mindlin 应力公式（明德林应力公式）；④单向压缩分层总和法——弹性解修正 $\times 0.5l_n(D/S_a)$。

对于上部结构刚度较小的结构，可采用①、③和④模型；反之，可采用第②种模型。初始选择为第一种也可根据实际要求和规范选择不同的计算模型。①适合于上部刚度较小，薄筏形基础；②适合于上部刚度较大及厚筏形基础的情况。

11.4 桩 基 础

11.4.1 适用条件

当荷载大、持力层深、用浅基础沉降难以控制时，可用桩基础。

11.4.2 桩基础分类

1. 从承载性状的角度：摩擦型桩和端承型桩。

(1) 摩擦型桩是指桩顶竖向荷载由桩侧阻力和桩端阻力共同承受，但桩侧阻力分担荷载较多的桩。一般摩擦型桩的桩端持力层多为较坚实的黏性土、粉土和砂类土，且桩的长径比不很大。

当桩顶竖向荷载绝大部分由桩侧阻力承受，而桩端阻力很小可以忽略不计时，称为摩擦桩。以下几种情况属于摩擦桩：桩的长径比很大，桩顶荷载只通过桩身压缩产生的桩侧阻力传递给桩周土、桩端下无较坚实的持力层、桩底残留虚土或残渣较厚的灌注桩、打入临桩使先前设置的桩上抬，甚至桩端脱空等情况。

(2) 端承型桩是指桩顶竖向荷载由桩侧阻力和桩端阻力共同承受，但桩端阻力分担较多的桩，其桩端一般进入中密以上的砂类、碎石类土层，或位于中等风化、微风化及新鲜基岩顶面。这类桩的侧摩阻力虽属次要，但不可忽略。

当桩的长径比较小（一般 $l/d \leqslant 10$），桩身穿越软弱土层，桩端设置在密实砂类、碎石类土层中或位于中等风化、微风化及未风化硬质岩石顶面（即入岩深度 $h_r \leqslant 0.5d$），桩顶竖向荷载绝大部分由桩端阻力承受，而桩侧阻力很小可以忽略不计时，称为端承桩。

当桩端嵌入完整或较完整的中等风化、微风化及未风化硬质岩石一定深度以上（$h_r > 0.5d$）时，称为嵌岩桩。工程实践中，嵌岩桩一般按端承桩设计，即只计端阻、不计侧阻和嵌阻力。在实际设计中，大多数灌注桩在设计非强风化岩石时，均可按类似嵌岩桩设计，不考虑其侧摩阻，强风化岩石应考虑其侧摩阻。

2. 从施工方法的角度：预制桩和灌注现浇桩

(1) 预制桩

在工厂或施工场地现场制作，通过锤击打入、振动沉入、静力压入、水冲送入或旋入等方式完成沉桩部分的工作。预制桩分为混凝土预制桩、钢桩。

混凝土预制桩：横截面有方、圆等各种形状，普通实心方桩的截面边长一般为 300～500mm。现场预制桩的长度一般在 25～30m 以内，工厂预制桩的分节长度一般不超过 12m。

预应力混凝土管桩采用先张法预应力工艺和离心成型法制作。经高压蒸汽养护生产的为预应力高强混凝土管桩（PHC 桩），其桩身离心混凝土强度等级不低于 C80，未经高压蒸汽养护生产的为预应力高强混凝土管桩（PC 桩），其桩身离心混凝土强度等级 C60～C80。建筑工程中常用的 PHC、PC 管桩的外径为 300～600，分节长度为 7～13m。

钢桩的直径一般为 400～3000mm，壁厚为 6～50mm，国内工程中常用的大致为 400～1200mm，壁厚为 9～20mm。目前我国只在少数重要工程中使用。

(2) 灌注桩

灌注桩是直接在设计桩位的地基上成孔，然后在孔内灌注混凝土。设计人员必须根据工程实际情况，在灌注混凝土前，判断放置或不放钢筋笼。同时根据灌注桩的成孔方法的不同，又有多种沉管灌注桩方式：钻、挖、冲孔灌注桩等。选择何种灌注的方式，主要是根据工程地质情况来定。

沉管灌注桩：常用直径（指预制桩尖的直径）为 300～500mm，振动沉管灌注桩的直径一般为 400～500mm。沉管灌注桩桩长常在 20m 以内，可打至硬塑黏土层或中、粗砂层。

钻（冲、磨）孔灌注桩：桩径 800～2400mm。需泥浆护壁，应避免沉渣过厚，可通过注浆方法提高其单桩承载力。它的优点是可适用于任何地质条件。

挖孔桩：人工挖孔桩直径一般为 800～2000m，最大可达 3500mm，当持力层承载力低于桩身混凝土受压承载力时，桩端可扩底，扩底端直径与桩身直径之比 D/d 不宜超过 3，最大扩底直径可达 4500mm。挖孔桩的桩身长度宜限制在 30m 以内，当桩长≤8m 时，桩身直径（不含护壁）不宜小于 0.8m；当 8m<L≤15m 时，桩身直径不宜小于 1.0m，当 15m<L≤20m 时，桩身直径不宜小于 1.2m；当桩长 L>20m 时，桩身直径应适当加大。

3. 按成桩方法分类

（1）非挤土桩：干作业法钻（挖）孔灌注桩、泥浆护壁法钻（挖）孔灌注桩、套管护壁法钻（挖）孔灌注桩；

（2）部分挤土桩：长螺旋压灌灌注桩、冲孔灌注桩、钻孔挤扩灌注桩、搅拌劲芯桩、预钻孔打入（静压）预制桩、打入（静压）式敞口钢管桩、敞口预应力混凝土空心桩和 H 型钢桩；

（3）挤土桩：沉管灌注桩、沉管夯（挤）扩灌注桩、打入（静压）预制桩、闭口预应力混凝土空心桩和闭口钢管桩。

4. 按桩径（设计直径 d）大小分类

（1）小直径桩：d≤250mm；

（2）中等直径桩：250mm<d<800mm；

（3）大直径桩：d≥800mm。

11.4.3 桩基础设计步骤

1. 完成上部结构的内力计算后，在 JCCAD 中填写相关参数，取出柱/墙底内力（标准组合，恒＋活）；

2. 综合 1 和"岩土工程勘察报告"确定桩的类型。

3. 综合 1、2 确定桩的几何尺寸，单桩承载力，桩的数量、间距和平面布置，有时候要选择两种桩型进行比较，取更经济合理的桩型；

4. 沉降验算；

5. 承台设计；

6. 拉梁设计；

7. 绘图桩基础施工图。

11.4.4 桩型确定方法

1. 首先根据工程实际情况，结合各种桩型的适用条件，排除一些桩型。

2. 完成上部结构的内力计算后，取出柱/墙底内力（标准组合：恒＋活），根据"岩土工程勘察报告"、建筑物的结构形式、底层柱距、高低层关系等确定桩型。

3. 当基岩或密实卵砾石层埋藏较浅时，一般要优先考虑端承桩，选择直径大、强度高的嵌岩桩；当基岩埋藏较深时，则考虑摩擦桩或摩擦端承桩，但为了防止上部建筑物产生过大的沉降，应让桩端支撑于承载力特征值大的持力层。

4. 钻孔灌注桩属于取土置换桩，其侧阻力发挥作用很小，桩端持力层多为较坚硬的岩层或较密实的碎卵石，一般设计成端承桩。但当桩长较长时可设计为端承摩擦桩。

软土地区挤土桩用得比较多，土质稍硬时挤土桩容易坏，打入式、压入式挤土桩一般设计成摩擦桩或端承摩擦桩。预应力管桩属于挤土桩，入岩很困难，桩侧摩擦力发挥着很大的作用。

5. 端承摩擦桩一般比较经济，当上部建筑物的重量不大，又有较深的软弱层时，应优先采用摩擦型桩，用端承桩桩长会很长，施工时垂直度无法保证。

11.4.5 桩身设计

1. 规范规定

对预应力管桩，《建筑地基基础设计规范》GB 50007—2011 第 8.5.6-4 条：初步设计时单桩竖向承载力特征值可按公式（11-5）进行估算，在实际设计中，以大直径桩为主，常按《桩规》第 5.3.6 条计算。

$$R_a = q_{pa}A_p + u_p \sum q_{sia}l_i \tag{11-5}$$

式中　A_p——桩底端横截面面积（m^2）；

　q_{pa}，q_{sia}——桩端端阻力特征值，桩侧阻力特征值（kPa），由当地静载荷试验结果统计分析算得；

　u_p——桩身周边长度（m）；

　l_i——第 i 层岩土的厚度（m）。

《建筑地基基础设计规范》GB 50007—2011 第 8.5.11 条：按桩身混凝土强度计算桩的承载力时，应按桩的类型和成桩工艺的不同将混凝土的轴心抗压强度设计值乘以工作条件系数 φ_c，桩轴心受压时桩身强度应符合公式（11-6）的规定。

当桩顶以下 5 倍桩身直径范围内螺旋式箍筋间距不大于 100mm 且钢筋耐久性得到保证的灌注桩，可适当计入桩身纵向钢筋的抗压作用。

$$Q \leqslant A_p f_c \varphi_c \tag{11-6}$$

式中　f_c——混凝土轴心抗压强度设计值（kPa），按现行国家标准《混凝土结构设计规范》GB 50010 取值；

　Q——相应于作用的基本组合时的单桩竖向力设计值（kN）；

　A_p——桩身横截面积（m^2）。

2. 桩长

当桩型、桩径、持力层确定后，根据"岩土工程勘察报告"和单桩竖向承载力特征值的公式（11-6）计算桩长，最后根据桩端进入持力层深度确定桩身总长度。

桩身的有效长度应该扣除回填土的深度，当回填土不深时，负摩擦阻力可以不计。

11.4.6 布桩方法

1. 规范规定

《建筑桩基设计规范》JGJ 94—2008 第 3.3.3-1 条（以下简称"桩基规范"）：

1）基桩的最小中心距应符合表 11-6 的规定；当施工中采取减小挤土效应的可靠措施时，可根据当地经验适当减小。

桩的最小中心距			表 11-6
土类与成桩工艺		排数不少于 3 排且桩数不少于 9 根的摩擦型桩桩基	其他情况
非挤土灌注桩		3.0d	3.0d
部分挤土桩		3.5d	3.0d
挤土桩	非饱和土	4.0d	3.5d
	饱和黏性土	4.5d	4.0d
钻、挖孔扩底桩		2D 或 D+2.0m（当 D>2m 时）	1.5D 或 D+1.5m（当 D>2m 时）
沉管夯扩、钻孔挤扩桩	非饱和土	2.2D 且 4.0d	2.0D 且 3.5d
	饱和黏性土	2.5D 且 4.5d	2.2D 且 4.0d

注：1. d——圆桩直径或方桩边长，D——扩大端设计直径。
　　2. 当纵横向桩距不相等时，其最小中心距应满足"其他情况"一栏的规定。
　　3. 当为端承型桩时，非挤土灌注桩的"其他情况"一栏可减小至 2.5d。

2）排列基桩时，宜使桩群承载力合力点与竖向永久荷载合力作用点重合，并使基桩受水平力和力矩较大方向有较大抗弯截面模量。

2. 布桩选取内力组合时要注意的一些问题

（1）如果工程不需要进行抗震验算，则选取没有地震参与的标准组合中的最大轴力值按《桩基规范》5.1.1-1 条中的轴心竖向力作用下的公式（11-7）进行布桩（组合一）。如果工程需要进行抗震验算，则取有地震参与的标准组合中的最大轴力值按《桩基规范》5.1.1-1 条中的偏心竖向力作用下的公式（11-8）进行布桩（组合二），并取组合一和组合二的不利组合。

（2）SATWE 中的 D+L 是考虑了分项系数的恒载＋活载组合，而 JCCAD 中的 1.0 恒＋1.0 活是众多标准组合中的一种，和 JCCAD 中标准组合的最大轴力并不一定是同一种组合。

（3）设计时一般选取 JCCAD 中标准组合的最大轴力布桩。

$$N_k = \frac{F_k + G_k}{n} \tag{11-7}$$

$$N_{ik} = \frac{F_k + G_k}{n} \pm \frac{M_{xk} y_i}{\sum y_j^2} \pm \frac{M_{yk} x_i}{\sum x_j^2} \tag{11-8}$$

式中　　F_k——荷载效应标准组合下，作用于承台顶面的竖向力；

　　　　G_k——桩基承台和承台上土自重标准值，对稳定的地下水位以下部分应扣除水的浮力；

　　　　N_k——荷载效应标准组合轴心竖向力作用下，基桩或复合基桩的平均竖向力；

　　　　N_{ik}——荷载效应标准组合偏心竖向力作用下，第 i 基桩或复合基桩的竖向力；

　　M_{xk}、M_{yk}——荷载效应标准组合下，作用于承台底面，绕通过桩群形心的 x、y 主轴的力矩；

x_i、x_j、y_i、y_j——第 i、j 基桩或复合基桩至 y、x 轴的距离。

11.4.7 承台设计

1. 规范规定

《桩基规范》4.2.1：

桩基承台的构造，应满足抗冲切、抗剪切、抗弯承载力和上部结构要求，尚应符合下列要求：

1）独立柱下桩基承台的最小宽度不应小于 500mm，边桩中心至承台边缘的距离不应小于桩的直径或边长，且桩的外边缘至承台边缘的距离不应小于 150mm。对于墙下条形承台梁，桩的外边缘至承台梁边缘的距离不应小于 75mm。承台的最小厚度不应小于 300mm。

2）高层建筑平板式和梁板式筏形承台的最小厚度不应小于 400mm，墙下布桩的剪力墙结构筏形承台的最小厚度不应小于 200mm。

3）高层建筑箱形承台的构造应符合《高层建筑箱形与筏形基础技术规范》JGJ 6—2011 的规定。

《桩基规范》4.2.3：

承台的钢筋配置应符合下列规定：

1）柱下独立桩基承台纵向受力钢筋应通长配置（图 11-27a），对四桩以上（含四桩）承台宜按双向均匀布置，对三桩的三角形承台应按三向板带均匀布置，且最里面的三根钢筋围成的三角形应在柱截面范围内（图 11-27b）。纵向钢筋锚固长度自边桩内侧（当为圆桩时，应将其直径乘以 0.8 等效为方桩）算起，不应小于 $35d_g$（d_g 为钢筋直径）；当不满足时应将纵向钢筋向上弯折，此时水平段的长度不应小于 $25d_g$，弯折段长度不应小于 $10d_g$。承台纵向受力钢筋的直径不应小于 12mm，间距不应大于 200mm。柱下独立桩基承台的最小配筋率不应小于 0.15%。

2）柱下独立两桩承台，应按现行国家标准《混凝土结构设计规范》GB 50010—2010 中的深受弯构件配置纵向受拉钢筋、水平及竖向分布钢筋。承台纵向受力钢筋端部的锚固长度及构造应与柱下多桩承台的规定相同。

3）条形承台梁的纵向主筋应符合现行国家标准《混凝土结构设计规范》GB 50010—2010 关于最小配筋率的规定（图 11-27c），主筋直径不应小于 12mm，架力筋直径不应

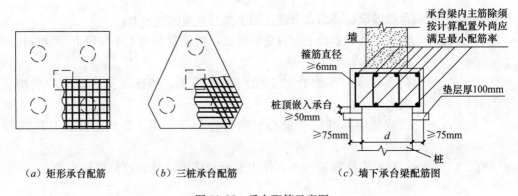

（a）矩形承台配筋　　　（b）三桩承台配筋　　　（c）墙下承台梁配筋图

图 11-27　承台配筋示意图

小于10mm，箍筋直径不应小于6mm。承台梁端部纵向受力钢筋的锚固长度及构造应与柱下多桩承台的规定相同。

4）承台底面钢筋的混凝土保护层厚度，当有混凝土垫层时，不应小于50mm，无垫层时不应小于70mm；此外尚不应小于桩头嵌入承台内的长度。

《桩基规范》4.2.4　桩与承台的连接构造应符合下列规定：

1）桩嵌入承台内的长度对中等直径桩不宜小于50mm；对大直径桩不宜小于100mm。

2）混凝土桩的桩顶纵向主筋应锚入承台内，其锚入长度不宜小于35倍纵向主筋直径。对于抗拔桩，桩顶纵向主筋的锚固长度应按现行国家标准《混凝土结构设计规范》GB 50010—2010确定。

3）对于大直径灌注桩，当采用一柱一桩时可设置承台或将桩与柱直接连接。

《桩基规范》4.2.5　柱与承台的连接构造应符合下列规定：

1）对于一柱一桩基础，柱与桩直接连接时，柱纵向主筋锚入桩身内长度不应小于35倍纵向主筋直径。

2）对于多桩承台，柱纵向主筋应锚入承台不应小于35倍纵向主筋直径；当承台高度不满足锚固要求时，竖向锚固长度不应小于20倍纵向主筋直径，并向柱轴线方向呈90°弯折。

3）当有抗震设防要求时，对于一、二级抗震等级的柱，纵向主筋锚固长度应乘以1.15的系数；对于三级抗震等级的柱，纵向主筋锚固长度应乘以1.05的系数。

《桩基规范》4.2.6　承台与承台之间的连接构造应符合下列规定：

1）一柱一桩时，应在桩顶两个主轴方向上设置联系梁。当桩与柱的截面直径之比大于2时，可不设连系梁。

2）两桩桩基的承台，应在其短向设置连系梁。

3）有抗震设防要求的柱下桩基承台，宜沿两个主轴方向设置连系梁。

4）连系梁顶面宜与承台顶面位于同一标高。连系梁宽度不宜小于250mm，其高度可取承台中心距的1/10～1/15，且不宜小于400mm。

5）连系梁配筋应按计算确定，梁上下部配筋不宜小于2根直径12mm钢筋；位于同一轴线上的联系梁纵筋宜通长配置。

2. 承台设计时要注意的一些问题

（1）桩基承台设计，桩基规范明确规定，除了两桩承台和条形承台梁的纵筋须按《混规》执行最小配筋率外，其他情况均可以按照最小配筋率0.15％控制。对联合承台或桩筏基础的筏板应按照整体受力分析的结果，采用"通长筋＋附加筋"的方式设计。对承台侧面的分布钢筋，则没必要执行最小配筋率的要求，采用φ12@300的构造钢筋即可。

（2）位于电梯井筒区域的承台，由于电梯基坑和集水井深度的要求，通常需要局部下沉，一般情况下仅将该区域的承台局部降低，若该联合承台面积较小，可将整个承台均下降，承台顶面标高降低至电梯基坑顶面。消防电梯的集水坑应与建筑专业协调，尽量将其移至承台外的区域，通过预埋管道连通基坑和集水坑。

（3）高桩承台是埋深较浅，低桩承台是埋深较深。建筑物在正常情况下水平力不大，承台埋深由建筑物的稳定性控制，并不要求基础有很大的埋深（规定不小于0.5m），但在地震区要考虑震害的影响，特别是高层建筑，承台埋深过小会加剧震害；一般仅在岸边、坡地等特殊场地当施工低桩承台有困难时，才采用高桩承台。

一柱一桩的大直径人工挖孔桩承台宽度，只要满足桩侧距承台边缘的距离至少150mm即可，承台宽度不必满足 2 倍桩径的要求。桩承台比桩宽一定尺寸的构造，主要是为了让桩主筋不与承台内的钢筋打架。另一方面，桩承台可视为支撑桩的双向悬挑构件，可受到土体向上、向下的力，承台悬挑长度过大，对承台是不利的。

（4）按单桩承台＋梁抬剪力墙方式设计时，应使剪力墙端落于两端桩截面范围内，否则对梁应按实际情况进行计算。拉梁截面一般可取 400×700，上下纵筋配筋率取 0.4%，抗扭腰筋 16@200，箍筋 10@100（4），当梁跨度较大或房屋高度超过 100m 时应适当加大截面和配筋。

3. 承台布置方法（图 11-28）

（1）方法一：两桩中心连线与长肢方向平行，且两桩合力中心与剪力墙准永久组合荷载中心重合，布一个长方形大承台；

（2）方法二：在墙肢两端各布一个单桩承台，再在两承台间布置一根大梁支承没在承台内的墙段；

（3）方法三：两桩中心连线与短墙肢和长墙肢的中心连线平行，布一个长方形大承台。

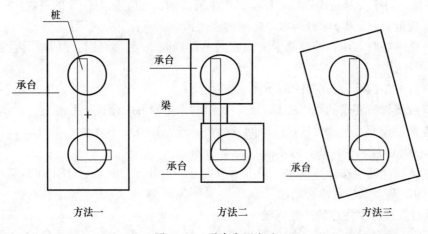

图 11-28　承台布置方法

11.4.8　桩基础设计时要注意的一些问题

1. "岩土工程勘察报告"主要看这几个参数：地层分布、承载力、地下水位、有无液化、有无湿陷性、桩参数。地勘中给的是绝对标高，要知道建筑图中±0.00m 处的绝对标高值。当"工程地质剖面图"中的地质情况不是很清楚时，应查看另一个方向的"工程地质剖面图"。

2. 地勘资料一般给出三个值：单桩极限承载力标准值（静载试验确定）、单桩竖向承载力设计值、单桩竖向承载力特征值。

单桩极限承载力标准值/安全系数 2＝单桩竖向承载力特征值；

3. 桩基选用与优化时考虑以下原则：尽量减少桩型，如主楼采用一种桩型，裙房可采用一种桩型，桩型少，方便施工，静载试验与检测工作量小。

4. 桩沿剪力墙轴线或柱下集中布置，较之桩满堂布置可大大减小筏板的厚度。高宽比比较大的高层建筑或门式刚架轻型房屋钢结构厂房刚接柱脚，可能会存在着抗拔桩受力状态，在设计中应进行抗拔桩的计算与验算，抗拔桩设计时，桩身配筋量应进行裂缝宽度验算，按计算控制的配尽量远大于按构造的配筋。采用后压浆技术后，桩承载力可提高30%～80%。

5. 大直径人工挖孔桩直径至少 800mm（现在为了施工方便，一般可取 900mm），地基规范中桩距为 3d 的规定其本身是针对于成桩时的"挤土效应"和"群桩效应"及施工难度等因素，若大直径人工挖孔桩既要满足 3 倍桩距，又要满足"桩位必须优先布置在纵横墙的交点或柱下"会使得桩很难布置；但大直径人工挖孔桩属于端承桩，每个桩相当于单独的柱基，桩距可不加以限制，只要桩端扩大头面积满足承载力既可。嵌岩桩的桩距可取 2～2.5d，夯扩桩、打入或压入的预置桩，考虑到挤土效应与施工难度，最小桩距宜控制在 3.5～4d。

6. 桩端进入持力层的深度宜为 1～3 倍桩径，当持力层为未风化，微风化、中风化硬质岩石时，进入持力层的深度不小于 0.5m。为了提高单桩承载力，加大端桩进入持力层的深度，增加侧阻是人们常用的方法。确定桩端进入持力层深度问题时，还要考虑持力层厚度及下卧层问题。当持力层下有软弱层时，必须按等代实体基础验算下卧层强度和变形，必要时可减小进入持力层深度或干脆穿透下卧层来解决下卧沉降过大或者不均匀沉降问题。有时候持力层从上往下的土，一层比一层要好，且没有下卧层时，对该持力层土的厚度可不做要求。

11.4.9 PKPM 程序操作

布置桩基础时除了柱下独立基础用软件自动生成外，对于剪力墙住宅的桩基础，一般是根据计算结果手算，点击：基础模型—工具—绘图选项—勾选节点荷载、线荷载、按柱形心显示节点荷载，线荷载按荷载总值显示（再勾选标准组合，最大轴力），并导出 T 图，将（标准组合、最大轴力）图转换为 dwg 图；然后把该计算结果 CAD 文件变颜色，做成块，放到基础布置图中去，根据单桩承载力特征值与剪力墙布置，布置桩与承台。剪力墙下一般布置 2 桩承台比较多。墙比较复杂翼缘比较多时，可能沿着墙下布置承台梁，布置多桩承台。核心筒下面布置多桩承台比较多。当桩布置完成后，还要在软件中进行试算，满足规范中，标准组合：恒+活、总信息中的反力图、总信息中的桩冲切力图等要求。

对于承台的计算，可以先在 CAD 中手动布置桩（圆命令）及承台，然后导入 JC-CAD，用板元法计算承台配筋，承台的基床系数可填写 0。柱下承台的配筋可参考 JCCAD 的计算结果。剪力墙下的承台，由于一般墙下布置桩基础，承台高度一般可取 700～1200mm，前者 700mm 是单桩承台或者自己把力传给桩基础的承台，满足锚固长度即可。后者是基本上把力直接传给桩基础，但还是需要承台去协调变形。最后根据计算结果进行厚度的调整（一般 30～50mm 一层）。

布置桩时，一般要满足最小桩间距的要求，有时候剪力墙下为了墙下布置桩（传力直接），桩间距可以适当的大于规范要求。当根据实际工程情况减小 1/4 或 1/2 的侧摩阻时，桩间距可以适当的减小，一般对于旋挖桩等，扩底后的外间距不宜小于 500mm（一般至少比桩身扩大 300～400mm）。对于核心筒下面的桩间距，最小桩间距一般最大减小 0.5d，并还要有一定的承载力富余。

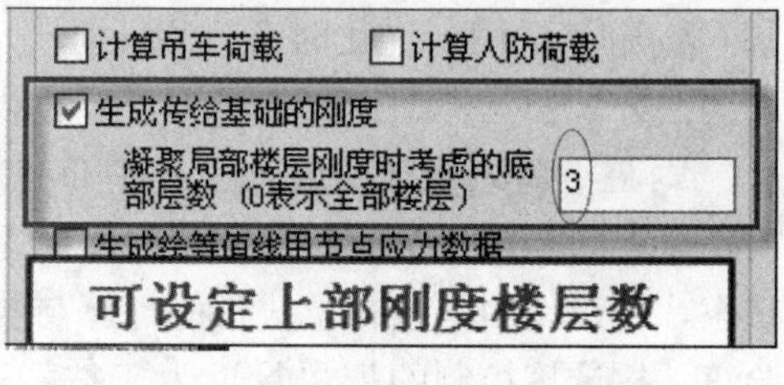

11.4.10 YJK 程序操作

（1）在用盈建科计算高层剪力墙住宅基础时，一般应考虑上部结构的刚度，如图 11-29 所示。

（2）桩刚度

对于桩的抗压刚度，一般对于 400mm 的预制管桩，可以取 10 万左右，对于灌注桩等，可以取 50 万左右；而对于桩的抗拔刚度，不同桩刚度应该有差异（之前全是采用 10 万），如果无实验数据，建议 100×抗拔承载力。

11.4.11 桩基础施工图

1. 桩基础平面布置图（预应力管桩），如图 11-30 所示。

☐ 计算吊车荷载　　☐ 计算人防荷载

☑ 生成传给基础的刚度

凝聚局部楼层刚度时考虑的底部层数（0表示全部楼层）　3

☐ 生成绘等值线用节点应力数据

可设定上部刚度楼层数

图 11-29　考虑上部结构的刚度

注：1. 层数一般可填写 3。

2. 如果不考虑上部结构刚度，主楼荷载不能有效传递到相邻跨，主楼外一跨的桩反力会算小，有安全隐患。

3. 由于抗拔桩放置在跨中，未考虑上部刚度（无柱的支承）所以可能导致在水浮力作用下柱下区域上浮量大于跨中的情况。

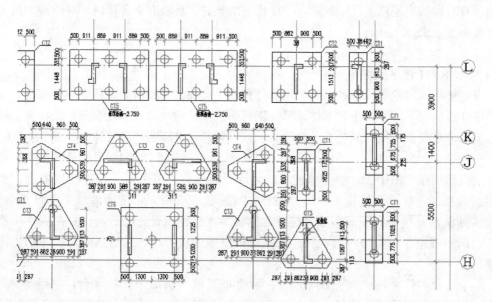

图 11-30　桩基础平面布置图（预应力管桩）

2. 承台大样图

（1）人工挖孔桩（图 11-31）

（2）管桩承台（图 11-32）

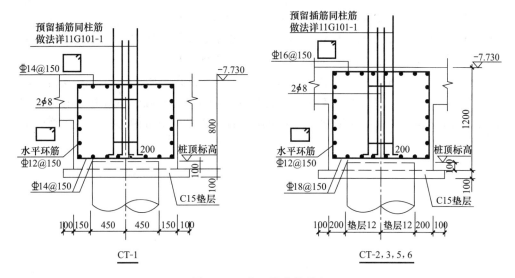

图 11-31 人工挖孔桩承台

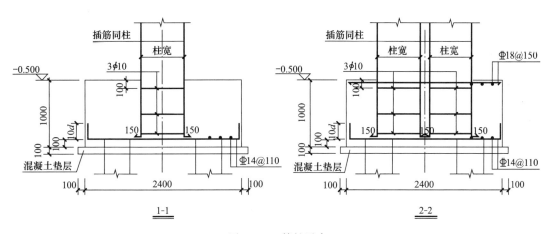

图 11-32 管桩承台

11.4.12 某工程基础设计要点

塔楼部分（1号、2号、3号、5号、6号）采用筏板基础，商业裙楼与地下室采用天然独立基础。天然基础持力层为中风化泥质粉砂岩②层或中风化泥岩③层，地基承载力特征值 $f_{ak}=900$ kPa。

筏板厚度 1～1.5m，具体以设计计算为准。在满足地基承载力计算的前提下尽量少向外挑。

相邻桩的桩底标高差，对于非嵌岩的端承桩不宜超过桩的中心距，对于摩擦桩不宜超过桩长的 1/10。桩最小长度不应小于 6m。

人工挖孔桩以强（全）风化泥质板岩为持力层时，扩大头单侧扩出尺寸不宜超过 500mm；以强（全）风化泥质粉砂岩为持力层时，扩大头单侧扩出尺寸不宜超过 600mm；超出该尺寸时，应征询勘察单位和施工单位的意见。桩长≥15m 时，桩径不宜小于 900mm；桩长≥20m 时，桩径不宜小于 1000mm。

抗拔桩计算裂缝宽度时，保护层厚度的计算值取 30mm；

本工程地下室最大长宽约 134m×182m，长度和宽度均超过规范宜设伸缩缝的最大间距，应增设后浇带。塔楼周边设沉降后浇带，其余为伸缩后浇带。

后浇带间距以控制在 40m 以内，宽度 800mm，宜设在跨中 1/3 的区段范围内，应避免后浇带范围内有顺向的次梁（离梁、墙边至少 300mm）、基础、集水井、电梯基坑、竖向构件、人防口部等位置，在侧壁处应上下层位置一致。后浇带做法按结构总说明。

12 软件的操作与应用

12.1 SATWE 参数设置

1. 总信息（图 12-1）

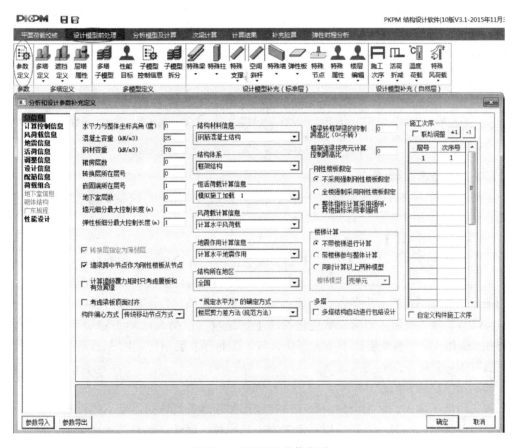

图 12-1 SATWE 总信息页

（1）水平力与整体坐标角

通常情况下，对结构计算分析，都是将水平地震沿结构 X、Y 两个方向施加，所以一般情况下水平力与整体坐标角取 0。由于地震沿着不同的方向作用，结构地震反应的大小一般也不同，结构地震反应是地震作用方向角的函数。因此当结构平面复杂（如 L 形、三角形）或抗侧力结构非正交时，根据抗震规范 5.1.1-2 规定，当结构存在相交角大于 15°的抗侧力构件时，应分别计算各抗侧力构件方向的水平地震作用，但实际上按 0、45°各算一次即可；当程序给出最大地震力作用方向时，可按该方向角输入计算，配筋取三者的大值。

SATWE 软件对输入的不同角度进行计算所得到的结果不能自动取最不利情况，为了简化设计过程，可以把这个角度作为斜交抗侧力构件地震作用方向之一，即在"斜交抗侧力构件方向的附加地震数"参数项内，增填这个角度（最大地震作用方向大于 15°的角度）与 45°，附加地震数中输 3，进行结构整体分析，以提高结构的抗震安全性。

一般并不建议用户修改该参数，原因有三：①考虑该角度后，输出结果的整个图形会旋转一个角度，会给识图带来不便；②构件的配筋应按"考虑该角度"和"不考虑该角度"两次的计算结果做包络设计；③旋转后的方向并不一定是用户所希望的风荷载作用方向。综上所述，建议用户将"最不利地震作用方向角"填到"斜交抗侧力构件夹角"栏，这样程序可以自动按最不利工况进行包络设计。

（2）混凝土重度（kN/m^3）

由于建模时没有考虑墙面的装饰面层，因此钢筋混凝土计算重度，考虑饰面的影响应大于 25，不同结构构件的表面积与体积比不同饰面的影响不同，一般按结构类型取值：

结构类型	框架结构	框剪结构	剪力墙结构
重度	26	26～27	27

注：1. 中国建筑设计研究院姜学诗在"SATWE 结构整体计算时设计参数合理选取（一）"做了相关规定：钢筋混凝土重度应根据工程实际取，其增大系数一般可取 1.04～1.10，钢材重度的增大系数一般可取 1.04～1.18。即结构整体计算时，输入的钢筋混凝土材料的重度可取为 26～27.5。
2. PKPM 程序在计算混凝土重度时，没有扣除板、梁、柱、墙之间重叠的部分。

（3）钢材重度（kN/m^3）

一般取 78，不必改变。钢结构工程时要改，钢结构时因装修荷载钢材连接附加重量及防火、防腐等影响通常放大 1.04～1.18，即取 82～93。

（4）裙房层数

按实际情况输入。《抗规》6.1.10 条文说明指出：有裙房时，加强部位的高度也可以延伸至裙房以上一层。SATWE 在确定剪力墙底部加强部位高度时，总是将裙房以上一层作为加强区高度判定的一个条件，如果不需要，直接将该层数填零即可。

SATWE 软件规定，裙房层数应包括地下室层数（包括人防地下室层数）。例如，建筑物在±0.000 以下有 2 层地下室，在±0.000 以上有 3 层裙房，则在总信息的参数"裙房层数"项内应填 5。

（5）转换层所在层号

按实际情况输入。该指定只为程序决定底部加强部位及转换层上下刚度比的计算和内力调整提供信息，同时，当转换层号大于等于三层时，程序自动对落地剪力墙、框支柱抗震等级增加一级，对转换层梁、柱及该层的弹性板定义仍要人工指定。若有地下室，转换层号从地下室算起，假设地上第三层为转换层，地下 2 层，则转换层号填：5。

（6）嵌固端所在层号

《抗规》6.1.3-3 条规定了地下室作为上部结构嵌固部位时应满足的要求；6.1.10 条规定剪力墙底部加强部位的确定与嵌固端有关；6.1.14 条提出了地下室顶板作为上部结构的嵌固部位时的相关计算要求；《高规》3.5.2-2 条规定结构底部嵌固层的刚度比不宜小于 1.5。

当地下室顶板作为嵌固部位时，那么嵌固端所在层为地上一层，即地下室层数+1；

而如果在基础顶面嵌固时，嵌固端所在层号为 1。如果修改了地下室层数，应注意确认嵌固端所在层号是否需相应修改。

注：1. 一般可以认为嵌固端为力学概念，即约束所有自由度，嵌固部位是预期塑性铰出现的部位，其水平位移为零，规范和众多文章中对与嵌固端和嵌固部位的用词不做区分不是很合理，规范中确定剪力墙底部加强部位的嵌固端可以认为是嵌固部位。在设计时，地下一层与首层侧向刚度比不宜小于 2，加上覆土的约束作用，预期塑性铰会出现在地下室顶板部位。

2. 满足刚度比时，不考虑覆土的作用，地下室水平位移比较小。覆土的作用是约束地下室的水平扭转变形，逐步"吃掉"上部结构的地震作用，不约束竖向位移和竖向转动。在设计时，我们要用程序模拟结构受力，就要符合程序计算的边界条件，程序是采用弹簧刚度法，将上部结构和地下室作为整体考虑，嵌固端取基础底板处，并在每层的地下室楼板处引入水平土弹簧刚度，反映回填土对地下室的约束作用，所以在实际设计中，嵌固端设在地下室顶板时，除了满足刚度比、板厚、梁板楼盖、水平力传递要连续的要求外，还要满足四周均有覆土，或者三面有覆土且基本上能约束住地下室部分的水平扭转变形的要求，某些局部构件的设计应进行包络设计（三面有覆土时，将嵌固端下移）。如果实际情况与程序计算的边界条件不符，应将嵌固端下移。

3. SATWE 中有"嵌固端所在层号"此项重要参数，程序根据此参数实现以下功能：（1）确定剪力墙底部加强部位，延伸到嵌固层下一层。（2）根据《抗规》6.1.14 和《高规》12.2.1 条将嵌固端下一层的柱纵向钢筋相对上层相应位置柱纵筋增大 10%；梁端弯矩设计值放大 1.3 倍；（3）按《高规》3.5.2.2 条规定，当嵌固层为模型底层时，刚度比限值取 1.5；（4）涉及"底层"的内力调整等，程序针对嵌固层进行调整。

4. 在计算地下一层与首层侧向刚度比，可用剪切刚度计算，如用"地震剪力与地震层间位移比值（抗震规范方法）"，应将地下室层数填写 0 或将"土层水平抗力系数的比值系数"填为 0。新版本的 PKPM 已在 SATWE "结构设计信息"中自动输入"Ratx，Raty：X，Y 方向本层塔侧移刚度与下一层相应塔侧移刚度的比值（剪切刚度）"，不必再人为更改参数设置。

规范规定：

《抗规》6.1.3-3：当地下室顶板作为上部结构的嵌固部位时，地下一层的抗震等级应与上部结构相同，地下一层以下抗震构造措施的抗震等级可逐层降低一级，但不应低于四级。地下室中无上部结构的部分，抗震构造措施的抗震等级可根据具体情况采用三级或四级。

《抗规》6.1.10：抗震墙底部加强部位的范围，应符合下列规定：

1）底部加强部位的高度，应从地下室顶板算起。

2）部分框支抗震墙结构的抗震墙，其底部加强部位的高度，可取框支层加框支层以上两层的高度及落地抗震墙总高度的 1/10 二者的较大值。其他结构的抗震墙，房屋高度大于 24m 时，底部加强部位的高度可取底部两层和墙体总高度的 1/10 二者的较大值；房屋高度不大于 24m 时，底部加强部位可取底部一层。

3）当结构计算嵌固端位于地下一层的底板或以下时，底部加强部位尚宜向下延伸到计算嵌固端。

《抗规》6.1.3-14：地下室顶板作为上部结构的嵌固部位时，应符合下列要求：

1）地下室顶板应避免开设大洞口；地下室在地上结构相关范围的顶板应采用现浇梁板结构，相关范围以外的地下室顶板宜采用现浇梁板结构；其楼板厚度不宜小于 180mm，混凝土强度等级不宜小于 C30，应采用双层双向配筋，且每层每个方向的配筋率不宜小于 0.25%。

2）结构地上一层的侧向刚度，不宜大于相关范围地下一层侧向刚度的 0.5 倍；地下室周边宜有与其顶板相连的抗震墙。

3）地下室顶板对应于地上框架柱的梁柱节点除应满足抗震计算要求外，尚应符合下列规定之一：

① 地下一层柱截面每侧纵向钢筋不应小于地上一层柱对应纵向钢筋的 1.1 倍，且地下一层柱上端和节点左右梁端实配的抗震受弯承载力之和应大于地上一层柱下端实配的抗震受弯承载力的 1.3 倍。

② 地下一层梁刚度较大时，柱截面每侧的纵向钢筋面积应大于地上一层对应柱每侧纵向钢筋面积的 1.1 倍；同时梁端顶面和底面的纵向钢筋面积均应比计算增大 10% 以上；

4）地下一层抗震墙墙肢端部边缘构件纵向钢筋的截面面积，不应少于地上一层对应墙肢端部边缘构件纵向钢筋的截面面积。

（7）地下室层数

此参数按工程实际情况填写。程序据此信息决定底部加强区范围和内力调整。当地下室局部层数不同时，以主楼地下室层数输入。地下室一般与上部共同作用分析；地下室刚度大于上部层刚度的 2 倍，可不采用共同分析。

（8）墙元细分最大控制长度

一般可按默认值 1.0。长度控制越短计算精度越高，但计算耗时越多。当高层调方案时此参数可改为 2，振型数可改小（如 9 个），地震分析方法可改为侧刚，当仅看参数而不用看配筋时“SATWE 计算参数”也可不选“构件配筋及验算”，以达到加快计算速度的目的。

（9）弹性板细分最大控制长度：可按默认值 1m。

（10）转换层指定为薄弱层

默认不让选，填转换层后，默认勾选，不需要改。软件默认转换层不作为薄弱层，需要用户人工指定。此项打勾与在“调整信息”栏中“指定薄弱层号”中直接填写转换层号的效果一样。转换层不论层刚度比如何，都应强制指定为薄弱层。

（11）对所有楼层强制采用刚性楼板假定

“强制刚性楼板假定”和“刚性楼板假定”是两个相关但不等同的概念。“刚性楼板假定”指楼板平面内无限刚，平面外刚度为零的假定，每块刚性楼板有三个公共的自由度（两个平动，一个转角），而“强制刚性楼板假定”则不区分刚性板、弹性板，或独立的弹性节点，只要位于该层楼面处的所有节点，在计算时都将强制从属同一刚性板。

“强制刚性楼板假定”可能改变结构初始的分析模型，一般仅在计算位移比和周期比的时候采用，而在进行结构内力分析与配筋计算时，仍要遵循结构的真实模型，不再选择“强制刚性楼板假定”。

（12）地下室强制采用刚性楼板假定

一般可以勾选。如果地下室顶板开大洞，强制刚性板假定会使跃层柱的计算长度系数判断错误，从而影响柱内力及配筋。此时应取消勾选，由程序自动判断柱计算长度。本参数将影响周期、内力、长度系数等。如不勾选，则相当于旧版程序中“强制刚性板假定时保留弹性板面外刚度”。如已勾选“对所有楼层强制采用刚性楼板假定”，则本参数是否勾选已无意义。

（13）墙梁跨中节点作为刚性板楼板从节点

一般可按默认值勾选。如不勾选，则认为墙梁跨中结点为弹性结点，其水平面内位移不受刚性板约束，即类似于框架梁的算法，此时墙梁剪力一般比勾选时小，但相应结构整体刚度变小、周期加长，侧移加大。

（14）计算墙倾覆力矩时只考虑腹板和有效翼缘

一般应勾选，程序默认不勾选。此参数用来调整倾覆力矩的统计方式。勾选后，墙的无效翼缘部分内力计入框架部分，这使结构中框架、短肢墙、普通墙倾覆力矩结果更为合理。墙的有效翼缘定义见《混规》9.4.3条及《抗规》6.2.13条文说明。

规范规定：

《抗规》6.2.13条文说明：抗震墙应计入腹板与翼墙共同工作。对于翼墙的有效长度，89规范和2001规范有不同的具体规定，本次修订不再给出具体规定。2001规范规定："每侧由墙面算起可取相邻抗震墙净间距的一半、至门窗洞口的墙长度及抗震墙总高度的15%三者的最小值"，可供参考。

（15）弹性板与梁变形协调

此参数应勾选。此参数相当于旧版程序中的"强制刚性板假定时保留弹性板面外刚度"。勾选后，程序在进行弹性板划分时自动实现梁、板边界变形协调，计算结果符合实际受力。

（16）参数导入、参数导出

此参数可以把参数设置导入或导出的制定文件，以便形成统一设计参数。

（17）结构材料信息

程序提供钢筋混凝土结构、钢与混凝土混合结构、钢结构、砌体结构共4个选项。应根据实际项目选择该选项，现在做的住宅、高层等一般都是钢筋混凝土结构。

（18）结构体系

软件共提供多个个选项，常用的是：框架、框剪、框筒、筒中筒、剪力墙、砌体结构、底框结构、部分框支剪力墙结构等。对于装配式结构，程序提供了四个选项：装配整体式框架结构、装配整体式剪力墙结构、装配整体上部分框支剪力墙结构及装配整体式预制框架-现浇剪力墙结构。

（19）恒活荷载计算信息

① 一次性加载计算

主要用于多层结构，而且多层结构最好采用这种加载计算法。因为施工的层层找平对多层结构的竖向变位影响很小，所以不要采用模拟施工方法计算。对于框架-核心筒类结构，由于框架和核心筒的刚度相差较大，使核心筒承受较大的竖向荷载，导致二者之间产生较大的竖向位移差。这种位移差常会使结构中间支柱出现较大沉降，从而使上部楼层与之相连的框架梁端负弯矩很小或不出现负弯矩，造成配筋困难。一次性加载的计算方法仅适合用于低层结构或有上传荷载的结构，如吊柱以及采用悬挑脚手架施工的长悬臂结构等。

② 模拟施工方法1加载

按一般的模拟施工方法加载，对高层结构，一般都采用这种方法计算。但是对于"框架-剪力墙结构"，采用这种方法计算在导给基础的内力中剪力墙下的内力特别大，使得其下面的基础难于设计。于是就有了下一种竖向荷载加载法。

③ 模拟施工方法2加载

这是在"模拟施工方法1"的基础上将竖向构件（柱墙）的刚度增大10倍的情况下再

进行结构的内力计算，也就是再按模拟施工方法 1 加载的情况下进行计算。采用这种方法计算出的传给基础的力比较均匀合理，可以避免墙的轴力远远大于柱的轴力的不合理情况。由于竖向构件的刚度放大，使得水平梁的两端的竖向位移差减少，从而其剪力减少，这样就削弱了楼面荷载因刚度不均而导致的内力重分配，所以这种方法更接近手工计算。在进行上部结构计算时采用"模拟施工方法 1"或"模拟施工方法 3"；在基础计算时，用"模拟施工方法 2"的计算结果。

④ 模拟施工加载 3

采用分层刚度、分层加载型，适用于多高层无吊车结构，更符合工程实际情况，推荐适用；模拟施工加载 1 和 3 的比较计算表明，模拟施工加载 3 计算的梁端弯矩，角柱弯矩更大，因此，在进行结构整体计算时，如条件许可，应优先选择模拟施工加载 3 来进行结构的竖向荷载计算，以保证结构的安全。模拟施工加载 3 的缺点是计算工作量大。

（20）风荷载计算信息

SATWE 提供三类风荷载，一是程序依据《建筑结构荷载规范》GB 50009—2012 风荷载的公式在"生成 SATWE 数据和数据检查"时自动计算的水平风荷载；二是在"特殊风荷载定义"菜单中自定义的特殊风荷载，三是计算水平和特殊风荷载。

一般来说，大部分工程采用 SATWE 默认的"计算水平风荷载"即可，如需考虑更细致的风荷载，则可通过"特殊风荷载"实现或选择计算水平和特殊风荷载。

（21）地震作用计算信息

程序提供 4 个选项，分别是：不计算地震作用、计算水平地震作用、计算水平和规范简化方法竖向地震、计算水平和反应谱方法竖向地震。

不计算地震作用：对于不进行抗震设防的地区或者地震设防烈度为 6 度时的部分结构，《抗规》3.1.2 条规定可以不进行地震作用计算。《抗规》5.1.6 条规定：6 度时的部分建筑，应允许不进行截面抗震验算，但应符合有关的抗震措施要求。因此在选择"不计算地震作用"的同时，仍要在"地震信息"页中指定抗震等级，以满足抗震构造措施的要求。

计算水平地震作用：计算 X、Y 两个方向的地震作用。普通工程选择该项；

计算水平和规范简化方法竖向地震：按《抗规》5.3.1 条规定的简化方法计算竖向地震；

计算水平和反应谱方法竖向地震：《抗规》4.3.14 规定：跨度大于 24m 的楼盖结构、跨度大于 12m 的转换结构和连体结构，悬挑长度大于 5m 的悬挑结构，结构竖向地震作用效应标准值宜采用时程分析方法或振型分解反应谱方法进行计算。

（22）特征值求解方法

默认不让选，一般不用改，仅需计算反应谱法竖向时选；仅在选择了"计算水平和反应谱方法竖向地震"时，此参数才激活。当采用"整体求解"时，在"地震信息"栏中输入的振型数为水平与竖向振型数的总和；且"竖向地震参与振型数"选项为灰，用户不能修改。当采用"独立求解"时，在"地震信息"栏中需分别输入水平与竖向的振型个数。注意：计算用振型数一定要足够多，以使得水平和竖向地震的有效质量系数都满足 90％。振型数一定的情况下，选择"独立求解"，可以有效克服"整体求解"无法得到足够竖向振动、竖向振动有效系数不够的问题。一般首选"独立求解"，当选择"整体求解"时，与水平地震力振型相同给出每个振型的竖向地震力；而选择"独立求解方式"时，还给出竖向振型的各个周期值。计算后程序给出每个楼层、各塔的竖向总地震力，且在最后给出按《高规》4.3.15 条进行的调整信息。

（23）结构所在地区

一般选择全国，上海、广州的工程可采用当地的规范。B 类建筑选项和 A 类建筑选项只在鉴定加固版本中才选择。

（24）规定水平力的确定方式

默认规范算法一般不改，仅楼层概念不清晰时改，规定水平力主要用于新规范中位移比和倾覆力矩的计算，详见《抗规》3.4.3 条、6.1.3 条和《高规》3.4.5 条、8.1.3 条；计算方法见《抗规》3.4.3-2 条文说明和《高规》3.4.5 条文说明。程序中"规范算法"适用于大多数结构；"CQC 算法"（由 CQC 组合的各个有质量节点上的地震力）主要用于不规则结构，即楼层概念不清晰，剪力差无法计算的情况。

（25）施工次序/联动调整

程序默认不勾选，只当需要考虑构件级施工次序时才需要勾选。

2. 风荷载信息（图 12-2）

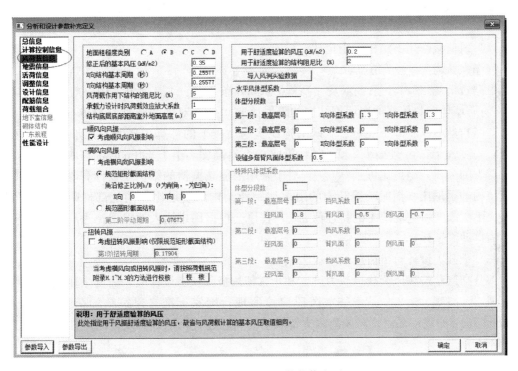

图 12-2　SATWE 风荷载信息页

（1）地面粗糙度类别

该选项是用来判定风场的边界条件，直接决定了风荷载的沿建筑高度的分布情况，必须按照建筑物所处环境正确选择。相同高度建筑风荷载 A＞B＞C＞D。

A 类：近海海面，海岛、海岸、湖岸及沙漠地区。

B 类：田野、乡村、丛林、丘陵及中小城镇和大城市郊区。

C 类：有密集建筑群的城市市区。

D 类：有密集建筑群且房屋较高的城市市区。

（2）修正后的基本风压

修正后的基本风压主要考虑的是地形条件的影响，与楼层数直接关系不大。对于平地建筑修正系数为 1，即等于基本风压。对于山区的建筑应乘以修正系数。

一般工程按《荷规》给出的 50 年一遇的风压采用（直接查《荷规》），不用乘以修正系数；对于沿海地区或强风地带等，应将基本风压放大 1.1～1.2 倍。

注：风荷载计算自动扣除地下室的高度。

（3）X、Y 向结构基本周期

X、Y 向结构基本周期（秒）可以先按程序给定的默认值按《高规》近似公式对结构进行计算。计算完成后再将程序输出的第一平动周期值（可在 WZQ. OUT 文件中查询）填入再算一遍即可。风荷载计算与否并不会影响结构自振周期的大小。新版程序可以分别指定 X 向和 Y 向的基本周期，用于 X 向和 Y 向风载的详细计算。参照《高规》4.2 自振周期是：结构的振动周期；基本周期是：结构按照基本振型，完成一个振动的时间（周期）。

注：1. 此处周期值应为估（或计）算所得数值，而不应为考虑周期折减后的数值。可按《荷规范》附录 E.2 的有关公式估算。

2. 另外需要注意的是，结构的自振周期应与场地的特征周期错开，避免共振造成灾害。

（4）风荷载作用下结构的阻尼比

程序默认为 5，一般情况取 5。

根据《抗规》5.1.5 条 1 款及《高规》4.3.8 条 1 款："混凝土结构一般取 0.05（即 5%）对有墙体材料填充的房屋钢结构的阻尼比取 0.02；对钢筋混凝土及砖石砌体结构取 0.05"。《抗规》8.2.2 条规定："钢结构在多遇地震下的计算，高度不大于 50m 时可取 0.04；高度大于 50m 且小于 200m 时，可取 0.03；高度不小于 200m 时，宜取 0.02；在罕遇地震下的分析，阻尼比可采 0.05"。对于采用消能减振器的结构，在计算时可填入消能减震结构的阻尼比（消能减震结构的阻尼比＝原结构的阻尼比＋消能部件附加有效阻尼比）而不必改变特定场地土的特性值 α_{max}，程序会根据用户输入的阻尼比进行地震影响系数 α 的自动修正计算。

（5）承载力设计时风荷载效应放大系数

部分高层建筑在风荷载承载力设计和正常使用极限状态设计时，需要采用两个不同的风压值。《高规》4.2.2 条：基本风压应按照现行国家标准《建筑结构荷载规范》GB 50009—2012 的规定采用。对风荷载比较敏感的高层建筑，承载力设计时应按基本风压的 1.1 倍采用。

（6）结构底层底部距离室外地面高度

程序默认为地下室高度，也可以填写地下室的高度。此参数用于计算风荷载时准确计算其有效高度。当输入负值时，可用于高出地面的子结构风荷载计算。

（7）考虑顺风向风振影响

根据《荷规》8.4.1 条，对于高度大于 30m 且高宽比大于 1.5 的房屋，及结构基本自振周期 T_1 大于 0.25s 的高耸结构，应考虑顺风向风振影响。当符合《荷规》第 8.4.3 条规定时，可采用风振系数法计算顺风向荷载。一般宜勾选。

（8）考虑横风向风振影响

根据《荷规》8.5.1 条，对于高度超过 150m 或高宽比大于 5 的高层建筑，以及高度超过 30m 且高宽比大于 4 的构筑物，宜考虑横风向风振的影响。一般常规工程不应勾选。

（9）考虑扭转风振影响

根据《荷规》8.5.4 条，一般不超过 150m 的高层建筑不考虑，超过 150m 的高层建筑也应满足《荷规》8.5.4 条相关规定才考虑。

（10）用于舒适度验算的风压、阻尼比

《高规》3.7.6 条：房屋高度不小于 150m 的高层混凝土建筑结构应满足风振舒适度要求。在现行国家标准《建筑结构荷载规范》GB 50009—2012 规定的 10 年一遇的风荷载标准值作用下，结构顶点的顺风向和横风向振动最大加速度计算值不应超过表 3.7.6 的限值。结构顶点的顺风向和横风向振动最大加速度可按现行行业标准《高层民用建筑钢结构技术规程》JGJ 99 的有关规定计算，也可通过风洞试验结果判断确定，计算时结构阻尼比宜取 0.01～0.02。

验算风振舒适度时结构阻尼比宜取 0.01～0.02，程序缺省取 0.02，"风压"则缺省与风荷载计算的"基本风压"取值相同，用户均可修改。

（11）导入风洞实验数据

方便与外部表格软件导入导出，也可以直接按文本方式编辑。

（12）体型分段数

默认 1，一般不改。现代多、高层结构立面变化较大，不同的区段内的体型系数可能不一样，程序限定体型系数最多可分三段取值。若建筑物立面体型无变化时填 1。对于（基础梁与上部结构共同分析计算的）多层框架或（地下室顶板不做为上部结构嵌固端的）高层当定义底层为地下室后，体形分段数应只考虑上部结构，程序会自动扣除地下室部分的风载。

（13）最高层号

程序默认为最高层号，不需要修改，按各分段内各层的最高层层号填写。

（14）水平风体形系数

程序默认为 1.30，按《荷规》表 7.3.1 一般取 1.30。按《荷规》表 7.3.1 取值；规则建筑（高宽比 H/B 不大于 4 的矩形、方形、十字形平面建筑）取 1.3（详见《高规》3.2.5 条 3 款），处于密集建筑群中的单体建筑体型系数应考虑相互增大影响（详见《工程抗风设计计算手册》张相庭）。

（15）设缝多塔背风面体型系数

程序默认为 0.5，仅多塔时有用。该参数主要应用在带变形缝的结构关于风荷载的计算中。对于设缝多塔结构，用户可以在<多塔结构补充定义>中指定各塔的挡风面，程序在计算风荷载时会自动考虑挡风面的影响，并采用此处输入的背风面体型系数对风荷载进行修正。"挡风面"的定义方法参见《PKPM 新天地》2005 年 4 期中"关于'遮挡定义'功能简介"一文。需要注意的是，如果用户将此参数填为 0，则表示背风面不考虑风荷载影响。对风载比较敏感的结构建议修正；对风载不敏感的结构可以不用修正。

注意：在缝隙两侧的网格长度及结构布置不尽相同时，为了较为准确地考虑遮挡范围，当遮挡位置在杆件中间，在建模时人工在该位置增加一个节点，保证计算遮挡范围的准确性。

（16）特殊风体型系数

程序默认为灰色，一般不用更改。

3. 地震信息（图 12-3）

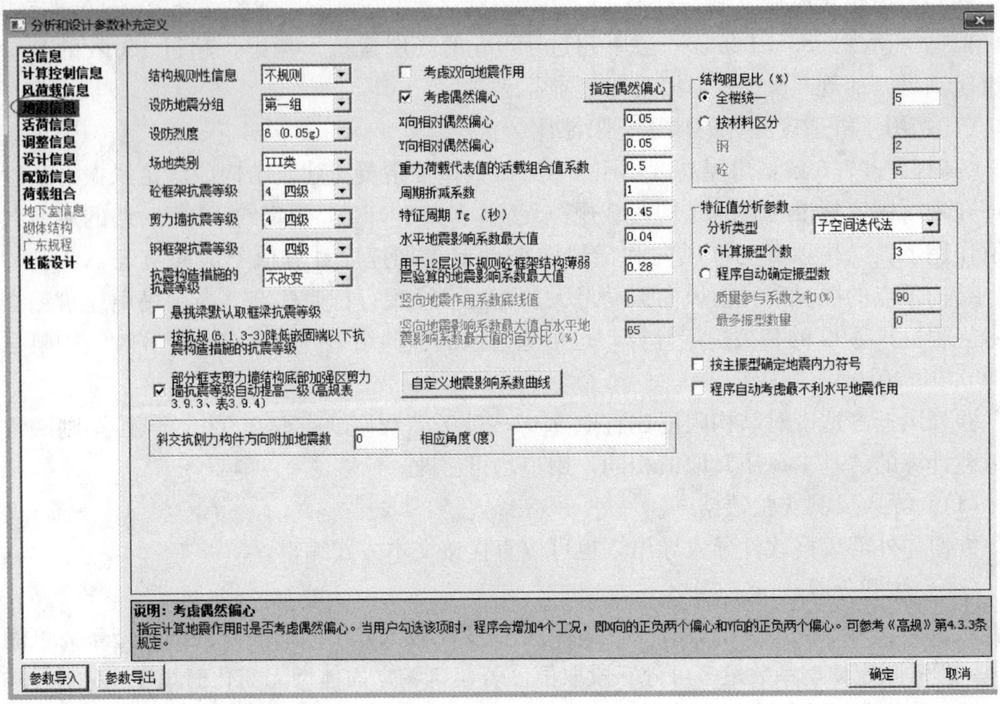

图 12-3　SATWE 地震信息页

（1）结构规则性信息

根据结构的规则性选取。默认不规则，该参数在程序内部不起作用。

（2）设防地震分组

根据实际工程情况查看《抗规》附录 A。

（3）设防烈度

根据实际工程情况查看《抗规》附录 A。

（4）场地类别

根据《地质勘测报告》测试数据计算判定。场地类别一般可分为四类：Ⅰ类场地土：岩石，紧密的碎石土；Ⅱ类场地土：中密、松散的碎石土，密实、中密的砾砂、粗砂、中砂；地基土容许承载力＞250kPa 的黏性土；Ⅲ类场地土：松散的砾砂、粗砂、中砂，密实、中密的细砂、粉砂，地基土容许承载力≤250kPa 的黏性土和≥130kPa 的填土；Ⅳ类场地土：淤泥质土，松散的细砂、粉砂，新近沉积的黏性土；地基土容许承载力＜130kPa 的填土。场地类别越高，地基承载力越低。

地震烈度、设计地震分组、场地土类型三项直接决定了地震计算所采用的反应谱形状，对水平地震作用的大小起到决定性作用。

（5）混凝土框架抗震等级、剪力墙抗震等级、钢框架抗震等级

丙类建筑按本地区抗震设防烈度计算，根据《抗规》表 6.1.2 或《高规》3.9.3 选择。

乙类建筑（常见乙类建筑：学校、医院），按本地区抗震设防烈度提高一度查表选择。

建筑分类见《建筑工程抗震设防分类标准》GB 50223—2008

此处指定的抗震等级是全楼适用的。某些部位或构件的抗震等级可在前处理第二项菜单"特殊构件补充定义"进行单构件的补充指定。钢框架抗震等级应根据《抗规》8.1.3条的规定来确定。

抗震等级不同，抗震措施也不同。在设计时，查看结构抗震等级时的烈度可参考表12-1。抗震等级不同，构件的最小配筋也不同。

决定抗震措施的烈度 表 12-1

建筑类别	设计基本地震加速度（g）和设防烈度					
	0.05 6	0.1 7	0.15 7	0.2 8	0.3 8	0.4 9
甲、乙类	7	8	8	9	9	9+
丙类	6	7	7	8	8	9

注："9+"表示应采取比9度更高的抗震措施，幅度应具体研究确定。

（6）抗震构造措施的抗震等级

在某些情况下，抗震构造措施的抗震等级与抗震措施的抗震等级不一致，可在此指定抗震构造措施的抗震等级，在实际设计中可参考《抗规》3.3.2条和3.3.3条。

本工程抗震构造措施的设防烈度还是6度，则"抗震构造措施的抗震等级"不改变。

（7）中震或大震的弹性设计

依据《高规》3.11节规定，SATWE提供了中震（或大震）弹性设计、中震（或大震）不屈服设计两种方法。

无论选择弹性设计还是不屈服设计，均应在"地震影响系数最大值"中填入中震或大震的地震影响系数最大值，可参照表12-2。

水平地震影响系数最大值 表 12-2

地震影响	6度	7度	7.5度	8度	8.5度	9度
多遇地震	0.04	0.08	0.12	0.16	0.24	0.32
基本烈度地震	0.11	0.23	0.33	0.46	0.66	0.91
罕遇地震	—	0.20	0.72	0.90	1.20	1.40

中震验算包括中震弹性验算和中震不屈服验算，在设计中的要求如表12-3所示。

中震弹性验算和中震不屈服验算的基本要求 表 12-3

设计参数	中震弹性	中震不屈服
水平地震影响系数最大值	按表1-3基本烈度地震	按表1-3基本烈度地震
内力调整系数	1.0（四级抗震等级）	1.0（四级抗震等级）
荷载分项系数	按规范要求	1.0
承载力抗震调整系数	按规范要求	1.0
材料强度取值	设计强度	材料标准值

建议：在高烈度地区，对于结构中比较重要的抗侧力构件，比如框支剪力墙结构中的框支梁、框支柱和落地剪力墙、连体结构中与连体部分内侧相连的框架柱、剪力墙、各种结构形式中出现的跃层柱、框-筒结构中的角柱，宜进行中震弹性验算，其他竖向抗侧力构件宜进行中震不屈服验算。

（8）按主振型确定地震内力符号：

一般可勾选。根据《抗规》5.2.3条，考虑扭转偶联时计算得到的地震作用效应没有符号。SATWE原有的符号确定原则为：每个内力分量取各振型下绝对值最大者的符号。现增加本参数，以解决原有方式可能导致个别构件内力符号不匹配的问题。

（9）按《抗规》6.1.3-3降低嵌固端以下抗震构造措施的抗震等级

一般可勾选。

（10）程序自动考虑最不利水平地震作用

如果勾选，则斜交抗侧力构件方向附加地震数可填写0，相应角度可不填写。

（11）斜交抗侧力构件方向附加地震数，相应角度

可允许最多5组方向地震。附加地震数在0~5之间取值。相应角度填入各角度值。该角度是与X轴正方向的夹角，逆时针方向为正。SATWE参数中增加"斜交抗侧力构件附加地震角度"与填写"水平与整体坐标夹角"计算结果有区别：水平力与整体坐标夹角不仅改变地震作用而且改变风荷载的作用方向，而斜交抗侧力构件附加地震角度仅改变地震作用方向。《抗规》5.1.1、各类建筑结构的地震作用，应符合下列规定：对于有斜交抗侧力构件的结构，当相交角度大于15°时，应分别计算各抗侧力构件方向的水平地震作用。此处所指交角是指与设计输入时，所选择坐标系间的夹角。对于主体结构中存在有斜向放置的梁、柱时，也要分别计算各抗力构件方向的水平地震作用。结构的参考坐标系建立以后，所求的地震作用、风荷载总是沿着坐标系的方向作用。

建议选择对称的多方向地震，因为风载并未考虑多方向，否则容易造成配筋不对称。如输入45°和225°，程序自动增加两个逆时针旋转90°的角度（即135°和315°），并按这四个角度进行地震力的计算，程序将计算每一对新增地震作用下的构件内力，并在构件设计时考虑进内力组合中，最后构件验算取最不利一组。

（12）考虑偶然偏心、考虑双向地震、用户指定偶然偏心

默认未勾选，一般可同时选择〔偶然偏心〕和〔双向地震〕，不再指定偶然偏心值。对"质量和刚度明显不对称的结构"可按取偶然偏心和双向地震两次计算结构的较大值，于是可以同时选择〔偶然偏心〕和〔双向地震〕，SATWE对两者取不利，结果不叠加。

"偶然偏心"：

是由于施工、使用或地震地面运动扭转分量等不确定因素对结构引起的效应，对于高层结构及质量和刚度不对称的多层结构，偶然偏心的影响是客观存在的，故一般应选择"偶然偏心"去计算高层结构及质量和刚度明显不对称的多层结构的"位移比"及高层结构的"配筋"（多层结构"配筋"时一般可不选择"偶然偏心"）。计算层间位移角时一般应选择刚性楼板，可不考虑偶然偏心、不考虑竖向地震作用。

考虑〔偶然偏心〕计算后，对结构的荷载（总重、风荷载）、周期、竖向位移、风荷载作用下的位移及结构的剪重比没有影响，对结构的地震力和地震下的位移（最大位移、层间位移、位移角等）有较大影响。

《高规》4.3.3条"计算单向地震作用时应考虑偶然偏心的影响（地震作用大小与配筋有关）"；《高规》3.4.5条，计算位移比时，必须考虑偶然偏心的影响；《高规》3.7.3条，计算层间位移角时可不考虑偶然偏心、不考虑双向地震，一般应选择强制刚性楼板假

定。《抗规》3.4.3 的表 3.4.3-1 只注明了在规定水平力作用下计算结构的位移比，并没有说明是否考虑了偶然偏心。《抗规》3.4.4-2 的条文说明里注明了计算位移比时候的规定水平力一般要考虑偶然偏心。

"考虑双向地震"：

"双向地震作用"是客观存在的，其作用效果与结构的平面形状的规则程度有很大的关系（结构越规则，双向地震作用越弱），一般当位移比超过 1.3 时（有的地区规定为 1.2，过于保守），"双向地震作用"对结构的影响会比较大，则需要在总信息参数设置中考虑双向地震作用，不考虑偶然偏心。

双向地震作用计算，本质是对抗侧力构件承载力的一种放大，属于承载能力计算范畴，不涉及对结构扭转控制和对结构抗侧刚度大小的判别。一般当位移比超过 1.3 时（有的地区规定为 1.2，过于保守）时选取"考虑双向地震"，程序会对地震作用放大，结构的配筋一般会加大，但位移比及周期比，不看"双向地震作用"的计算结果，而看"偶然偏心"作用下的计算结果。SATWE 在进行底框计算时，不应选择地震参数中的〖偶然偏心〗和〖双向地震〗，否则计算会出错。

《抗规》5.1.1-3：质量和刚度分布明显不对称的结构，应计入双向水平地震作用下的扭转影响；其他情况，应允许采用调整地震作用效应的方法计入扭转影响。《高规》4.3.2-2：质量与刚度分布明显不对称的结构，应计算双向水平地震作用下的扭转影响；其他情况，应计算单向水平地震作用下的扭转影响。

（13）X 向相对偶然偏心、Y 向相对偶然偏心

默认 0.05，一般不需要改。

（14）计算振型个数

地震力振型数至少取 3，由于程序按三个阵型一页输出，所以振型数最好为 3 的倍数。一般对于进行耦联计算的高层建筑，所选振型数不应小于 9 个，对于高层建筑应至少取 15 个；多塔结构计算阵型数应取更多，但要注意此处的阵型数不能超过结构的固有阵型的总数（刚性楼板假定时），比如一个规则的两层结构，采用刚性楼板假定，共 6 个有效自由度，此时阵型个数最多取 6，否则会造成地震作用计算异常。对于复杂、多塔以及平面不规则的建筑计算振型个数要多选，一般要求有效质量数大于 90%。振型数取得越多，计算一次时间越长。

（15）活荷重力代表值组合系数

默认 0.5，一般不需要改。该参数值改变楼层质量，不改变荷载总值（即对属相荷载作用下的内力计算无影响），应按《抗规》5.1.3 条及《高规》4.3.6 条取值。一般民用建筑楼面等效均布活荷载取 0.5（对于藏书库、档案库、库房等建筑应特别注意，应取 0.8）。调整系数只改变楼层质量，从而改变地震作用的大小，但不改变荷载总值，即对竖向荷载作用下的内力计算无影响。

在 WMASS.OUT 中"各层的质量、质心坐标信息"项输出的"活载产生的总质量"为已乘上组合系数后的结果。在"地震信息"选项卡里修改本参数，则"荷载组合"选项卡中"活载重力代表值系数"联动改变。在 WMASS.OUT 中"各楼层的单位面积质量分布"项输出的单位面积质量为"1.0×恒＋0.5×活"组合；而 PM 竖向导荷默认采用"1.2×恒＋1.4×活"组合，两者结果可能有差异。

(16) 周期折减系数

计算各振型地震影响系数所采用的结构自振周期应考虑非承重填充墙体对结构刚度增强的影响，采用周期折减予以反应。因此当承重墙体为填充砖墙时，高层建筑结构的计算自振周期折减系数可按《高规》4.3.17 取值：

① 框架结构可取 0.6～0.7；

② 框架-剪力墙结构可取 0.7～0.8；

③ 框架-核心筒结构可取 0.8～0.9；

④ 剪力墙结构可取 0.8～1.0。

对于其他结构体系或采用其他非承重墙时，可根据工程情况确定周期折减系数。具体折减数值应根据填充墙的多少及其对结构整体刚度影响的强弱来确定（如轻质砌体填充墙，周期折减系数可取大一些）。周期折减是强制性条文，但减多少不是强制性条文，这就要求在折减时慎重考虑，既不能太多，也不能太少，因为周期折减不仅影响结构内力，同时还影响结构的位移，当周期折减过多，地震作用加大，可能导致梁超筋。周期折减系数不影响建筑本身的周期，即 WZQ 文件中的前几阶周期，所以周期折减系数对于风荷载是没有影响的，风荷载在 SATWE 计算中与周期折减系数无关。周期折减系数只放大地震作用，不放大结构刚度。

注：1. 厂房和砖墙较少的民用建筑，周期折减系数一般取 0.80～0.85，砖墙较多的民用建筑取 0.6～0.7，（一般取 0.65）。框架-剪力墙结构：填充墙较多的民用建筑取 0.7～0.80，填充墙较少的公共建筑可取大些（0.80～0.85）。剪力墙结构：取 0.9～1.0，有填充墙取低值，无填充墙取高值，一般取 0.95。

2. 空心砌块应少折减，一般可为 0.8～0.9。

(17) 结构的阻尼比

对于一些常规结构，程序给出了结构阻尼的隐含值。除有专门规定外，钢筋混凝土高层建筑结构的阻尼比应取 0.05；钢结构在多遇地震下的阻尼比，对不超过 12 层的钢结构可采用 0.035，对超过 12 层的钢结构可采用 0.02；在罕遇地震下的分析，阻尼比可采用 0.05；对于钢—混凝土混合结构则根据钢和混凝土对结构整体刚度的贡献率取为 0.025～0.035。

(18) 特征周期 T_g、地震影响系数最大值

特征周期 T_g：根据实际工程情况查看《抗规》（表 12-4）

特征周期值（s） 表 12-4

设计地震分组	场地类别				
	I_0	I_1	II	III	IV
第一组	0.20	0.25	0.35	0.45	0.65
第二组	0.25	0.30	0.40	0.55	0.75
第三组	0.30	0.35	0.45	0.65	0.90

本工程填写 0.35。

地震影响系数最大值：即"多遇地震影响系数最大值"，用于地震作用的计算时，无论多遇地震或中、大震弹性或不屈服计算时均应在此处填写"地震影响系数最大值"。

具体值可根据《抗规》表 5.1.4-1 来确定，如表 12-5 所示。

<table>
<tr><td colspan="5" style="text-align:center">水平地震影响系数最大值　　　　　　　　　　表 12-5</td></tr>
</table>

地震影响	6 度	7 度	8 度	9 度
多遇地震	0.04	0.08 (0.12)	0.16 (0.24)	0.32
罕遇地震	0.28	0.50 (0.72)	0.90 (1.20)	1.40

注：括号中数值分别用于设计基本地震加速度为 0.15g 和 0.30g 的地区。

（19）用于 12 层以下规则混凝土框架结构薄弱层验算的地震影响系数最大值

此参数为"罕遇地震影响系数最大值"，仅用于 12 层以下规则混凝土框架结构的薄弱层验算，一般不需要改。

（20）竖向地震作用系数底线值：

该参数作用相当于竖向地震作用的最小剪重比。在 WZQ. OUT 文件中输出竖向地震作用系数的计算结果，如果不满足要求则自动进行调整。

本工程没有考虑竖向地震作用，此菜单为灰色。

（21）自定义地震影响系数曲线

SATWE 允许用户输入任意形状的地震设计谱，以考虑来自安评报告或其他情形的比规范设计谱更贴切的反应谱曲线。点击该按钮，在弹出的对话框中可查看按规范公式的地震影响系数曲线，并可在此基础上根据需要进行修改，形成自定义的地震影响系数曲线。其中"按规范定义的时间"项，代表该时间之前曲线采用规范值，之后采用自定义值。如填 3s 就代表前 3s 按规范反应谱取值。

4. 活载信息（图 12-4）

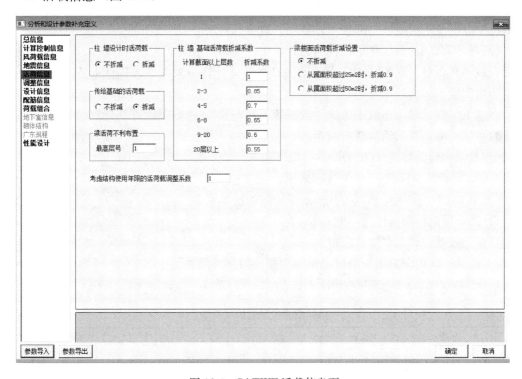

图 12-4　SATWE 活载信息页

（1）柱墙设计时活荷载

程序默认为"不折减"。SATWE 根据《荷规》第 4.1.2 条第 2 款设置此选项，点选

"折减"，程序会按照右侧输入的楼层折减系数进行活荷载折减，生成的墙、柱轴压比及配筋会比点选"不折减"稍微小一些。所以，当需要以结构偏安全性为先的时候，建议点选"不折减"；当需要以墙、柱尺寸和结构经济性为先的时候，建议点选"折减"。

如在 PMCAD 中考虑了梁的活荷载折减（荷载输入/恒活设置/考虑活荷载折减），则在 SATWE、TAT、PMSAP 中最好不要选择"柱墙活荷载折减"，以避免活荷载折减过多。对于带裙房的高层建筑，裙房不宜按主楼的层数取用活荷载折减系数。同理，顶部带小塔楼的结构、错层结构、多塔结构等，都存在同一楼层柱墙活荷载系数不同的情况，应按实际情况灵活处理。

注：PM 中的荷载设置楼面折减系数对梁不起作用，柱墙设计时活荷载对柱起作用。

（2）传给基础的活荷载

程序默认为"折减"，不需要改。SATWE 根据《荷规》第 4.1.2 条第 2 款设置此选项，点选"折减"，程序会按照右侧输入的楼层折减系数进行活荷载折减，生成传到底层的最大组合内力，但没有传到 JCCAD，JCCAD 读取的是程序计算后各工况的标准值。所以，当需要考虑传给基础的活荷载折减时，应到 JCCAD 的"荷载参数"中点选"自动按楼层折减活荷载"。

（3）活荷载不利布置（最高层号）

此参数若取 0，表示不考虑活荷载不利布置。若取 >0 的数 NL，就表示 1～NL 各层均考虑梁活载的不利布置。考虑活荷载不利布置后，程序仅对梁活荷不利布置作用计算，对墙柱等竖向构件并不考虑活荷不利布置作用，而只考虑活荷一次性满布作用。偏于安全，一般多层混凝土结构应取全部楼层；高层宜取全部楼层。

《高规》5.1.8：高层建筑结构内力计算中，当楼面活荷载大于 $4kN/m^2$ 时，应考虑楼面活荷载不利布置引起的结构内力的增大；当整体计算中未考虑楼面活荷载不利布置时，应适当增大楼面梁的计算弯矩。

在地下室设计时，一般不考虑"活荷载不利布置"，否则梁的配筋计算结果会很大。

（4）柱、墙、基础活荷载折减系数

《建筑结构荷载规范》GB 50009—2012 第 5.1.2-2 条：

1）第 1（1）项应按表 12-6 规定采用；

2）第 1（2）～7 项应采用与其楼面梁相同的折减系数；

3）第 8 项对单向板楼盖应取 0.5；

对双向板楼盖和无梁楼盖应取 0.8；

4）第 9～13 项应采用与所属房屋类别相同的折减系数。

注：楼面梁的从属面积应按梁两侧各延伸二分之一梁间距的范围内的实际面积确定。

活荷载按楼层的折减系数　　　　　　　　　　　　　　　　　表 12-6

墙、柱、基础计算截面以上的层数	1	2～3	4～5	6～8	9～20	>20
计算截面以上各楼层活荷载总和的折减系数	1.00（0.90）	0.85	0.70	0.65	0.60	0.55

注：当楼面梁的从属面积超过 25m² 时，应采用括号内的系数。

SATWE 根据《荷规》第 4.1.2 条第 2 款设置此选项，《荷规》4.1.1 第 1（1）详按程序默认；第 1（2）～7 项按基础从属面积（因"柱、墙设计时活荷载"中梁、柱按不折减，此处仅考虑基础）超过 50m² 时取 0.9，否则取 1，一般多层可取 1，高层 0.9；第 8 项汽车通道及停车库可取 0.8。

此处的折减系数仅当"折减柱墙设计活荷载"或"折减传给基础的活荷载"勾选后才生效。对于下面几层是商场，上面是办公楼的结构，鉴于目前的 PKPM 版本对于上下楼层不同功能区域活荷载传给墙柱基础时的折减系数不能分别按规范取值，故折减系数建议按偏安全的取值方法。

（5）考虑结构使用年限的活荷载调整系数

《高规》5.6.1 作了有关规定。在设计时，设计使用年限为 50 年时取 1.0，设计使用年限为 100 年时取 1.1。

（6）梁楼面活荷载折减设置

对于普通楼面（非汽车通道及客车停车库）一般可偏于安全不折减。也可以根据实际情况，按照《荷规》5.1.2-1 进行折减。此参数的设置，方便了汽车通道、消防车及客车停车库主梁、次梁的设计。

5. 调整信息（图 12-5）

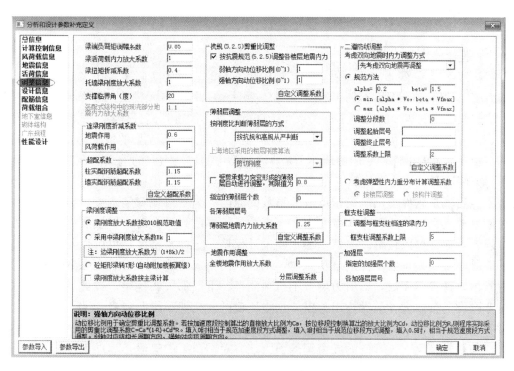

图 12-5　SATWE 调整信息页

（1）梁端负弯矩调幅系数

现浇框架梁 0.8～0.9；装配整体式框架梁 0.7～0.8。

框架梁在竖向荷载作用下梁端负弯矩调整系数，是考虑梁的塑性内力重分布。通过调整使梁端负弯矩减小，跨中正弯矩加大（程序自动加）。梁端负弯矩调整系数一般取0.85。

注意：1. 程序隐含钢梁为不调幅梁；不要将梁跨中弯矩放大系数与其混淆。

2. 弯矩调幅法是考虑塑性内力重分布的分析方法，与弹性设计相对；弯矩调幅法可以求得结构的经济，充分挖掘混凝土结构的潜力和利用其优点；弯矩调幅法可以使得内力均匀。对于承受动力荷载、使用上要求不出现裂缝的构件，要尽量少调幅。

3. 调幅与"强柱弱梁"并无直接关系，要保证强柱弱梁，强度是关键，刚度不是关键，即柱截面承载能力要大于梁（满足规范要求），在地震灾害地区的很多房屋，并没有出现预期的"强柱弱梁"，反而是"强梁弱柱"，是因为忽略了楼板钢筋参与负弯矩分配，还有其他原因，比如：梁端配筋时内力所用截面为矩形截面，计算结果并 T 形截面大、习惯性放大梁支座配筋及跨中配筋的纵筋 5%～10%、基于裂缝控制，两端配筋远大于计算配筋、未计入双筋截面及受压翼缘的有利影响，低估截面承载能力、施工原因。

(2) 梁活荷载内力放大系数

用于考虑活荷载不利布置对梁内力的影响，将活荷载作用下的梁内力（包括弯矩、剪力、轴力）进行放大。一般工程建议取值 1.1～1.2。如果已考虑了活荷载不利布置，则应填 1。

(3) 梁扭矩折减系数

现浇楼板（刚性假定）取值 0.4～1.0，一般取 0.4；现浇楼板（弹性楼板）取 1.0。本工程板端按简支考虑，梁扭矩折减系数可取 1.0（偏于安全），在剪力墙结构中，可取 0.4～1.0。

(4) 托梁刚度放大系数

默认值：1，一般不需改，仅有转换结构时需修改。对于实际工程中"转换大梁上面托剪力墙"的情况，当用户使用梁单元模拟转换大梁，用壳单元模式的墙单元模拟剪力墙时，墙与梁之间的实际的协调工作关系在计算模型中不能得到充分体现。实际的结构受力情况是，剪力墙的下边缘与转换大梁的上表面变形协调。计算模型的情况是：剪力墙的下边缘与转换大梁的中性轴变形协调。于是计算模型中的转换大梁的上表面在荷载作用下将会与剪力墙脱开，失去本应存在的变形协调性。与实际情况相比，这样计算模型的刚度偏柔了。这就是软件提供墙梁刚度放大系数的原因。为了再现真实刚度，根据经验，托墙梁刚度放大系数一般取为 100 左右。当考虑托墙梁刚度放大时，转换层附近的超筋情况（若有）通常可以缓解。当然，为了使设计保持一定的富裕度，也可以不考虑或少考虑托墙梁刚度放大系数。使用该功能时，用户只需指定托墙梁刚度放大系数，托墙梁段的搜索由软件自动完成，即剪力墙（不包括洞口）下的那段转换梁，按此处输入的系数对抗弯刚度进行放大。最后指出一点，这里所说的"托墙梁段"在概念上不同于规范中的"转换梁"，"托墙梁段"特指转换梁与剪力墙"墙柱"部分直接相接、共同工作的部分，比如说转换梁上托开门洞或窗洞的剪力墙，对洞口下的梁段，程序就不看作"托墙梁段"，不作刚度放大。建议一般取默认值 100。目前对刚性杆上托墙还不能进行该项识别。

(5) 连梁刚度折减系数

一般工程剪力墙连梁刚度折减系数取 0.7，8、9 度时可取 0.5；位移由风载控制时取≥0.8；

连刚梁度折减系数主要是针对那些与剪力墙一端或两端平行连接的梁，由于连梁两端位移差很大，剪力会很大，很可能出现超筋，于是要求连梁在进入塑性状态后，允许其卸载给剪力墙。计算地震内力时，连梁刚度可折减；对如计算重力荷载、风荷载作用效应时，不易考虑折减。

注：连梁的跨高比大于等于5时，建议按框架梁输入。

（6）支撑临界角（度）

一般可以这样认为：当斜杆与Z轴夹角小于20°时，按柱处理，大于20°时按支撑处理。但有时候也不一定遵循以上准则，可以由用户根据工程需要自行指定。

（7）柱实配钢筋超配系数

默认值：1.15；不需改，只对一级框架结构或9度区起作用。对于9度设防烈度的各类框架和一级抗震等级的框架结构，剪力调整应按实配钢筋和材料强度标准值来计算。由于程序在接<梁平法施工图>前并不知道实际配筋面积，所以程序将此参数提供给用户，由用户根据工程实际情况填写。程序根据用户输入的超配系数，并取钢筋超强系数（材料强度标准值与设计值的比值）为1.1(330/300MPa＝1.1)。本参数只对一级框架结构或9度区框架起作用，程序可自动识别；当为其他类型结构时，也不需要用户手工修改为1.0。

注：9度及一级框架结构仅调整梁柱钢筋的超配系数是不全面的，按规范要求采用其他有效抗震措施。

（8）墙实配钢筋超配系数

一般可按默认值填写1.15，不用修改。

（9）自定义超配系数

可以分层号、分塔楼自行定义。

（10）梁刚度放大系数按2010规范取值

默认：勾选；一般不需改。考虑楼板作为翼缘对梁刚度的贡献时，每根梁，由于截面尺寸和楼板厚度有差异，其刚度放大系数可能各不相同，SATWE提供了按2010规范取值选项，勾选此项后，程序将根据《混规》5.2.4条的表格，自动计算每根梁的楼板有效翼缘宽度，按照T形截面与梁截面的刚度比例，确定每根梁的刚度系数。刚度系数计算结果可在"特殊构件补充定义"中查看，也可在此基础上修改。如果不勾选，仍按上一条所述，对全楼指定唯一的刚度系数。

（11）采用中梁刚度放大系数 B_k

默认：灰色不用选，一般不需改。根据《高规》5.2.2条，"现浇楼面中梁的刚度可考虑翼缘的作用予以增大，现浇楼板取值1.3～2.0"。通常现浇楼面的边框梁可取1.5，中框梁可取2.0；对压型钢板组合楼板中的边梁取1.2，中梁取1.5（详见《高钢规》5.1.3条）梁翼缘厚度与梁高相比较小时梁刚度增大系数可取较小值，反之取较大值，而对其他情况下（包括弹性楼板和花纹钢板楼面）梁的刚度不应放大。该参数对连梁不起作用，对两侧有弹性板的梁仍然有效；对于板柱结构，应取1。梁刚度放大的主要目的，是为了考虑在刚性板假定下楼板刚度对结构的贡献。梁的刚度放大并非是为了在计算梁的内力和配筋时，将楼板作为梁的翼缘，按T形梁设计，以达到降低梁的内力和配筋的目的，而仅仅是为了近似考虑楼板刚度对结构的影响。该参数的大小对结构的周期、位移等均有影响。

SATWE前处理"特殊构件补充定义"中的右侧菜单"特殊梁"下，用户可以交互指定楼层中各梁的刚度放大系数。在此处程序默认显示的放大系数，是没有搜索边梁的结果，即所有梁的刚度放大系数均按中梁刚度放大系数显示。但在后面计算时，SATWE软件自动判断梁与楼板的连接关系，对于两侧都与楼板相连的梁，直接取交互指定的值来计算；对于仅有一侧与楼板相连的梁，梁刚度放大系数取 $(B_k+1)/2$；对两侧都不与楼板相连的独立梁，不管交互指定的值为多少，均按 1.0 计算。梁刚度放大系数只影响梁的内力（即效应计算）在 SATWE 里不影响梁的配筋计算（即抗力计算）在 PMSAP 里会影响梁的配筋计算。因为 SATWE 计算承载力是按矩形截面的，而 PMSAP 可以选择按 T 形截面。

（12）混凝土矩形梁转 T 形（自动附加楼板翼缘）

勾选后，程序自动搜索与梁相邻的楼板，将矩形梁转成 T 形或 L 形梁进行内力和配筋计算，同时梁刚度放大系数和梁扭矩折减系数应取 1。需要注意的是，10、11、12 只可同时选择一个，一般可选择 10。

本工程选择"梁刚度放大系数按 2010 规范取值"，则程序自动不选择"采用中梁刚度放大系数 B_k"与"混凝土矩形梁转 T 形（自动附加楼板翼缘）"。当配筋由较为偶然且数值较大的荷载组合（如人防、消防车）控制时，可以勾选。

（13）部分框支剪力墙结构底部加强区剪力墙抗震等级自动提高一级

根据《高规》表 3.9.3、表 3.9.4，部分框支剪力墙结构底部加强区和非底部加强区的剪力墙抗震等级可能不同，但在实际设计中，都是先在"地震信息"页"剪力墙抗震等级"中填入部分框支剪力墙结构中一般部位剪力墙的抗震等级，若勾选该项，则程序将自动对底部加强区的剪力墙抗震等级提高一级。程序默认勾选，当为框支剪力墙时可勾选，当不是时可不勾选。

（14）调整与框支柱相连的梁内力

一般不应勾选，不调整（按实际工程选），因为程序对框支柱的弯矩、剪力调整系数往往很大，若此时调整与框支柱相连的梁内力，会出现异常。

《高规》10.2.17 条：框支柱剪力调整后，应相应调整框支柱的弯矩及柱端框架梁（不包括转换梁）的剪力、弯矩，但框支梁的剪力、弯矩和框支柱轴力可不调整。由于框支柱的内力调整幅度较大，若相应调整框架梁的内力，则有可能使框架梁设计不下来。

（15）框支柱调整上限

框支柱的调整系数值可能很大，用户可设置调整系数的上限值，框支柱调整上限为 5.0。一般可按默认值，不用修改。

（16）指定的加强层个数、层号

默认值：0，一般不需改。各加强层层号，默认值：空白，一般不填。加强层是新版 SATWE 新增参数，由用户指定，程序自动实现如下功能：

1）加强层及相邻层柱、墙抗震等级自动提高一级；

2）加强层及相邻轴压比限制减小 0.05；依据见《高规》10.3.3 条（强条）；

3）加强层及相邻层设置约束边缘构件；

多塔结构还可在"多塔结构构件定义"菜单分塔指定加强层。

（17）《抗规》第 5.2.5 条调整各层地震内力

默认：勾选；不需改。用于调整剪重比，详见《抗规》5.2.5 条和《高规》4.3.12 条。抗震验算时，结构任一楼层的水平地震的剪重比不应小于《抗规》中表 5.2.5 给出的

最小地震剪力系数 λ。当结构某楼层的地震剪力小得过多，地震剪力调整系数过大（调整系数大于 1.2 时），说明该楼层结构刚度过小，其地震作用主要不是地震加速度而是地震地面运动速度和位移引起的。此时应先调整结构布置和相关构件的截面尺寸，提高结构刚度，使计算的剪重比能自然满足规范要求；其次才考虑调整地震力。而根据《抗规》5.2.5 条文说明：只要求底部总剪力不满足要求，则结构各楼层的剪力均需要调整，继而原先计算的倾覆力矩、内力和位移均需相应调整。

按《抗规》第 5.2.5 条规定，抗震验算时，结构任一楼层的水平地震的剪重比不应小于表 12-7 给出的最小地震剪力系数 λ。

楼层最小地震剪力系数　　　　　　　　　　　　　　表 12-7

类　别	6 度	7 度	8 度	9 度
扭转效应明显或基本周期小于 3.5s 的结构	0.008	0.016（0.024）	0.032（0.048）	0.064
基本周期大于 5.0s 的结构	0.006	0.012（0.018）	0.024（0.036）	0.048

注：1. 基本周期介于 3.5s 和 5s 之间的结构，按插入法取值；
　　2. 括号内数值分别用于设计基本地震加速度为 0.15g 和 0.30g 的地区。

1）弱轴方向动位移比例：

默认值：0，剪重比不满足时按实际改。

2）强轴方向动位移比例：

默认值：0，剪重比不满足时按实际改。

按照《抗规》5.2.5 的条文说明，在剪重比调整时，根据结构基本周期采用相应调整，即加速度段调整、速度段调整和位移段调整。弱轴方向即结构第一平动周期方向，强轴方向即结构第二平动周期方向一般可根据结构自振周期 T 与场地特征周期 T_g 的比值来确定：当 $T<T_g$ 时，属加速度控制段，参数取 0；当 $T_g<T<5T_g$ 时，属速度控制段，参数取 0.5；当 $T>5T_g$ 时，属位移控制段，参数取 1。按照《抗规》5.2.5 的条文说明，在减重比调整时，根据结构基本周期采用相应调整，即加速度段调整、速度段调整和位移段调整。

（18）按刚度比判断薄弱层的方式

应根据工程项目实际情况选用（高层还是多层）。分为"按《抗规》和《高规》从严判断"、"仅按《抗规》判断"、"仅按《高规》判断"和"不自动判断"四个选项，可由用户选择判断标准。旧版软件是《抗规》和《高规》同时执行，并从严控制。

规范规定：

《抗规》3.4.4-2：平面规则而竖向不规则的建筑，应采用空间结构计算模型，刚度小的楼层的地震剪力应乘以不小于 1.15 的增大系数，其薄弱层应按本规范有关规定进行弹塑性变形分析，并应符合下列要求：

1）竖向抗侧力构件不连续时，该构件传递给水平转换构件的地震内力应根据烈度高低和水平转换构件的类型、受力情况、几何尺寸等，乘以 1.25～2.0 的增大系数；

2）侧向刚度不规则时，相邻层的侧向刚度比应依据其结构类型符合本规范相关章节的规定；

3）楼层承载力突变时，薄弱层抗侧力结构的受剪承载力不应小于相邻上一楼层的 65%。

《高规》3.5.8：侧向刚度变化、承载力变化、竖向抗侧力构件连续性不符合本规程第3.5.2、3.5.3、3.5.4条要求的楼层，其对应于地震作用标准值的剪力应乘以1.25的增大系数。

（19）指定薄弱层个数及相应的各薄弱层层号

薄弱层个数默认值为：0，一般不改。各层薄弱层层号，默认值为：空白，一般不填。

SATWE自动按刚度比判断薄弱层并对薄弱层进行地震内力放大，但对竖向构件不连续结构形成的薄弱层、对承载力突变形成的薄弱层（比如"层间受剪承载力比"不满足规范要求时）、对有转换构件形成的薄弱层不能自动判断为薄弱层，需要用户在此指定。输入各层号时以逗号或空格隔开。

一般应根据实际工程填写，本工程"薄弱层个数默认值"：0，"薄弱层层号"可不填写，即空白。

（20）薄弱层调整（自定义调整系数）

可以自己根据实际工程分层号、分塔号、分X、Y方向定义不同的调整系数。

（21）薄弱层地震内力放大系数

应根据工程实际情况（多层还是高层）填写该参数。《抗规》规定薄弱层的地震剪力增大系数不小于1.15，《高规》规定薄弱层的地震剪力增大系数不小于1.25。SATWE对薄弱层地震剪力调整的做法是直接放大薄弱层构件的地震作用内力。程序缺省值为1.25。

竖向不规则结构的薄弱层有三种情况：①楼层侧向刚度突变；②层间受剪承载力突变；③竖向构件不连续。

（22）全楼地震作用放大系数

通过此参数来放大地震作用，提高结构的抗震安全度，其经验取值范围是 $1.0\sim1.5$。在实际设计时，对于超高层建筑，用时程分析判断出结构的薄层部位后，可以用"全楼地震作用放大系数"或"分层调整系数"来提高结构的抗震安全度。

（23）地震作用调整/分层调整系数

地震作用放大系数可以自己根据实际工程分层号、分塔号、分X、Y方向定义。

（24）$0.2V_0$ 分段调整

程序开放了二道防线控制参数，允许取小值或者取大值，程序默认为min。

此处指定 $0.2V_0$ 调整的分段数，每段的起始层号和终止层号，以空格或逗号隔开。如果不分段，则分段数填1。如不进行 $0.2V_0$ 调整，应将分段数填为0。

$0.2V_0$ 调整系数的上限值由参数"$0.2V_0$ 调整上限"控制，如果将起始层号填为负值，则不受上限控制。用户也可点取"自定义调整系数"，分层分塔指定 $0.2V_0$ 调整系数，但仍应在参数中正确填入 $0.2V_0$ 调整的分段数和起始、终止层号，否则，自定义调整系数将不起作用。程序缺省 $0.2V_0$ 调整上限为2.0，框支柱调整上限为5.0，可以自行修改。

注：1. 对有少量柱的剪力墙结构，让框架柱承担20%的基底剪力会使放大系数过大，以致框架梁、柱无法设计，所以20%的调整一般只用于主体结构。

2. 电梯机房，不属于调整范围。

（25）上海地区采用的楼层刚度算法

在上海地区，一般情况下采用等效剪切刚度计算侧向刚度，对于带支撑的结构可采用剪弯刚度。在选择上海地区且薄弱层判断方式考虑抗震以后，该选项生效。

146

6. 设计信息（图 12-6）

图 12-6　SATWE 设计信息页

（1）结构重要性系数

应按《混规》第 3.3.2 条来确定。当安全等级为二级，设计使用年限 50 年，取 1.00。

（2）钢构件截面净毛面积比

净面积是构件去掉螺栓孔之后的截面面积，毛面积就是构件总截面面积，此值一般为 0.85～0.92。轻钢结构最大可以取到 0.92，钢框架的可以取到 0.85。

（3）梁按压弯计算的最小轴压比

程序默认值为 0.15，一般可按此默认值。梁类构件，一般所受轴力均较小，所以日常计算中均按照受弯构件进行计算（忽略轴力作用），若结构中存在某些梁轴力很大时，再按此法计算不尽合理，本参数则是按照梁轴压比大小来区分梁计算方法。

（4）考虑 P-Δ 效应（重力二阶效应）

对于常规的混凝土结构，一般可不勾选。通常混凝土结构可以不考虑重力二阶效应，钢结构按《抗规》8.2.3 条的规定，应考虑重力二阶效应。是否考虑重力二阶效应可以参考 SATWE 输出文件 WMASS. OUT 中的提示，若显示"可以不考虑重力二阶效应"，则可以不选择此项，否则应选择此项。

注：① 建筑结构的二阶效应由两部分组成：P-δ 效应和 P-Δ 效应。P-δ 效应是指由于构件在轴向压力作用下，自身发生挠曲引起的附加效应，可称之为构件挠曲二阶效应，通常指轴向压力在产生了挠曲变形的构件中引起的附加弯矩，附加弯矩与构件的挠曲形态有关，一般中间大，两端小。P-Δ 效应是指由于结构的水平变形引起的重力附加效应，可称之为重力二阶效应，结构在水平力（风荷载或水平地震力）作用下发生水平变形后，重力荷载因该水平变形而引起附加效应，结构发生的水平侧移绝对值较大，

P-Δ效应越显著,若结构的水平变形过大,可能因重力二阶效应而导致结构失稳。

②一般来说,7度以上抗震设防的建筑,其结构刚度由地震或风荷载作用的位移控制,只要满足位移要求,整体稳定性自动满足,可不考虑P-Δ效应。SATWE软件采用的是等效几何刚度的有限元算法,修正结构总刚,考虑P-Δ效应后结构周期不变。

(5) 按《高规》或者《高钢规》进行构件设计

点取此项,程序按《高规》进行荷载组合计算,按《高钢规》进行构件设计计算,否则,按多层结构进行荷载组合计算,按普通钢结构规范进行构件设计计算。高层建筑一般都勾选。

(6) 框架梁端配筋考虑受压钢筋:

默认勾选,建议不修改。

(7) 结构中的框架部分轴压比按照纯框架结构的规定采用

默认不勾选,主要是为执行《高规》8.1.3-4条:框架部分承受的地震倾覆力矩大于结构总地震倾覆力矩的80%时,按框架-剪力墙结构进行设计,但其最大适用高度宜按框架结构采用,框架部分的抗震等级和轴压比限值应按框架结构的规定采用。当结构的层间位移角不满足框架-剪力墙结构的规定时,可按本规程第3.11节的有关规定进行结构抗震性能分析和论证。

地下室框架柱是否考虑轴压比,与是否考虑地震作用有关系,当某些地下室不考虑地震作用时(比如地下2层),框架柱子可不考虑轴压比的影响。地下室有人防荷载时,一般柱子轴压比只考虑正常使用时的荷载,不考虑人防时柱子的轴压比。

计算上部结构时,由于上部是剪力墙结构,则不应勾选。在计算地下室框架柱子的轴压比时,由于地下室一层时,不是由轴压比控制,一般轴压比按框架结构,还是剪力墙结构都能通过。本工程不勾选。

(8) 剪力墙构造边缘构件的设计执行《高规》7.2.16-4条

对于非连体结构、错层结构以及B级高度高层建筑结构中的剪力墙(筒体),一般可不勾选。《高规》7.2.16-4条规定:抗震设计时,对于连体结构、错层结构以及B级高度高层建筑结构中的剪力墙(筒体),其构造边缘构件的最小配筋率应按照要求相应提高。

勾选此项时,程序将一律按《高规》7.2.16-4条的要求控制构造边缘构件的最小配筋,即对于不符合上述条件的结构类型,也进行从严控制;如不勾选,则程序一律不执行此条规定。

(9) 当边缘构件轴压比小于《抗规》6.4.5条规定的限值时一律设置构造边缘构件

一般可勾选。《抗规》6.4.5:抗震墙两端和洞口两侧应设置边缘构件,边缘构件包括暗柱、端柱和翼墙,并应符合下列要求:

对于抗震墙结构,底层墙肢底截面的轴压比不大于表12-8规定的一、二、三级抗震墙及四级抗震墙,墙肢两端可设置构造边缘构件,构造边缘构件的配筋除应满足受弯承载力要求外,并宜符合表12-9的要求。

抗震墙设置构造边缘构件的最大轴压比   表 12-8

抗震等级或烈度	一级(9度)	一级(6、7、8度)	二、三级
轴压比	0.1	0.2	0.3

抗震墙构造边缘构件的配筋要求 表 12-9

抗震等级	底部加强部位			其他部位		
	纵向钢筋最小量（取较大值）	箍筋		纵向钢筋最小量（取较大值）	拉筋	
		最小直径（mm）	沿竖向最大间距（mm）		最小直径（mm）	沿竖向最大间距（mm）
一	$0.010A_c$，$6\phi16$	8	100	$0.008A_c$，$6\phi14$	8	150
二	$0.008A_c$，$6\phi14$	8	150	$0.006A_c$，$6\phi12$	8	200
三	$0.006A_c$，$6\phi12$	6	150	$0.005A_c$，$4\phi12$	6	200
四	$0.005A_c$，$4\phi12$	6	200	$0.004A_c$，$4\phi12$	6	250

注：1. A_c 为边缘构件的截面面积；

2. 其他部位的拉筋，水平间距不应大于纵筋间距的 2 倍；转角处宜采用箍筋；

3. 当端柱承受集中荷载时，其纵向钢筋、箍筋直径和间距应满足柱的相应要求。

本工程勾选。

（10）按凝土规范 B.0.4 条考虑柱二阶效应：

默认不勾选，一般不需要改，对排架结构柱，应勾选。对于非排架结构，如认为《混规》6.2.4 条的配筋结果过小，也可勾选；勾选该参数后，相同内力情况下，柱配筋与旧版程序基本相当。

（11）次梁设计执行《高规》5.2.3-4 条

程序默认为勾选。《高规》5.2.3-4：在竖向荷载作用下，可考虑框架梁端塑性变形内力重分布对梁端负弯矩乘以调幅系数进行调幅，并应符合下列规定：截面设计时，框架梁跨中截面正弯矩设计值不应小于竖向荷载作用下按简支梁计算的跨中弯矩设计值的 50%。

（12）柱剪跨比计算原则

程序默认为简化方式。在实际设计中，两种方式均可以，均能满足工程的精度要求。

（13）指定的过渡层个数及相应的各过渡层层号

默认为 0，不修改。《高规》7.2.14-3 条规定：B 级高度高层建筑的剪力墙，宜在约束边缘构件层与构造边缘构件层之间设置 1~2 层过渡层。程序不能自动判断过渡层，用户可在此指定。

（14）梁、柱保护层厚度

应根据工程实际情况查《混规》表 8.2.1。混凝土结构设计规中有说明，保护层厚度指截面外边缘至最外层钢筋（箍筋、构造筋、分布筋等）外缘的距离。

（15）梁柱重叠部分简化为刚域：

一般不选；大截面柱和异形柱应考虑选择该项；考虑后，梁长变短，刚度变大，自重变小，梁端负弯矩变小。

（16）钢柱计算长度系数

该参数仅对钢结构有效，对混凝土结构不起作用，通常钢结构宜选择"有侧移"，如不考虑地震、风作用时，可以选择"无侧移"。

无侧移与填充墙无关，与支撑的抗侧刚度有关。钢结构建筑满足《抗规》相应要求，而层间位移不大于 1/1000 时，方可考虑按无侧移方法取计算长度系数。有支撑就认为结构无侧移的说法也是不对的。填充墙更不能做为考虑无侧移的条件。桁架计算长度是按无侧移取的。

(17) 柱配筋计算原则：

默认为按单偏压计算，一般不需要修改。〔单偏压〕在计算 X 方向配筋时不考虑 Y 向钢筋的作用，计算结果具有唯一性，详《混规》7.3 节；而〔双偏压〕在计算 X 方向配筋时考虑了 Y 向钢筋的作用，计算结果不唯一，详见《混规》附录 F。建议采用〔单偏压〕计算，采用〔双偏压〕验算。《高规》6.2.4 条规定，"抗震设计时，框架角柱应按双向偏心受力构件进行正截面承载力设计"。如果用户在＜特殊构件补充定义＞中"特殊柱"菜单下指定了角柱，程序对其自动按照〔双偏压〕计算。对于异形柱结构，程序自动按〔双偏压〕计算异形柱配筋。

注：1. 角柱是指建筑角部柱的两个方向各只有一根框架梁与之相连的框架柱，故建筑凸角处的框架柱为角柱，而凹角处框架柱并非角柱。

2. 全钢结构中，指定角柱并选《高钢规》验算时，程序自动按《高钢规》5.3.4 条放大角柱内力 30％。一般单偏压计算，双偏压验算；考虑双向地震时，采用单偏压计算；对于异形柱，结构程序自动采用双偏压计算。

7. 配筋信息（图 12-7）

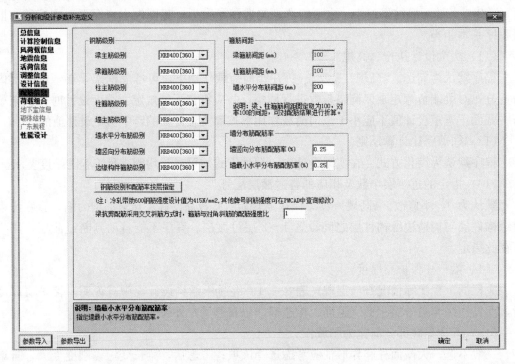

图 12-7　SATWE 配筋信息页

（1）梁主筋级别、梁箍筋级别、柱主筋级别、柱箍筋级别、墙主筋级别、墙水平分布筋级别、墙竖向分布筋级别、边缘构件箍筋级别

一般应根据实际工程填写，主筋一般都填写为 HRB4000，箍筋也以 HRB400 居多。

（2）梁、柱箍筋间距

程序默认为 100mm，不可修改。

（3）墙水平分布筋间距

抗震墙的竖向和横向分布钢筋的间距不宜大于 300mm，部分框支抗震墙结构的落地

150

抗震墙底部加强部位，竖向和横向分布钢筋的间距不宜大于 200mm。

在实际设计中一般填写 200mm。

（4）墙竖向分布筋配筋率

一、二、三级抗震墙的竖向和横向分布钢筋最小配筋率均不应小于 0.25%，四级抗震墙分布钢筋最小配筋率不应小于 0.20%。高度小于 24m 且剪压比很小的四级抗震墙，其竖向分布筋的最小配筋率应允许按 0.15% 采用。部分框支抗震墙结构的落地抗震墙底部加强部位，竖向和横向分布钢筋配筋率均不应小于 0.3%。

（5）墙最小水平分布筋配筋率

一、二、三级抗震墙的竖向和横向分布钢筋最小配筋率均不应小于 0.25%，四级抗震墙分布钢筋最小配筋率不应小于 0.20%。部分框支抗震墙结构的落地抗震墙底部加强部位，竖向和横向分布钢筋配筋率均不应小于 0.3%。

（6）梁抗剪配筋采用交叉斜筋方式时，箍筋与对角斜筋的配筋强度比

一般可按默认值 1.0 填写。《混规》11.7.10 对此作了相关的规定。其属性可在"特殊梁"中指定。当采用"交叉斜筋"方式时，需要用户指定"箍筋与对角斜筋的配筋强度比"参数，一般可取 0.6～1.2，详见《混规》第 11.7.10-1 条。经计算后，程序会给出 A_{sd} 面积，单位 cm²。

（7）钢筋级别与配筋率按层指定

可以分层指定构件纵筋、箍筋的级别、墙竖向、墙水平方向纵筋配筋率。

8. 荷载组合（图 12-8）

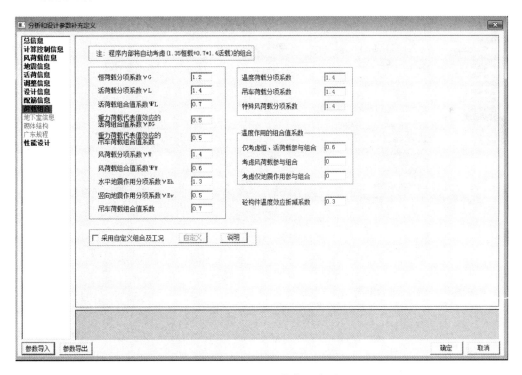

图 12-8 SATWE 荷载组合页

（1）一般来说，本页中的这些系数是不用修改的，因为程序在做内力组合时是根据规

范的要求来处理的。只有在有特殊需要的时候，一定要修改其组合系数的情况下，才有必要根据实际情况对相应的组合系数做修改。

《荷规》第 3.2.5 条

基本组合的荷载分项系数，应按下列规定采用：

1）永久荷载的分项系数：

① 当其效应对结构不利时

一对由可变荷载效应控制的组合，应取 1.2；

一对由永久荷载效应控制的组合，应取 1.35。

② 当其效应对结构有利时的组合，应取 1.0。

2）可变荷载的分项系数：

一般情况下取 1.4；

对标准值大于 $4kN/m^2$ 的工业房屋楼面结构的活荷载取 1.3。

（2）采用自定义组合及工况

点取〔采用自定义组合及工况〕按钮，程序弹出对话框，用户可自定义荷载组合。首次进入该对话框，程序显示缺省组合，用户可直接对组合系数进行修改，或者通过下方的按钮增加、删除荷载组合。删除荷载组合时，需首先点击要删除的组合号，然后点删除按钮。用户修改的信息保存在 SAT_LD.PM 和 SAT_LF.PM 文件中，如果要恢复缺省组合，删除这两个文件即可。

9. 地下室信息（图 12-9）

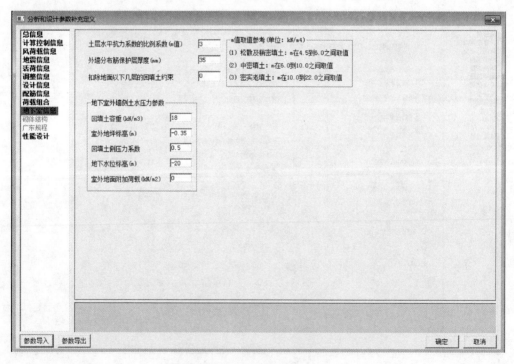

图 12-9　SATWE 地下室信息页

地下室层数为零时，"地下室信息"页为灰，不允许选择；在 PMCAD 设计信息中填入地下室层数时，"地下室信息"页变亮，允许选择。

当四周有覆土、地下室相关范围刚度满足规范要求、水平力在地下室顶板处传递连续、板厚满足规范要求时，一般可将嵌固端定在地下室顶板处，这样的模型比较理想，也比较经济。地下室部分刚度大时（满足规范要求），地下室顶板处水平位移较小，同时若地下室四周覆土约束住了地下室水平扭转变形，地下室部分可不考虑地震作用。当不是四周有覆土时，比如三面有覆土，且地下室形状比较规则，地震作用下地下室扭转变形较小时，我们应该"抓大放小"，较准确地模拟结构的边界条件，将嵌固端定位地下室顶板处，但是用该上述边界条件模拟整个结构受力会对某些构件不利，此时应该分别取不同的嵌固端，进行包络设计。当地下室覆土较小且地下室最终的扭转变形较大时，应当满足结构的实际受力情况，将嵌固端下移。地下室设计时，有两个关键要点，第一是刚度比约束水平位移，第二是四周覆土约束水平扭转变形。

（1）土层水平抗力系数的比值系数（m值）

默认值为3，需修改。土层水平抗力系数的比例系数m，其计算方法即是土力学中水平力计算常用的m法。m值的大小随土类及土状态而不同；对于松散及稍密填土，m在4.5～6.0之间取值；对于中密填土，m在6.0～10.0之间取值；对于密实老填土，m在10.0～22.0之间取值。需要注意的是，负值仍保留原有版本的意义，即为绝对嵌固层数。该值≤地下室层数，如果有2层地下室，该值填写－2，则表示2层地下室无水平位移。

土层水平抗力系数的比例系数m，用m值求出的地下室侧向刚度约束呈三角形分布，在地下室顶层处为0，并随深度增加而增加。

（2）外墙分布筋保护层厚度

默认值为35，一般可根据实际工程填写，比如南方地区，当做了防水处理措施时，可取30mm。根据《混规》表8.2.1选择，环境类别见表3.5.2。在地下室外围墙平面外配筋计算时用到此参数。外墙计算时没有考虑裂缝问题；外墙中的边框柱也不参与水土压力计算。《混规》8.2.2-4条：对地下室墙体采取可靠的建筑防水做法或防护措施时，与土层接触一侧钢筋的保护层厚度可适当减少，但不应小于25mm。《耐久性规范》3.5.4条：当保护层设计厚度超过30mm时，可将厚度取为30mm计算裂缝最大宽度。

（3）扣除地面以下几层的回填土约束

默认值为0，一般不改。该参数的主要作用是由设计人员指定从第几层地下室考虑基础回填土对结构的约束作用，比如某工程有3层地下室，"土层水平抗力系数的比例系数"填10，若设计人员将此项参数填为1，则程序只考虑地下3层和地下2层回填土对结构有约束作用，而地下1层则不考虑回填土对结构的约束作用。

（4）回填土重度

默认值为18，一般不改。该参数用来计算回填土对地下室侧壁的水平压力。建议一般取18.0。

（5）室外地坪标高（m）

默认值为－0.45，一般按实际情况填写。当用户指定地下室时，该参数是指以结构地下室顶板标高为参照，高为正、低为负（目前的《用户手册》及其他相关资料中对该项参数的描述均有误）；当没有指定地下室时，则以柱（或墙）脚标高为准。单建式地下室的室外地坪标高一般均为正值。建议一般按实际情况填写。

（6）回填土侧压力系数

默认值为0.5，建议一般不改。

该参数用来计算回填土对地下室外墙的水平压力。由于地下车库外墙在净高范围内的土压力由于墙顶部的位移可认为等于0，因此应按静止土压力计算。根据《2003技术措施》中2.6.2条，"地下室侧墙承受的土压力宜取静止土压力"，而静止土压力的系数可近似按 $K_0 = \sin\varphi$（土的内摩擦角＝30°）计算。建议一般取默认值0.5。当地下室施工采用护坡桩时，该值可乘以折减系数0.66后取0.33。

注：手算时，回填土的侧压力宜按恒载考虑，分项系数根据荷载效应的控制组合取1.2或1.35。

（7）地下水位标高（m）

该参数标高系统的确定基准同〔室外地坪标高〕，但应满足≤0。建议一般按实际情况填写。若勘察未提供防水设计水位和抗浮设计水位时，宜从填土完成面（设计室外地坪）满水位计算。上海地区，一般情况可按设计室外地坪以下0.5m计算。

（8）室外地面附加荷载

该参数用来计算地面附加荷载对地下室外墙的水平压力。建议一般取 $5.0kN/m^2$（详见《2009技术措施-结构体系》F.1-4条7）。

10. 地下室信息（图12-10）

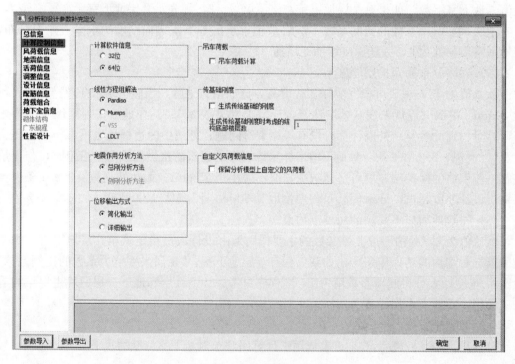

图12-10　计算控制参数

参数注释：

（1）地震作用分析方法

1）侧刚分析方法

"侧刚分析方法"是一种简化计算方法，只适用于采用楼板平面内无限刚假定的普通建筑和采用楼板分块平面内无限刚假定的多塔建筑。对于这类建筑，每层的每块刚性楼板只有两个独立的平动自由度和一个独立的转动自由度。"侧刚计算方法"的应用范围是有限，对于定义有较大范围的弹性楼板、有较多不与楼板相连的构件（如错层结构、空旷的工业厂房、体育馆所等）或有较多的错层构件的结构，"侧刚分析方法"不适用，而应采用"总刚分析方法"。

大多数工程一般都在刚性楼板假定下算查看移比、周期比，再用总刚分析方法进行结构整体内力分析与计算。

2）总刚分析方法

"总刚分析方法"就是直接采用结构的总刚和与之相应的质量阵进行地震反应分析。"总刚"的优点是精度高，适用方法广，可以准确分析出结构每层每根构件的空间反应。通过分析计算结果，可以发现结构的刚度突变部位、连接薄弱的构件以及数据输入有误的部位等。其不足之处是计算量大，比"侧刚"计算量大数倍。这是一种真实的结构模型转化成的结构刚度模型。

对于没有定义弹性楼板且没有不与楼板相连构件的工程，"侧刚"与"总刚"的计算结果是一致的。对于定义了弹性楼板的结构（如使用 SATWE 进行空旷厂房的三维空间分析时，定义轻钢屋面为"弹性膜"），应使用"总刚分析方法"进行结构的地震作用分析。鉴于目前的电脑运行速度已经较快，故建议对所有的结构均采用"总刚模型"进行计算。

结构整体计算时选择总刚分析方法，则结构本身的周期、振型等固有特性，即周期值和各周期振型的平动系数和扭转系数不会改变，但平动系数在两个方向的分量会有所改变。而侧刚模型是为减少结构的自由度而采取的一种简化计算方法，结构旋转一定角度后，结构简化模型的侧向刚度将随之改变，结构的周期和振型都会发生变化。因此建议在结构整体计算时，在各种情况下均应采用总刚模型，不应采用侧刚模型。

（2）线性方程组解法

程序默认为 pardiso。"VSS 向量稀疏求解器"是一种大型稀疏对称矩阵快速求解方法；"LDLT 三角分解"是通常所用的非零元素下的三角求解方法。"VSS 向量稀疏求解器"在求解大型、超大型方程时要比"LDLT 三角分解"方法快很多。

（3）位移输出方式［简化输出］或［详细输出］

当选择"简化"时，在 WDISP. OUT 文件中仅输出各工况下结构的楼层最大位移值，不输出各节点的位移信息。按"总刚"进行结构的振动分析后，在 WZQ. OUT 文件中仅输出周期、地震力，不输出各振型信息。若选择"详细"时，则在前述的输出内容的基础上，在 WDISP. OUT 文件中还输出各工况下每个节点的位移，WZQ. OUT 文件中还输出各振型下每个节点的位移。

（4）生成传给基础的刚度

勾选后，上部结构刚度与基础共同分析，更符合实际受力情况，即上下部共同工作，

一般也会更经济。如果基础计算不采用 JCCAD 程序进行，则选与不选都没关系。JCCAD 中有个参数，需要上部结构的刚度凝聚。详见 JCCAD 的用户手册。

11. ATWE 计算参数控制

点击【SATWE 分析设计/生成数据＋全部计算】，弹出"SATWE 计算参数"对话框，如图 12-11 所示。

12. "刚性楼板"与"弹性搂板"

（1）刚性楼板

刚性楼板是指平面内刚度无限大，平面外刚度为 0，内力计算时不考虑平面内外变形，与板厚无关，程序默认楼板为刚性楼板。

（2）弹性楼板

弹性楼板必须以房间为单元进行定义，与板厚有关，分以下三种情况：

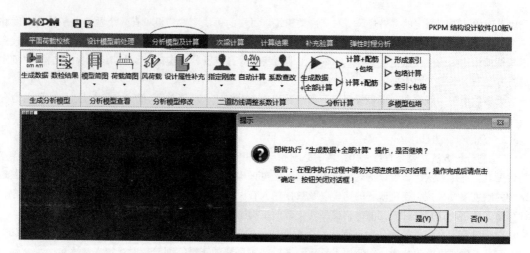

图 12-11　SATWE 计算控制

弹性楼板 6：程序真实考虑楼板平面内、外刚度对结构的影响，采用壳单元，原则上适用于所有结构。但采用弹性楼板 6 计算时，楼板和梁共同承担平面外弯矩，梁的配筋偏小，计算时间长，因此该模型仅适用板柱结构。

弹性楼板 3：程序设定楼板平面内刚度为无限大，真实考虑平面外刚度，采用壳单元，因此该模型仅适用厚板结构。

弹性膜：程序真实考虑楼板平面内刚度，而假定平面外刚度为零。采用膜剪切单元，因此该模型适用钢楼板结构。

12.2　SATWE 计算结果分析与调整

12.2.1　某工程模型调整思路

1. 根据结构布置建立一个初步的结构模型，该模型以一个标准层为基准，根据层数及层高进行简单组装；计算时假定模型中梁两端为铰接，不考虑地震作用及配筋情况下（计算速度快）求出各楼层墙肢轴压比，以符合"剪力墙轴压比基本接近"的要求；比较计算轴压比及规范规定的轴压比限值，调整墙肢的长度、宽度及混凝土强度等级，并对模型进行修改，此次修改将形成多个标准层，将铰接梁改为刚接梁进行第二次计算，分析计算结果中的周期比、位移比、层间位移角等结构整体计算指标是否满足规范要求。

2. 计算调整

（1）若弹性层间位移角不满足规范要求，可查看位移文件以确定哪些楼层位移角超限，一般情况是结构中上部楼层超限，若超限不多，可通过提高剪力墙变厚度位置加以解决，否则需增加剪力墙的布置量或关键连梁的高度。

（2）若周期比、位移比不满足规范要求，可采取以下措施：

① 增加周边连梁高度，以增加结构外围刚度。

② 减少结构中部剪力墙布置量及降低连梁高度以增大结构的平动周期而间接改善周

期比、位移比。

③ 查看结构空间振型曲线，找出位移最大点，在该位置处适当增加剪力墙布置量，再计算以使周期比、位移比、层间位移角满足规范要求。若层间位移角较规范限值富余较多，应适当调整梁布置及减小梁截面，将部分连接复杂的梁改为铰接梁，以降低梁刚度，从而减小地震作用，降低成本。

12.2.2 剪重比

剪重比即最小地震剪力系数 λ，主要是控制各楼层最小地震剪力，尤其是对于基本周期大于 3.5s 的结构，以及存在薄弱层的结构。

剪重比的本质是地震影响系数与振型参数系数。对于普通的多层结构，一般均能满足最小剪重比要求，对于高层结构，当结构自振周期在 0.1s～特征周期之间时，地震影响系数不变。广州容柏生建筑结构设计事务所廖耘，柏生，李盛勇在《剪重比的本质关系推导及其对长周期超高层建筑的影响》一文中做了相关阐述：对剪重比影响最大的是振型参与系数，该参数与建筑体型分布，各层用途有关，与该振型各质点的相对位移及相对质量有关。当结构总重量恒定时，振型相对位移较大处的重量越大，则该振型的振型参与质量系数越大，但对抗震不利。保持质量分布不变的前提下，直接减小结构总质量可以加大计算剪重比，但这很困难。在保持质量不变的前提下，直接加大结构刚度也可以加大计算剪重比，但可能要付出较大的代价。

在实际设计中，对于普通的高层结构，如果底部某些楼层剪重比偏小，改变结构层高的可能性一般不大，一般是增加结构整体刚度（往往增加结构外围墙长，更有利于抗扭，位移比及周期比的调整），同时减少结构内边的墙（减轻结构自重的同时，更有利于位移比、周期比的调整）。提高振型参与质量系数的最好办法，还是增加结构整体刚度。考虑到反应谱长周期段本身的一些缺陷，保证长周期超高层建筑具有足够的抗震承载力和刚度储备是必要的。可不必强求计算剪重比，而应考虑采用放大剪重比并通过修改反应谱曲线的方法来使结构达到一定的设计剪重比，或采用更严格的位移限值来控制结构变形。

（1）规范规定

《抗规》5.2.5：抗震验算时，结构任一楼层的水平地震剪力应符合下式要求：

$$V_{eki} > \lambda \sum_{j=i}^{n} G_j \tag{12-1}$$

式中　V_{eki}——第 i 层对应于水平地震作用标准值的楼层剪力；

　　　λ——剪力系数，不应小于楼层最小地震剪力系数值，对竖向不规则结构的薄弱层，尚应乘以 1.15 的增大系数；

　　　G_j——第 j 层的重力荷载代表值。

（2）计算结果查看

【SATWE 分析设计/计算结果/文本查看/旧版文本查看】→【周期、振型、地震力（WZQ. OUT）】，最终查看结果如图 12-12、图 12-13 所示。

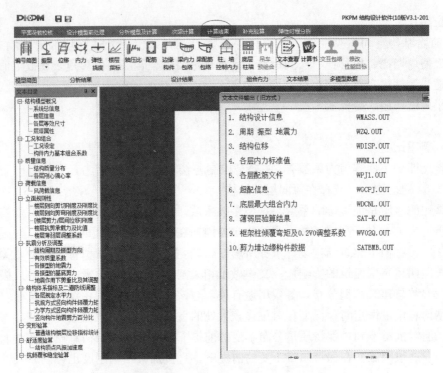

图 12-12　计算结果/旧版文本查看

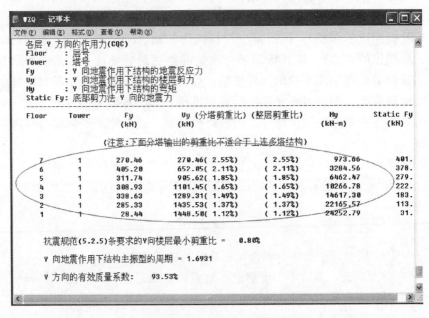

图 12-13　剪重比计算书

（3）剪重比不满足规范规定时的调整方法

1）程序调整

在 SATWE 的"调整信息"中勾选"按抗震规范 5.2.5 调整各楼层地震内力"后，

SATWE 按《抗规》5.2.5 自动将楼层最小地震剪力系数直接乘以该层及以上重力荷载代表值之和，用以调整该楼层地震剪力，以满足剪重比要求。

调整信息中提供了强、弱轴方向动位移比例，当剪重比满足规范要求时，可不对此参数进行设置。若不满足就分别用 0，0.5，1.0 这几个规范指定的调整系数来调整剪重比。如果平动周期<特征周期，处于加速度控制段，则各层的剪力放大系数相同，此时动位移比例填 0；如果特征周期≤平动周期≤5 倍特征周期，处于速度控制段，此时动位移比例可填 0.5；如果平动周期>5 倍特征周期，处于位移控制段，此时动位移比例可填 1。

注：弱轴就是指结构长周期方向，强轴指短周期方向，分别给定强、弱轴两个系数，方便对两个方向采用有可能不同的调整方式，对于多塔的情况，比较复杂，只能通过自定义调整系数的方式来进行剪重比调整。

2）人工调整

如果需人工干预，可按下列三种情况进行调整：

① 当地震剪力偏小而层间侧移角又偏大时，说明结构过柔，宜适当加大墙、柱截面，提高刚度；

② 当地震剪力偏大而层间侧移角又偏小时，说明结构过刚，宜适当减小墙、柱截面，降低刚度以取得合适的经济技术指标；

③ 当地震剪力偏小而层间侧移角又恰当时，可在 SATWE 的"调整信息"中的"全楼地震作用放大系数"中输入大于 1 的系数增大地震作用，以满足剪重比要求。

（4）设计时要注意的一些问题

① 对高层建筑而言，结构剪重比一般底层最小，顶层最大，故实际工程中，结构剪重比一般由底层控制。

② 剪重比不满足要求时，首先要检查有效质量系数是否达到 90%。剪重比是反映地震作用大小的重要指标，它可以由"有效质量系数"来控制，当"有效质量系数"大于 90% 时，可以认为地震作用满足规范要求，若没有，则有以下几个方法：a. 查看结构空间振型简图，找到局部振动位置，调整结构布置或采用强制刚性楼板，过滤掉局部振动；b. 由于有局部振动，可以增加计算振型数，采用总刚分析；c. 剪重比仍不满足时，对于需调整楼层层数较少（不超过楼层总数的 15%），且剪重比与规范限值相差不大（地震剪力调整系数不大于 1.17）时，可以通过选择 SATWE 的相关参数来达到目的，也可以提前和审图公司沟通，看他们可接受多少层剪重比不满足规范要求。剪重比不满足规范要求，还应检查周期折减系数是否取值正确。

③ 控制剪重比的根本原因在于建筑物周期很长的时候，由振型分解法所计算出的地震效应会偏小。剪重比与抗震设防烈度、场地类别、结构形式和高度有关，对于一般多、高层建筑，最小的剪重比值往往容易满足，高层建筑，由于结构布置原因，可能出现底部剪重比偏小的情况，在满足规范规定时，没必要刻意去提高，规范规定剪重比主要是增加结构的安全储备。地下室楼层，无论地下室顶板是否作为上部结构的嵌固部位，均不需要满足规范的地震剪力系数要求。非结构意义上的地下室除外。

④ 4% 左右的剪重比对多层框架结构应该是合理的。结构体系对剪重比的计算数值影响较大，矮胖型的钢筋混凝土框架结构一般剪重比比较大，体型纤细的长周期高层建筑一

般剪重比会比较小。

⑤ 周期比调整的过程中，减法很重要，剪重比调整的过程中，也可以采用这种方法。实在没有办法时，现在好多设计单位都玩"数字游戏"，比如减小周期折减系数，填写：水平力与整体坐标夹角。

12.2.3 周期比

(1) 规范规定

《高规》3.4.5：结构扭转为主的第一自振周期 T_t 与平动为主的第一自振周期 T_1 之比，A 级高度高层建筑不应大于 0.9，B 级高度高层建筑、超过 A 级高度的混合结构及本规程第 10 章所指的复杂高层建筑不应大于 0.85。

(2) 计算结果查看

【SATWE 分析设计/计算结果/文本查看/旧版文本查看】→【周期、振型、地震力 (WZQ. OUT)】，最终查看结果如图 12-14 所示。

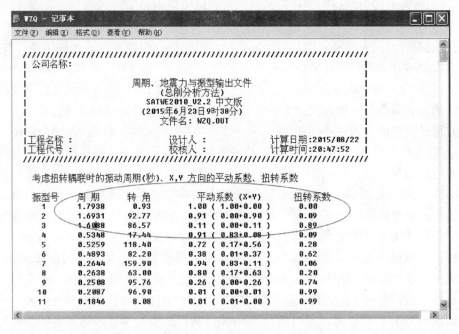

图 12-14　周期数据计算书

(3) 周期比不满足规范规定时的调整方法

① 程序调整：SATWE 程序不能实现。

② 人工调整：人工调整改变结构布置，提高结构的扭转刚度。总的调整原则是加强结构外围墙、柱或梁的刚度（减小第一扭转周期），适当削弱结构中间墙、柱的刚度（增大第一平动周期）。周边布置要均匀、对称、连续，有较大凹凸的部位加拉梁等（减小变形）。

③ 当不满足周期比时，若层位移角控制潜力较大，宜减小结构内部竖向构件刚度，增大平动周期；当不满足周期比时，且层位移角控制潜力不大，应检查是否存在扭转刚度特别小的楼层，若存在则应加强该楼层（构件）的抗扭刚度；当周期比不满足规

范要求且层位移角控制潜力不大,各层抗扭刚度无突变时,则应加大整个结构的抗扭刚度。

(4) 设计时要注意的一些问题

① 控制周期比主要是为了控制当相邻两个振型比较接近时,由于振动耦联,结构的扭转效应增大。周期比不满足要求时,一般只能通过调整平面布置来改善,这种改变一般是整体性的。局部小的调整往往收效甚微。周期比不满足要求,说明结构的扭转刚度相对于侧移刚度较小,调整原则是加强结构外部,或者虚弱内部,由于是虚弱内部的刚度,往往起到事半功倍的效果。

② 周期比是控制侧向刚度与扭转刚度之间的一种相对关系,而非其绝对大小,它的目的是使抗侧力构件的平面布置更有效、更合理,使结构不至于出现过大的扭转效应,控制周期比不是要求结构是否足够结实,而是要求结构承载布局合理。多层结构一般不要求控制周期比,但位移比和刚度比要控制,避免平面和竖向不规则,以及进行薄弱层验算。位移比本质是扭转变形,傅学怡《实用高层建筑结构设计》(第二版)指出:位移比指标是扭转变形指标,而周期比是扭转刚度指标。但周期比的本质其实也是扭转变形,因为扭转刚度指标在某些特殊情况下(比如偏心荷载)作用下,也会产生扭转变形。扭转变形也是相对扭转变形,对于复杂建筑,比如蝶形建筑,有时候蝶形一侧四周应加长墙去形成"稳"的盒子,多个盒子稳固了,则无论平面度复杂,一般需要较小的代价就能满足周期比、位移比,否则不形成稳的盒子,需要利用到相当刚度与相对扭转变形的概念,平面的不规则,质心与刚心偏心距太大,模型很难调过。

③ 一般情况下,周期最长的扭转振型对应第一扭转周期 T_t,周期最长的平动振型对应第一平动周期 T_1,但也要查看该振型基底剪力是否比较大,在"结构整体空间振动简图"中,是否能引起结构整体振动,局部振动周期不能作为第一周期。当扭转系数大于0.5时,可认为该振型是扭转振型,反之为平动振型。

④ 对于某个特定的地震作用引起的结构反应而言,一般每个参与振型都有着一定的贡献,贡献最大的振型就是主振型;贡献指标的确定一般有两个,一是基底剪力的贡献大小,二是应变能的贡献大小。基底剪力的贡献大小比较直观,容易接受。结构动力学认为,结构的第一周期对应的振型所需的能量最小,第二周期所需要的能量次之,依次往后推,而由反应谱曲线可知,第一振型引起的基底反力一般来说都比第二振型引起的基底反力要小,因为过了 T_g,反应谱曲线是下降的。无论是结构动力学还是反应谱曲线分析方法,都是花最小的"代价"激活第一周期。

多层结构,宜满足周期比,但《高规》中不是限值。满足有困难时,可以不满足,但第一振型不能出现扭转。高层结构:应满足周期比。在一定的条件下,也可以突破规范的限值。当层间位移角不大于规范限值的40%,位移角小于1.2时,其限值可以适当放松,但不应超过0.95。平动成分超过80%就是比较纯粹的平动。

⑤ 周期比其实是小震不坏,大震不倒的一个抗震措施。对于小震可以按弹性计算,对于大震无法按弹性计算,通常只有通过这些措施来控制结构的大震不倒。小震时如果位移比过大,并且扭转周期比过大,在大震的时候就容易出现边跨构件位移过大而破坏,风荷载的计算机理完全是另外一种方法,是实实在在的荷载,按弹性状态来进行设计的。周期比是抗震的控制措施,非抗震时可不用控制。

⑥ 对于位移比和周期等控制应尽量遵循实事，而不是一味要求“采用刚性板假定”。不用刚性板假定，实际周期可能由于局部振动或结构比较弱，周期可能较长，周期比也没有意义，但不代表有意义的比值就是真实周期体现。在设计时，可以采用弹性板计算结构的周期，但要区分哪些是局部振动或较弱构件的周期，因为其意义不大。当然也可以采用刚性楼板假定去过滤掉那些局部振动或较弱构件的周期，前提条件是结构楼板的假定符合刚性楼板假定，当不符合时，应采用一定的构造措施符合。

12.2.4 位移比

（1）规范规定

《高规》3.4.5：结构平面布置应减少扭转的影响。在考虑偶然偏心影响的规定水平地震力作用下，楼层竖向构件最大的水平位移和层间位移，A 级高度高层建筑不宜大于该楼层平均值的 1.2 倍，不应大于该楼层平均值的 1.5 倍；B 级高度高层建筑、超过 A 级高度的混合结构及本规程第 10 章所指的复杂高层建筑不宜大于该楼层平均值的 1.2 倍，不应大于该楼层平均值的 1.4 倍。

注：当楼层的最大层间位移角不大于本规程第 3.7.3 条规定的限值的 40%时，该楼层竖向构件的最大水平位移和层间位移与该楼层平均值的比值可适当放松，但不应大于 1.6。

（2）计算结果查看

【SATWE 分析设计/计算结果/文本查看/旧版文本查看】→【结构位移（WDISP. OUT)】，最终查看结果如图 12-15 所示，位移比小于 1.4，满足规范要求。

```
WDISP - 记事本
文件(F)  编辑(E)  格式(O)  查看(V)  帮助(H)
 === 工况   7 === X 方向风荷载作用下的楼层最大位移

 Floor  Tower     Jmax      Max-(X)     Ave-(X)     Ratio-(X)      h
                  JmaxD     Max-Dx      Ave-Dx      Ratio-Dx    Max-Dx/h     DxR/Dx      Ratio_AX
   7      1        441       5.07        4.78        1.06        3600.
                   454       0.25        0.23        1.08       1/9999.      87.7%        1.00
   6      1        423       4.83        4.56        1.06        3600.
                   391       0.46        0.43        1.06       1/7888.      43.6%        1.45
   5      1        371       4.37        4.13        1.06        3600.
                   371       0.66        0.62        1.06       1/5452.      27.5%        1.57
   4      1        318       3.71        3.50        1.06        3600.
                   318       0.84        0.80        1.06       1/4270.      22.1%        1.55
   3      1        263       2.87        2.68        1.07        3600.
                   228       1.04        0.97        1.07       1/3470.       7.3%        1.32
   2      1        206       1.83        1.71        1.07        5600.
                   206       1.73        1.62        1.07       1/3228.      78.4%        1.09
   1      1        109       0.10        0.09        1.05        1500.
                   109       0.10        0.09        1.05       1/9999.      99.3%        0.20

  X方向最大层间位移角:                  1/3228.(第  2层第  1塔)
  X方向最大位移与层平均位移的比值:          1.07(第  2层第  1塔)
  X方向最大层间位移与平均层间位移的比值:    1.08(第  7层第  1塔)

 === 工况   8 === Y 方向风荷载作用下的楼层最大位移

 Floor  Tower     Jmax      Max-(Y)     Ave-(Y)     Ratio-(Y)      h
                  JmaxD     Max-Dy      Ave-Dy      Ratio-Dy    Max-Dy/h     DyR/Dy      Ratio_AY
   7      1        469      11.35       10.50        1.08        3600.
```

图 12-15　位移比和位移角计算书

（3）位移比不满足规范规定时的调整方法

① 程序调整：SATWE 程序不能实现。

② 人工调整：改变结构平面布置，加强结构外围抗侧力构件的刚度，减小结构质心

与刚心的偏心距。点击【SATWE/分析结果图形和文本显示/文本文件输出/结构位移】，找出看到的最大的位移比，记住该位移比所在的楼层号及对应的节点编号。点击【SATWE/分析结果图形和文本显示/各层配筋构件编号简图】，在右边菜单中点击【换层显示】，切换到最大位移比所在的楼层号，然后点击【搜索构件/节点】，输入记下的编号，程序会自动显示该节点的位置，再加强该节点对应的墙、柱等构件的刚度。

（4）设计时要注意的一些问题

① 位移比即楼层竖向构件的最大水平位移与平均水平位移的比值。层间位移比即楼层竖向构件的最大层间位移角与平均层间位移角的比值；最大位移 Δ_u 以楼层最大的水平位移差计算，不扣除整体弯曲变形。位移比是考察结构扭转效应，限制结构实际的扭转的量值。扭转所产生的扭矩，以剪应力的形式存在，一般构件的破坏准则通常是由剪切决定的，所以扭转比平动危害更大。

② 刚心质心的偏心大小并不是扭转参数是否能调合理的主要因素。判断结构扭转参数的主要因素不是刚心质心是否重合，而是由结构抗扭刚度和因刚心质心偏心产生的扭转效应的比值来决定的。换而言之，就是虽然刚心质心偏心比较大，但结构的抗扭刚度更大，足以抵抗刚心质心偏心产生的扭转效应。所以调整结构的扭转参数的重点不是非要把刚心和质心调完全重合（实际工程这种可能性是比较小的），重点在于调整结构抗扭刚度和因刚心质心偏心产生的扭转效应的比值，同时兼顾调整刚心和质心的偏心。

③ 验算位移比时一般应选择"强制刚性楼板假定"，但目的是为了有一个量化参考标准，而不是这样的概念才是正确，软件设置需要一个包络设计，能涵盖大部分结构工程，而且符合规范要求。做设计时，应尽量遵循实事求是的原则，而不是一味要求"采用刚性板假定"，对于有转换层等复杂高层建筑，由于采用刚性楼板假定可能会失真，不宜采用刚性楼板的假定。当结构凸凹不规则或楼板局部不连续时，应采用符合楼板平面内实际刚度变化的计算模型或者采取一定的构造措施符合刚性楼板假定。位移比应考虑偶然偏心、不考虑双向地震作用。验算位移比之前，周期需要按 WZQ 重新输入，并考虑周期折减系数。

④ 位移比其实是小震不坏、大震不倒的一个抗震措施。对于小震可以按弹性计算，对于大震无法按弹性计算，通常只有通过这些措施来控制结构的大震不倒。小震时如果位移比过大，并且扭转周期比过大，在大震的时候就容易出现边跨构件位移过大而破坏，风荷载的计算机理完全是另外一种方法，是实实在在荷载，按弹性状态来进行设计的，位移比大也可能（一般不用考虑风荷载作用下的位移比），算出来边跨结构构件的力就大，构件相应满足计算要求就是。位移比是抗震的控制措施，非抗震时可不用控制。

⑤《抗规》3.4.3 和《高规》3.4.5 对"扭转不规则"采用"规定水平力"定义，其中《抗规》条文："在规定水平力下楼层的最大弹性水平位移或（层间位移），大于该楼层两端弹性水平位移（或层间位移）平均值的 1.2 倍"。根据 2010 版抗震规范，楼层位移比不再采用根据 CQC 法直接得到的节点最大位移与平均位移比值计算，而是根据给定水平力下的位移计算。CQC（Complete Quadratic Combination），即完全二次项组合方法，其不光考虑到各个主振型的平方项，而且还考虑到耦合项，将结构各个振型的响应在概率的基础上采用完全二次方开方的组合方式得到总的结构响应，每一点都是最大值，可能出现两端位移大，中间位移小，所以 CQC 方法计算的结构位移比可能偏小，有时不能真实地反映结构的扭转不规则。

⑥ 两端（X 方向或 Y 方向）刚度接近（均匀）或外部刚度相对于内部刚度合理才位

移比小，在实际设计中，位移比可不超过 1.4 并且允许两个不规则，对于住宅来说，位移比控制在 1.2 以内一般难度较大，3 个或 3 个以上不规则，就要做超限审查。由于规范控制的位移比是基于弹性位移，位移比的定义初衷，主要是避免刚心和质量中心不在一个点上引起的扭转效应，而风荷载与地震作用都能引起扭转效应，所以风荷载作用下的位移比也应该考虑，做沿海项目时经常会遇到风荷载作用下的位移比较大的情况。从另一个角度考虑，地震作用下考虑位移比的初衷如果是：位移比大于 1.4 时，在中震、大震的作用下，结构受力很不好，破坏严重，则风荷载作用下可不考虑位移比（因为最大风压为固定值，没有"中震""大震"这一说法，由于初衷无法考察，姑且考虑风荷载作用下的位移比偏保守）。

当位移比超限时，可以在 SATWE 找到位移大的节点位置，通过增加墙长（建筑允许）、加局部剪力墙、柱截面（建筑允许）或加梁高（建筑允许）减小该节点的位移，此时还应加大与该节点相对一侧墙、柱的位移（减墙长、柱截面及梁高）。当位移比超限时，可以根据位移比的大小调整加墙长的模数，一般，墙身模数至少 200mm，翼缘 100mm，如果位移比超限值不大，按以上模数调整模型计算分析即可，如果位移比超出限值很大，可以按更大的模数，比如 500～1000mm，此模数的选取，还可以先按建筑给定的最大限值取，再一步一步减小墙长，应特别注意的是，布置剪力墙时尽量遵循以下原则：外围、均匀、双向、适度、集中、数量尽可能少。

12.2.5 弹性层间位移角

（1）规范规定

《高规》3.7.3：按弹性方法计算的风荷载或多遇地震标准值作用下的楼层层间最大水平位移与层高之比 $\Delta u/h$ 宜符合下列规定：

高度不大于 150m 的高层建筑，其楼层层间最大位移与层高之比 $\Delta u/h$ 不宜大于表 12-10 的限值。

楼层层间最大位移与层高之比的限值   表 12-10

结构体系	$\Delta u/h$ 限值
框架	1/550
框架-剪力墙、框架-核心筒、板柱-剪力墙	1/800
筒中筒、剪力墙	1/1000
除框架结构外的转换层	1/1000

（2）计算结果查看

【SATWE 分析设计/计算结果/文本查看/旧版文本查看】→【结构位移（WDISP.OUT）】，可查看计算结果。

（3）弹性层间位移角不满足规范规定时的调整方法

弹性层间位移角不满足规范要求时，位移比、周期比等也可能不满足规范要求，可以加强结构外围墙、柱或梁的刚度，同时减弱结构内部墙、柱或梁的刚度，或直接加大侧向刚度很小的构件的刚度。

（4）设计时要注意的一些问题

① 限制弹性层间位移角的目的有两点，一是保证主体结构基本处于弹性受力状态，

避免混凝土墙柱出现裂缝，控制楼面梁板的裂缝数量、宽度。二是保证填充墙、隔墙、幕墙等非结构构件的完好，避免产生明显的损坏。

② 当结构扭转变形过大时，弹性层间位移角一般也不满足规范要求，可以通过提高结构的抗扭刚度减小弹性层间位移角。

③ 高层剪力墙结构弹性层间位移角一般控制在 1/1100 左右（10％的余量），不必刻意追求此指标，关键是结构布置要合理。

④ "弹性层间位移角"计算时只需考虑结构自身的扭转耦联，不考虑偶然偏心与双向地震作用，《高规》并没有强制规定层间位移角一定要是刚性楼板假定下的，但是对于一般的结构采用现浇钢筋混凝土楼板和有现浇面层的预制装配式楼板，在无削弱的情况下，均可视为无限刚性楼板，弹性板与刚性板计算弹性层间位移角对于大多数工程，差别不大（弹性板计算时稍微偏保守），选择刚性楼板进行计算，首先理论上有所保证，其次计算速度快，第三经过大量工程检验。弹性方法计算与采用弹性楼板假定进行计算完全不是一个概念，弹性方法就是构件按弹性阶段刚度，不考虑塑性变形，其得到的位移也就是弹性阶段的位移。

12.2.6 轴压比

（1）基本概念

柱子轴压比：柱组合的轴压力设计值与柱的全截面面积和混凝土轴心抗压强度设计值乘积之比值。

墙肢轴压比：重力荷载代表值作用下墙肢承受的轴压力设计值与墙肢的全截面面积和混凝土轴心抗压强度设计值乘积之比值。

（2）规范规定

《抗规》6.3.6：柱轴压比不宜超过表 12-11 的规定；建造于Ⅳ类场地且较高的高层建筑，柱轴压比限值应适当减小。

柱轴压比限值 表 12-11

结构类型	抗震等级			
	一	二	三	四
框架结构	0.65	0.75	0.85	0.90
框架-抗震墙，板柱-抗震墙、框架-核心筒及筒中筒	0.75	0.85	0.90	0.95
部分框支抗震墙	0.6	0.7		

注：1. 轴压比指柱组合的轴压力设计值与柱的全截面面积和混凝土轴心抗压强度设计值乘积之比值；对本规范规定不进行地震作用计算的结构，可取无地震作用组合的轴力设计值计算；

    2. 表内限值适用于剪跨比大于2、混凝土强度等级不高于 C60 的柱；剪跨比不大于2的柱，轴压比限值应降低 0.05；剪跨比小于 1.5 的柱，轴压比限值应专门研究并采取特殊构造措施；

    3. 沿柱全高采用井字复合箍且箍筋肢距不大于 200mm、间距不大于 100mm、直径不小于 12mm，或沿柱全高采用复合螺旋箍、螺旋间距不大于 100mm、箍筋肢距不大于 200mm、直径不小于 12mm，或沿柱全高采用连续复合矩形螺旋箍、螺旋净距不大于 80mm、箍筋肢距不大于 200mm、直径不小于 10mm，轴压比限值均可增加 0.10；上述三种箍筋的最小配箍特征值均应按增大的轴压比由本规范表 6.3.9 确定；

    4. 在柱的截面中部附加芯柱，其中另加的纵向钢筋的总面积不少于柱截面面积的 0.8％，轴压比限值可增加 0.05；此项措施与注 3 的措施共同采用时，轴压比限值可增加 0.15，但箍筋的体积配箍率仍可按轴压比增加 0.10 的要求确定；

    5. 柱轴压比不应大于 1.05。

《高规》7.2.13：重力荷载代表值作用下，一、二、三级剪力墙墙肢的轴压比不宜超过表 12-12 的限值。

剪力墙墙肢轴压比限值   表 12-12

抗震等级	一级（9度）	一级（6、7、8度）	二、三级
轴压比限值	0.4	0.5	0.6

注：墙肢轴压比是指重力荷载代表值作用下墙肢承受的轴压力设计值与墙肢的全截面面积和混凝土轴心抗压强度设计值乘积之比值。

（3）计算结果查看

【SATWE 分析设计/计算结果/文本查看/旧版文本查看】→【弹性挠度、柱轴压比、墙边缘构件简图】，最终查看结果如图 12-16 所示。

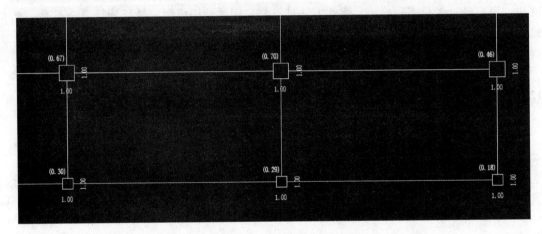

图 12-16　墙、柱轴压比计算结果

（4）轴压比不满足规范规定时的调整方法

① 程序调整：SATWE 程序不能实现。

② 人工调整：增大该墙、柱截面或提高该楼层墙、柱混凝土强度等级，箍筋加密等。

（5）设计时要注意的一些问题

① 抗震等级越高的建筑结构或构件，其延性要求也越高，对轴压比的限制也越严格，比如框支柱、一字形剪力墙等。抗震等级低或非抗震时可适当放松对轴压比的限制，但任何情况下不得小于 1.05。

② 通常验算底截面墙柱的轴压比，当截面尺寸或混凝土强度等级变化时，还应验算该位置的轴压比。试验证明，混凝土强度等级，箍筋配置的形式与数量，均与柱的轴压比有密切的关系，因此，规范针对不同的情况，对柱的轴压比限值作了适当的调整。

③ 柱轴压比的计算在《高规》和《抗规》中的规定并不完全一样，《抗规》第 6.3.6 条规定，计算轴压比的柱轴力设计值既包括地震组合，也包括非地震组合，而《高规》第 6.4.2 条规定，计算轴压比的柱轴力设计值仅考虑地震作用组合下的柱轴力。软件在计算柱轴压比时，当工程考虑地震作用，程序仅取地震作用组合下的柱轴力设计值计算，而对

于非地震组合产生的轴力设计值则不予考虑；当该工程不考虑地震作用时，程序才取非地震作用组合下柱轴力设计值计算，这也是在设计过程中有时会发现程序计算轴压比的轴力设计值不是最大轴力的主要原因。

从概念上讲，轴压比仅适用于抗震设计，当为非抗震设计时，剪力墙在 PKPM 中显示的轴压比为"0"。当结构恒载或活载比较大时，地震组合下轴压比有可能小于非抗震组合下的轴压比，所以在设计时，对于地震组合内力不起控制作用时，特别是那些恒载或活载比较大的结构，框架柱轴压比要留有余地。

④ 柱截面种类不宜太多是设计中的一个原则，在柱网疏密不均的建筑中，某根柱或为数不多的若干根柱由于轴力大而需要较大截面，如果将所有柱截面放大以求统一，会增加柱用钢量，可以对个别柱的配筋采用加芯柱、加大配箍率甚至加大主筋配筋率以提高其轴压比，从而达到控制其截面的目的。

⑤ 程序计算柱轴压比时，有时候数字按规范要求并没有超限，但是程序也显示红色，这是因为随着柱的剪跨比的不同或降低，轴压比限值也要降低。

12.2.7 楼层侧向刚度比

（1）规范规定

《高规》3.5.2：抗震设计时，高层建筑相邻楼层的侧向刚度变化应符合下列规定：

1）对框架结构，楼层与其相邻上层的侧向刚度比 λ_1 可按式（12-2）计算，且本层与相邻上层的比值不宜小于 0.7，与相邻上部三层刚度平均值的比值不宜小于 0.8。

$$\lambda_1 = \frac{V_i \Delta_{i+1}}{V_{i+1} \Delta_i} \tag{12-2}$$

式中　λ_1——楼层侧向刚度比；

V_i、V_{i+1}——第 i 层和 $i+1$ 层的地震剪力标准值（kN）；

Δ_i、Δ_{i+1}——第 i 层和 $i+1$ 层在地震作用标准值作用下的层间位移（m）。

2）对框架-剪力墙、板柱-剪力墙结构、剪力墙结构、框架-核心筒结构、筒中筒结构、楼层与其相邻上层的侧向刚度比 λ_2 可按式（12-3）计算，且本层与相邻上层的比值不宜小于 0.9；当本层层高大于相邻上层层高的 1.5 倍时，该比值不宜小于 1.1；对结构底部嵌固层，该比值不宜小于 1.5。

$$\lambda_2 = \frac{V_i \Delta_{i+1}}{V_{i+1} \Delta_i} \frac{h_i}{h_{i+1}} \tag{12-3}$$

式中　λ_2——考虑层高修正的楼层侧向刚度比。

《高规》5.3.7：高层建筑结构整体计算中，当地下室顶板作为上部结构嵌固部位时，地下一层与首层侧向刚度比不宜小于 2。

《高规》10.2.3：转换层上部结构与下部结构的侧向刚度变化应符合本规程附录 E 的规定。

当转换层设置在 1、2 层时，可近似采用转换层与其相邻上层结构的等效剪切刚度比 γ_{e1} 表示转换层上、下层结构刚度的变化，γ_{e1} 宜接近 1，非抗震设计时 γ_{e1} 不应小于 0.4，抗震设计时 γ_{e1} 不应小于 0.5。γ_{e1} 可按下列公式计算：

$$\gamma_{e1} = \frac{G_1 A_1}{G_2 A_2} \times \frac{h_2}{h_1} \tag{12-4}$$

$$A_i = A_{w,i} + \sum_j C_{i,j} A_{ci,j} \quad (i=1,2) \tag{12-5}$$

$$C_{i,j} = 2.5 \left(\frac{h_{ci,j}}{h_i}\right)^2 \quad (i=1,2) \tag{12-6}$$

式中　G_1、G_2——分别为转换层和转换层上层的混凝土剪变模量；

A_1、A_2——转换层和转换层上层的折算抗剪截面面积；

$A_{w,i}$——第 i 层全部剪力墙在计算方向的有效截面面积（不包括翼缘面积）；

$A_{ci,j}$——第 i 层、第 j 根柱的截面面积；

h_i——第 i 层的层高；

$h_{ci,j}$——第 i 层、第 j 根柱沿计算方向的截面高度；

$C_{i,j}$——第 i 层、第 j 根柱截面面积折算系数，当计算值大于 1 时取 1。

当转换层设置在第 2 层以上时，按本规程式（12-2）计算的转换层与其相邻上层的侧向刚度比不应小于 0.6。

当转换层设置在第 2 层以上时，尚宜采用图 E 所示的计算模型按公式（12-7）计算转换层下部结构与上部结构的等效侧向刚度比 γ_{e2}。γ_{e2} 宜接近 1，非抗震设计时 γ_{e2} 不应小于 0.5，抗震设计时 γ_{e2} 不应小于 0.8。

$$\gamma_{e2} = \frac{\Delta_2 H_1}{\Delta_1 H_2} \tag{12-7}$$

（2）计算结果查看

【SATWE 分析设计/计算结果/文本查看/旧版文本查看】→【文本文件输出/结构设计信息（WMASS.OUT）】，最终查看结果如图 12-17 所示。

```
▼ WMASS - 记事本
文件(F)  编辑(E)  格式(O)  查看(V)  帮助(H)

    Xstif=    33.1390(m)    Ystif=    14.2903(m)    Alf =    45.0000(Degree)
    Xmass=    33.4828(m)    Ymass=    14.4627(m)    Gmass(活荷折减)=    2219.3350(   2030.0293)(t)
    Eex =     0.0154        Eey =     0.0077
    Ratx=     1.0000        Raty=     1.0000
    Ratx1=    1.6992        Raty1=    2.0502
    Ratx2=    1.3216        Raty2=    1.5946   薄弱层地震剪力放大系数= 1.00
    RJX1= 2.7607E+06(kN/m)   RJY1= 2.7607E+06(kN/m)   RJZ1= 0.0000E+00(kN/m)
    RJX3= 4.3794E+05(kN/m)   RJY3= 4.6469E+05(kN/m)   RJZ3= 0.0000E+00(kN/m)
    RJX3*H = 1.5766E+06(kN)  RJY3*H = 1.6729E+06(kN)  RJZ3*H = 0.0000E+00(kN)
    ------------------------------------------------------------------------
    Floor No.  7    Tower No.  1
    Xstif=    33.6901(m)    Ystif=    14.3473(m)    Alf =    45.0000(Degree)
    Xmass=    39.2501(m)    Ymass=    15.0258(m)    Gmass(活荷折减)=    1087.9868(   1061.5267)(t)
    Eex =     0.2470        Eey =     0.0301
    Ratx=     0.9673        Raty=     0.9673
    Ratx1=    1.0000        Raty1=    1.0000
    Ratx2=    1.0000        Raty2=    1.0000   薄弱层地震剪力放大系数= 1.00
    RJX1= 2.6704E+06(kN/m)   RJY1= 2.6704E+06(kN/m)   RJZ1= 0.0000E+00(kN/m)
    RJX3= 3.6818E+05(kN/m)   RJY3= 3.2378E+05(kN/m)   RJZ3= 0.0000E+00(kN/m)
    RJX3*H = 1.3254E+06(kN)  RJY3*H = 1.1656E+06(kN)  RJZ3*H = 0.0000E+00(kN)
    ------------------------------------------------------------------------
    X方向最小刚度比：  0.8734(第  2层第  1塔)
    Y方向最小刚度比：  0.8321(第  2层第  1塔)

    =======================================================================
    结构整体抗倾覆验算结果
    =======================================================================
```

图 12-17　楼层侧向刚度比计算书

（3）楼层侧向刚度比不满足规范规定时的调整方法

① 程序调整：如果某楼层刚度比的计算结果不满足要求，SATWE 自动将该楼层定义为薄弱层，并按《高规》3.5.8 将该楼层地震剪力放大 1.25 倍。

② 人工调整：如果还需人工干预，可适当降低本层层高和加强本层墙、柱或梁的刚度，适当提高上部相关楼层的层高或削弱上部相关楼层墙、柱或梁的刚度，减小相邻上层墙、柱的截面尺寸。

（4）设计时要注意的问题

结构楼层侧向刚度比要求在刚性楼板假定条件下计算，对于有弹性板或板厚为零的工程，应计算两次，先在刚性楼板假定条件下计算楼层侧向刚度比并找出薄弱层，再选择"总刚"完成结构的内力计算。

12.2.8 刚重比

（1）概念

结构的侧向刚度与重力荷载设计值之比称为刚重比。它是影响重力二阶效应的主要参数，且重力二阶效应随着结构刚重比的降低呈双曲线关系增加。高层建筑在风荷载或水平地震作用下，若重力二阶效应过大则会引起结构的失稳倒塌，所以要控制好结构的刚重比。

（2）规范规定

《高规》5.4.1：当高层建筑结构满足下列规定时，弹性计算分析时可不考虑重力二阶效应的不利影响。

1）剪力墙结构、框架-剪力墙结构、板柱剪力墙结构、筒体结构：

$$EJ_d \geqslant 2.7H^2 \sum_{i=1}^{n} G_i \tag{12-8}$$

2）框架结构

$$D_i \geqslant 20 \sum_{j=i}^{n} G_j / h_i \quad (i = 1, 2, \cdots, n) \tag{12-9}$$

式中　　EJ_d——结构一个主轴方向的弹性等效侧向刚度，可按倒三角形分布荷载作用下结构顶点位移相等的原则，将结构的侧向刚度折算为竖向悬臂受弯构件的等效侧向刚度；

　　　H——房屋高度；

G_i、G_j——分别为第 i、j 楼层重力荷载设计值，取 1.2 倍的永久荷载标准值与 1.4 倍的楼面可变荷载标准值的组合值；

　　　h_i——第 i 楼层层高；

　　　D_i——第 i 楼层的弹性等效侧向刚度，可取该层剪力与层间位移的比值；

　　　n——结构计算总层数。

《高规》5.4.4：高层建筑结构的整体稳定性应符合下列规定

1）剪力墙结构、框架-剪力墙结构、筒体结构应符合下式要求：

$$EJ_d \geqslant 1.4H^2 \sum_{i=1}^{n} G_i \tag{12-10}$$

2）框架结构应符合下式要求：

$$D_i \geqslant 10 \sum_{j=i}^{n} G_j / h_i \quad (i = 1, 2, \cdots, n) \tag{12-11}$$

（3）计算结果查看

【SATWE 分析设计/计算结果/文本查看/旧版文本查看】→【结构设计信息（WMASS. OUT）】，最终查看结果如图 12-18 所示。

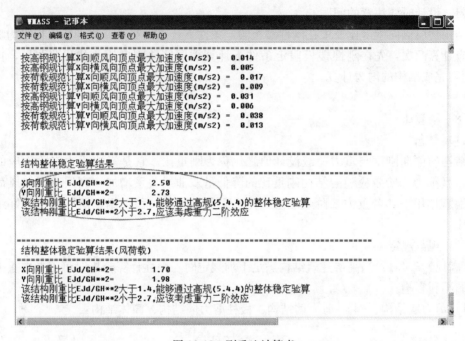

图 12-18　刚重比计算书

（4）刚重比不满足规范规定时的调整方法

① 程序调整：SATWE 程序不能实现。

② 人工调整：调整结构布置，增大结构刚度，减小结构自重。

（5）设计时要注意的问题

高层建筑的高宽比满足限值时，一般可不进行稳定性验算，否则应进行。结构限制高宽比主要是为了满足结构的整体稳定性和抗倾覆，当超出规范中高宽比的限值时要对结构进行整体稳定和抗倾覆验算。

12.2.9　受剪承载力比

（1）规范规定

《高规》3.5.3：A 级高度高层建筑的楼层抗侧力结构的层间受剪承载力不宜小于其相邻上一层受剪承载力的 80%，不应小于其相邻上一层受剪承载力的 65%；B 级高度高层建筑的楼层抗侧力结构的层间受剪承载力不应小于其相邻上一层受剪承载力的 75%。

注：楼层抗侧力结构的层间受剪承载力是指在所考虑的水平地震作用方向上，该层全部柱、剪力墙、

斜撑的受剪承载力之和。

（2）计算结果查看

【SATWE 分析设计/计算结果/文本查看/旧版文本查看】→【结构设计信息（WMASS.OUT）】，最终查看结果如图 12-19 所示。

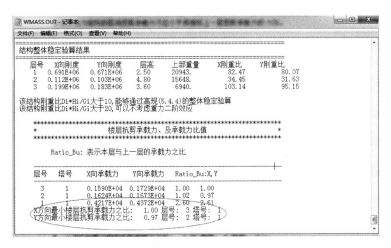

图 12-19　楼层受剪承载力计算书

（3）层间受剪承载力比不满足规范规定时的调整方法

① 程序调整：在 SATWE 的"调整信息"中的"指定薄弱层个数"中填入该楼层层号，将该楼层强制定义为薄弱层，SATWE 按《高规》3.5.8 将该楼层地震剪力放大1.25 倍。

② 人工调整：适当提高本层构件强度（如增大配筋、提高混凝土强度或加大截面）以提高本层墙、柱等抗侧力构件的承载力，或适当降低上部相关楼层墙、柱等抗侧力构件的承载力。

12.2.10　高层结构整体控制参数的关联性

1. 增加四角处墙体的刚度，能减小周期比，也能减小位移比。

2. 增大地震作用，可以增大剪重比。增大结构刚度，可以减小结构周期，增大地震影响系数（一般高层的周期要比特征周期大，周期越小，地震影响系数越大），从而增大结构地震作用，所以，增大结构刚度可以增大剪重比。增加结构外围刚度，可以减小周期比，减小位移比，增加结构内部刚度，第一平动周期减小，周期比可能会增大。

3. 刚重比与结构的侧移动刚度成正比，增大结构外围刚度，可以减小周期比，减小位移比。

12.3　结构计算步骤及控制点

黄警顽在抗震结构设计计算问题（2006.06）中对"结构计算步骤及控制点"做了如下阐述：

计算步骤	步骤目标	建模或计算条件	控制条件及处理
1. 建模	几何及荷载模型	整体建模	1. 符合原结构传力关系； 2. 符合原结构边界条件； 3. 符合采用程序的假定条件
2. 计算一（一次或多次）	整体参数的正确确定	1. 地震方向角 $\theta_0=0$； 2. 单向地震； 3. 不考虑偶然偏心； 4. 不强制刚性楼板； 5. 按总刚分析	1. 振型组合数→有效质量参与系数>0.9吗？→否则增加振型组合数 2. 最大地震力作用方向角→$\theta_0-\theta_m$>15°？→是，输入$\theta_0=\theta_m$。输入附加方向角 $\theta_0=0$ 3. 结构自振周期，输入值与计算值相差>10%时，按计算值改输入值 4. 查看三维振型图，确定裙房参与整体计算范围→修正计算简图 5. 短肢墙承担的抗倾覆力矩比例>50%？是，修改设计 6. 框剪结构框架承担抗倾覆力矩>50？是，→框架抗震等级按框架结构定；若为多层结构，可定义为框架结构定义抗震等级和计算，抗震墙作为次要抗侧力，其抗震等级可降一级
	判定整结构的合理性（平面和竖向规则性控制）	1. 地震方向角 $\theta_0=0$，θ_m； 2. 单（双）向地震； 3. （不）考虑偶然偏心； 4. 强制全楼刚性楼板； 5. 按侧刚分析； 6. 按计算一的结果确结构类型和抗震等级	1. 周期比控制：$T_t/T_1 \leqslant 0.9(0.85)$？→否，修改结构布置，强化外围削弱中间 2. 层位移比控制：$[\Delta U_m/\Delta U_a, U_m/U_a] \leqslant 1.2$，→否，按双向地震重算 3. 侧向刚度比控制：要求见《高规》3.5.2节；不满足时程序自动定义为薄弱层 4. 层受剪承载力控制：$Q_i/Q_{i+1}<[0.65(0.75)]$？否，修改结构布置 $0.65(0.75) \leqslant Q_i/Q_{i+1}<0.8$？→否，强制指定为薄弱层；（注：括号中数据 B 级高层） 5. 整体稳定控制：刚重比≥[10（框架），1.4（其他）] 6. 最小地震剪力控制：剪重比≥$0.2\alpha_{max}$？→否，增加振型数或加大地震剪力系数 7. 层位角控制：$\Delta U_{ei}/h_i \leqslant$ [1/550（框架），1/800（框剪），1/1000（其他）] $\Delta U_{pi}/h_i \leqslant$ [1/50（框架），1/100（框剪），1/120（剪力墙、筒中筒）]
3. 计算三（一次或多次）	构件优化设计（构件超筋超限控制）	1. 按计算一、二确定的模型和参数； 2. 取消全楼强制刚性板，定义需要的弹性板； 3. 按总刚分析； 4. 对特殊构件人工指定	1. 构件构造最小断面控制和截面抗剪承载力验算； 2. 构件斜截面承载力验算（剪压比控制）； 3. 构件正截面承载力验算； 4. 构件最大配筋率控制； 5. 纯弯和偏心构件受压区高度限制； 6. 竖向构件轴压比比控制； 7. 剪力墙的局部稳定控制； 8. 梁柱节点核心区抗剪承载力验算
4. 绘制施工图	结构构造	抗震构造措施	1. 钢筋最大最小直径限制； 2. 钢筋最大最小间距要求； 3. 最小配筋配箍率要求； 4. 重要部位的加强和明显不合理部分局部调整

12.4 建模时应注意事项（以某高层剪力墙结构为例）

本工程弹性分析选用盈建科建筑结构设计软件计算。塔楼模型应附带周边相关范围

（塔楼周边 2～3 跨）的裙房和地下室部分。

12.4.1 模型建立

（1）根据结构布置建立模型，应注意尽量避免构件相对于轴网的偏心，特别是要避免同一轴线上不同宽度构件设置不同的偏心。构件相对于轴线的偏心经常带来模型合理性问题。梁柱偏心建模应符合实际情况。

（2）长度≤300mm 的小墙肢不建入模型计算，短墙肢在模型输入时，节点间距离必须≥300。除非是构造配筋，短墙肢在模型中的节点间距离宜按实际墙肢长度输入。有条件时，翼墙墙肢长度宜≥3 倍墙厚。

（3）剪力墙连梁跨高比≤5，按剪力墙开洞输入；跨高比＞5 按梁单元输入；连梁一端或两端搭在剪力墙平面外时，按梁单元输入。梁高度较大但不满足连梁要求时可按壳元梁计算，以免两端墙肢配筋结果异常。

模型建立后，应在前处理生成计算数据，然后检查模型的合理性。

12.4.2 模型前处理

模型建立以后，除设置计算参数外，应在软件中对模型进行前处理，特别注意一下内容：

（1）特殊抗震等级的定义。构件抗震等级不同于地震信息设置的，应在特殊构件定义里指定。

（2）特殊材料定义。构件材料强度不同于楼层设置和多塔定义的，应在特殊构件里指定。例如，裙房范围的竖向构件混凝土强度等级不同于塔楼以及与侧壁重叠的剪力墙等情形。

（3）角柱、转换柱、转换梁的定义（注：角柱定义容易丢失，务必在配筋前再次检查）。

（4）必要时可调整连梁的定义。一端与剪力墙垂直相交的梁不定义为连梁。

（5）必要时可修改部分墙体的竖向分布筋配筋率。当底部加强部位和非底部加强区竖向分布筋配筋率不同时，可在特殊构件定义里分别定义配筋率；当某些构件边缘构件超筋或配筋偏大时，可在特殊构件定义中提高该墙的竖向分布筋配筋率（一般不建议采用、宜加长或加厚墙肢）。

（6）多塔定义。检查和修改楼层材料信息、底部加强部位楼层设置和约束边缘构件楼层设置等信息。多塔时还需要修改不同塔楼的层高信息。

（7）一般情况下，梁端支座为梁时，支承梁宽度＜300mm 时均按铰接计算；支承梁宽度≥300mm 时可按固接计算，端支座面筋宜采用小直径，满足 $0.6l_a$ 水平锚固长度要求，并在图纸中原位注明或说明端支座设计及构造为充分利用钢筋的抗拉强度。当有构件剪扭计算超筋，调整结构布置仍无法满足要求时，考虑对支承在其上的部分次梁点铰处理（此时该主梁仍应配置足够的抗扭钢筋）。或梁与剪力墙单侧垂直相交时，如果梁跨度≥4m或梁面配筋面积超过 3cm²，则需在模型与实际设计图纸中设置暗柱，暗柱根据计算结果进行配筋或梁端点铰处理，加大梁底钢筋。或梁与挡墙侧壁单侧垂直相交时，如果梁面配筋面积超过 9cm²，则需在模型与实际设计图纸中设置暗柱，暗柱根据计算结果进行配筋或梁端点铰处理，加大梁底钢筋。暗柱也可不建入模型，其纵筋按手工计算配置，计算方法为：中间楼层取梁端弯距的一半（顶层取梁端弯距）作为非边缘暗柱的弯距，取暗柱截面范围的轴压力进行暗柱纵筋计算。暗柱截面高度取梁宽＋100mm 且≥400mm 和墙厚，箍筋一、二、三级取 8@150，四级取 6@200，纵筋配筋率一级 0.95％，二级 0.75％，三级 0.65％，四级及非抗震 0.55％。

（8）高低梁建模。商铺与塔楼层高与楼面标高不一致、塔楼与地下室顶板交界处，建模时应正确反映出相对高差关系，可通过调整上下节点标高实现。高差≤600mm，且未造成短柱、短墙时可简化按同高输入。高差＞600mm 时应按真实节点标高输入，实际未造成短柱、短墙时可将相关构件指定为实体单元进行计算。

13 建筑识图

作为一名结构工程师，首先要看懂建筑图，而在建筑内部，主要是一些功能使用空间，比如卧室、厨房、卫生间、客厅、走廊、楼梯间、电梯间、入户花园、各种开洞（烟道、风井、电井、水井）等。在建筑的外部，主要是一些造型与辅助功能的空间，比如阳台、空调机位、飘窗、凹凸的造型灯。在建筑的顶部，主要是坡屋面、架构、设备等。建筑的内部，主要是一些有高差的地方，比如卫生间降板、走廊降板、厨房降板，开洞等。而在建筑的外部，主要是一些降板（阴影填充或者看标高）＋造型，要想看清楚造型，要结合平面、立面、剖面一起看才行，因为高差线、虚线、实线要结合平立剖一起看才能看清楚的，比如从平面图看高差线，有高差的地方，哪部分构件高度高（是凹还是凸）是分不清的，往往要结合立面＋节点大样。比如从立面图中看到有高差线，哪部分构件高度高（是凹还是凸）是分不清的，往往要结合平面＋节点大样，平面图中外立面虚线的部分往往表示这部分看不见，并且在另一条高差线的里面，如图 13-1 所示。

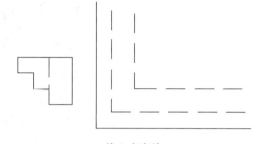

线＋虚实线

图 13-1 高差

13.1 建筑功能识别

（1）卧室＋卫生间（图 13-2）

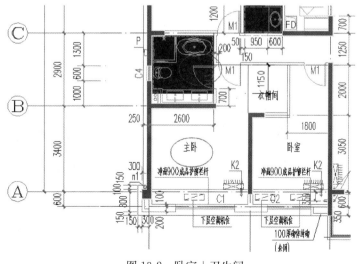

图 13-2 卧室＋卫生间

（2）厨房（图 13-3）

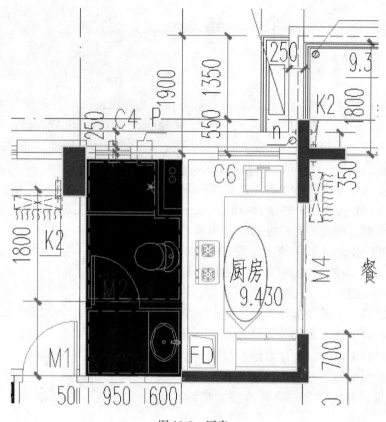

图 13-3　厨房

（3）客厅＋阳台（图 13-4）

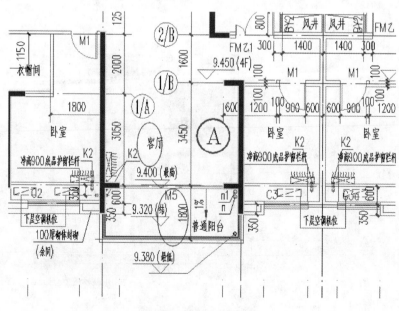

图 13-4　客厅＋阳台

（4）楼梯间＋电梯间＋井道（图13-5）

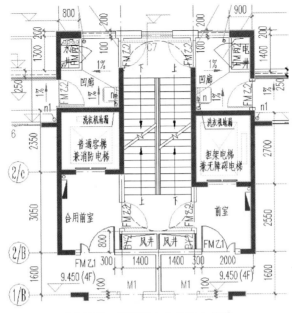

图 13-5　楼梯间＋电梯间＋井道

注：风井、电井一般是要开洞的，烟井一般也要开洞（如果首层是架空层，一般不要延伸至首层，其宽度从最外边线算起），水井一般后浇，不开洞处理。

（5）屋顶平面（图13-6）

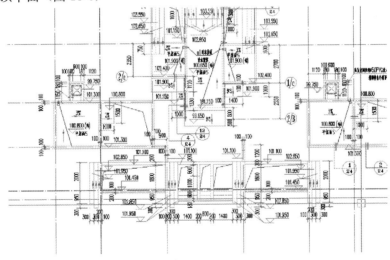

图 13-6　屋架平面

注：1. 屋架平面一般是最复杂的，太多的高差线，太多的转换，需要布置很多柱子去完成转换，比如200mm×400mm的柱，异形柱，上部构件延伸上来的剪力墙、跨度比较小时甚至200mm×200mm的构造柱，去完成构件之间的组合与搭接。能够减小竖向构件的截面就尽量减小，但很多时候，水平构件跨度比较大，200mm×400mm的柱子去转换可能有问题，需要加大柱子宽度。与此同时，支撑该柱的梁也要加大截面宽度。如图13-7所示。

2. 屋架梁有时候不在同一个平面上，竖向构件的高度要根据梁顶的最大高度进行调整。

3. 图中画圈部分的标高不同，101.950m与102.850m，有两条高差线，表达的意思是楼面板标高101.920处中间范围有300mm宽，最大标高在102.850的造型（填充墙＋构造柱）。

4. 图13-7中WGZ2a的在Z方向的范围可以查看"正立面图"，如图13-8所示。

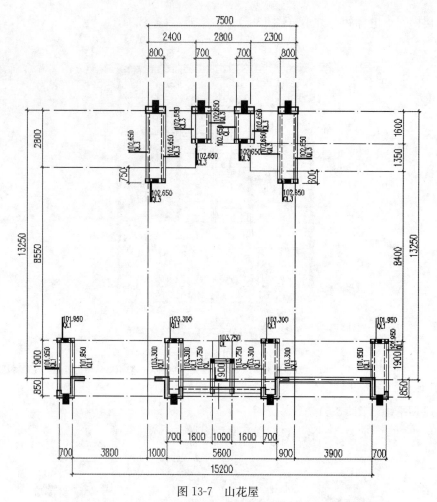

图 13-7　山花屋

图 13-8　正立面图

（6）坡屋面（图 13-9）

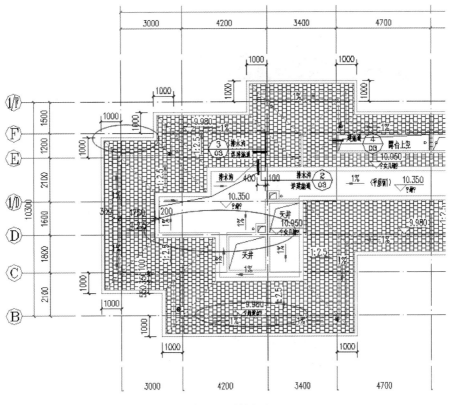

图 13-9 坡屋面

注：1. 坡度、屋面板有很多斜向的高差线，标高不一致才有高差线，该线条表示折板的脊线。

2. 最外边画圈中也有高差线，但是该部分构件是凹还是凸看不出，需要结合剖面图（图 13-10）或者立面图（图 13-11）。

3. 画圈中表示排水沟，是虚线，表示屋面建筑做法遮住了，如图 13-10 所示。

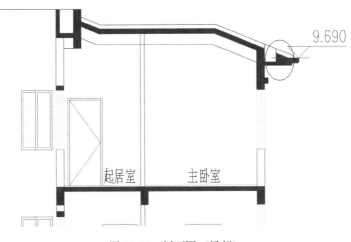

图 13-10 剖面图（局部）

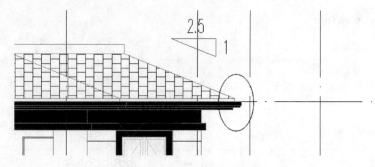

图 13-11　立面图（局部）

（7）空调板（图 13-12、图 13-13）

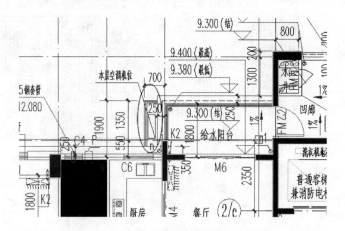

图 13-12　空调机位平面图示意（局部）

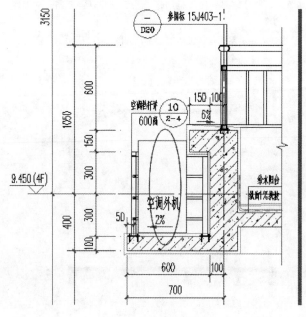

图 13-13　空调机位大样

（8）外立面造型（图 13-14～图 13-17）

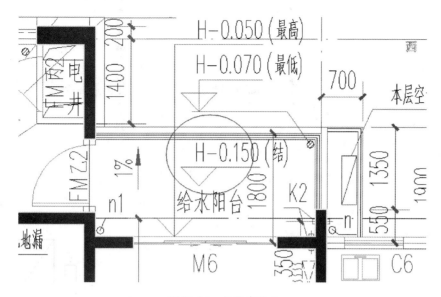

图 13-14　外轮廓线 1

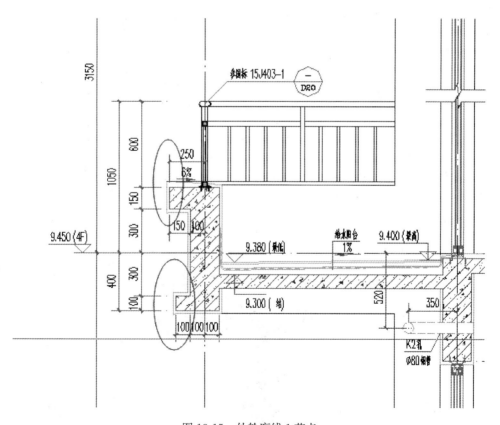

图 13-15　外轮廓线 1 节点

注：梁高要根据外立面进行调整，如果结构没有受力方面的需求时，一般封口梁做 400mm 高即可。

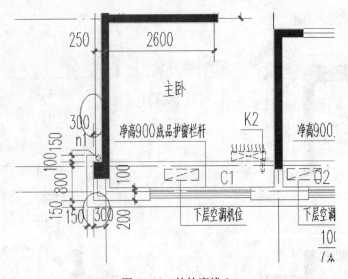

图 13-16 外轮廓线 2

注：外轮廓线要结合立面图及大样节点图（平面图中一般都会有节点索引号）查看。

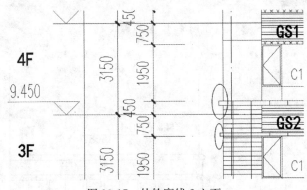

图 13-17 外轮廓线 2 立面

13.2 建筑不规则与结构布置

（1）降板

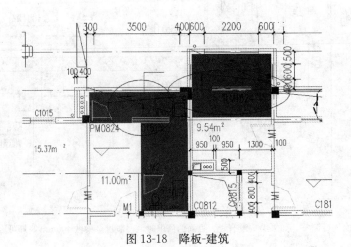

图 13-18 降板-建筑

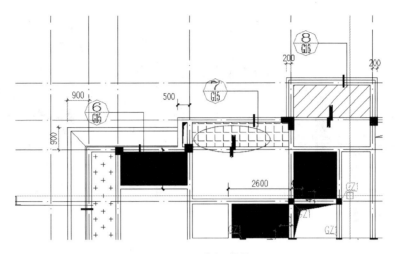

图 13-19　降板-结构

注：由于降板高差比较大，拉结柱子的梁降下去会使得与之垂直的梁高增大或者影响下部建筑净高，于是取消了梁，采用折板，如图 13-20 所示。

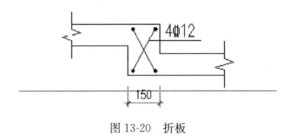

图 13-20　折板

（2）坡屋面梁布置（图 13-21～图 13-23）

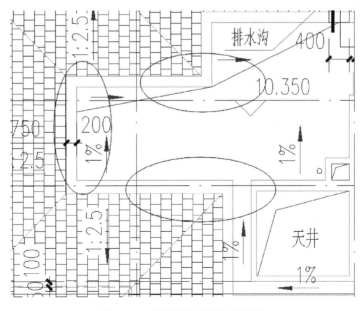

图 13-21　坡屋面建筑图（局部）

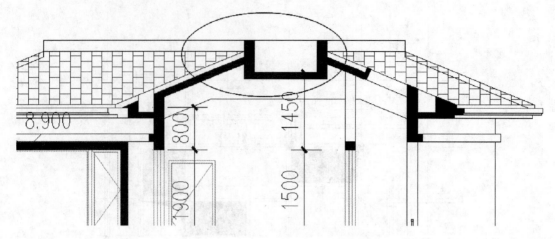

图 13-22　坡屋面剖面图示意（局部）

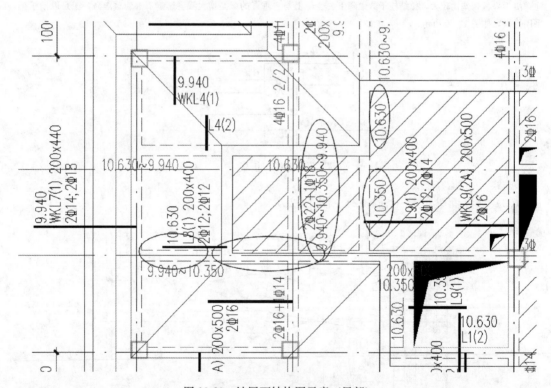

图 13-23　坡屋面结构图示意（局部）

注：1. 别墅的坡屋面，由于有斜坡，在梁截面高度变化的地方，梁标高应该是一个范围，在梁截面高度不变的
　　　部位，梁标高应该是一个固定值。
　　2. 图 13-24 中，1 和 2，最好在一条直线上，方便施工，局部高出 10.350m 的部分，可以做成 200mm 混凝
　　　土墙垛；3 和 4 最好底平，局部高出 10.350m 的部分，可以做成 200mm 混凝土墙垛。
　　坡屋面的梁布置原则就是尽量沿着下一层的梁布置上来，然后柱与柱之间最好拉梁。如果拉不了梁，在不影响结
构布置的前提下可以取消该梁。如果是坡屋面，梁可以做成折梁。梁最好对其布置，局部高出的部分可以做成 200mm
混凝土墙垛。

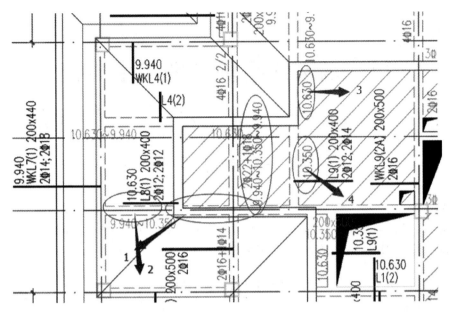

图 13-24　坡屋面结构图 1 示意（局部）

（3）地下室顶板降标高

地下室塔楼范围内与塔楼范围外的顶板之间一般都有覆土高差，布置该衔接部位的梁时，一般是梁底平板底标高。比如塔楼范围内降板 600mm，塔楼范围外降板 1200mm，塔楼范围内板厚 160mm，塔楼范围外板厚 250mm，则该处衔接梁截面可取（250～300mm）×850mm，其中 850mm＝1200＋250－600。

塔楼范围内布局降标高时，常常做变截面梁，梁底平。如果不做变截面梁，则可以把该梁整体降下去，比如降 600mm，局部需要与板搭接部位，做 600mm 高的混凝土垛。

14 高层住宅剪力墙布置思路

14.1 理 论 知 识

1. 惯性矩大小

截面 A、截面 B、截面 C 的尺寸如图 14-1 所示，经计算，截面 A、截面 B、截面 C 沿 X 方向形心轴惯性矩、沿 Y 方向形心轴惯性矩如表 14-1 所示。

不同截面形心轴惯性矩 表 14-1

截面 A	$I_{Ax}=9.72\times10^{10}$	$I_{Ay}=1.2\times10^{9}$
截面 B	$I_{Bx}=1.476\times10^{11}$	$I_{By}=1.29\times10^{10}$
截面 C	$I_{Cx}=4.67\times10^{8}$	$I_{Cy}=5.72\times10^{9}$

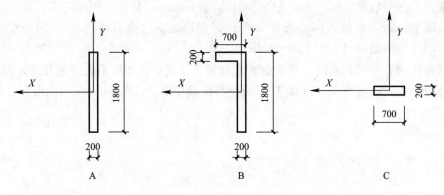

图 14-1 截面尺寸

2. 构件平外内外刚度比较

假设截面长边方向为构件平面内刚度方向，截面短边方向为构件平面外刚度方向，构件材料相同，材料弹性模量均为 E，则平外内外抗弯刚度 EI 如表 14-2 所示。

截面平面内外抗弯刚度 表 14-2

	未加翼缘		加翼缘	
	平面内抗弯刚度	平面外抗弯刚度	平面内抗弯刚度	平面外抗弯刚度
截面 A	$9.72\times10^{10}E$	$1.2\times10^{9}E$	$1.476\times10^{11}E$	$1.29\times10^{10}E$
截面 C	平面内抗弯刚度	平面外抗弯刚度	平面内抗弯刚度	平面外抗弯刚度
	$5.72\times10^{9}E$	$4.67\times10^{8}E$	$1.29\times10^{10}E$	$1.476\times10^{11}E$

由表 14-2 可知，截面 A 加翼缘后，平面内抗弯刚度增加 0.519 倍，平面外抗弯刚度增加 10.75 倍，截面 C 加翼缘后，平面内抗弯刚度增加 2.24 倍，平面外抗弯刚度增加 316 倍。

3. 应力分布

在弯矩 M 作用下截面 A 的正应力、剪应力图，如图 14-2 所示。

截面 A 加翼缘后，组成一个 H 形截面 D（图 14-3），在弯矩作用下，截面 D（构件）与截面 A（构件）相比较，最大正应力减小，翼缘几乎承受全部正应力，腹板几乎承受全部切应力，在计算时，让翼缘抵抗弯矩，腹板抵抗剪力。

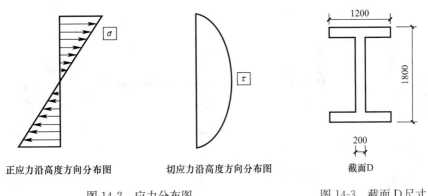

正应力沿高度方向分布图　　　切应力沿高度方向分布图

图 14-2　应力分布图　　　　　　　　　　　图 14-3　截面 D 尺寸

4. 总结

由以上分析可知，构件布置翼缘后，平面内外刚度均增大，刚度内外组合，互为翼缘，能提高材料效率。布置剪力墙时，墙要连续，互为翼缘。拐角处变形大，更应遵循这条原则，否则应力大，会增大墙截面，与墙相连的梁截面，也容易引起梁超筋，周期比、位移比等不满足规范要求。墙布置翼缘，边缘构件配筋会增大，但结构布置合理了才经济，否则因小失大。

14.2　某高层住宅剪力墙布置思路

6 度、7 度区剪力墙间距一般为 6~8m；8 度区剪力墙间距一般为 4~6m。当剪力墙长度大于 5m 时，若刚度有富余，可设置结构洞口。设防烈度越高，地震作用越大，所需要的刚度越大，于是剪力墙间距越小。剪力墙的间距大小也可以由梁高反推，假设梁高 500mm，则梁的跨度取值 $L=(10~15)×500mm=5.0~7.5m$。

某地区抗震设防烈度为 7 度，基本地震加速度为 0.10g，设计地震分组为第一组，场地类别为Ⅱ类。拟建 20 层住宅，结构高度 60m，图 14-8 为建筑平面图。高层剪力墙结构剪力墙布置的思路很简单，先建一个标准层进行试算，梁截面可以取一样，线荷载初步布置，然后尽量让 x 方向的梁与 y 方向的梁都能够在平面内有一定的刚度，即要求剪力墙与 x 方向的梁与 y 方向的梁搭接时有一定的长度。有时候当梁跨度比较小，比如 4m 以内，最后计算面筋也比较小，比如 4ϕ14 可以配下来，可以直接让梁搭在 200mm 厚的剪力墙平面外。最后看扭转位移比与最大层间位移角，如果最大层间位移角比较小，说明刚度是富余的，应该减少最大层间位移角方向的剪力墙长度（或减小翼缘超过年度），并满足 x 方向与 y 方向的刚度均匀。如果最大层间位移比较大，说明刚度是不足的，应该增加最大层间位移角方向的剪力墙长度，并满足 x 方向与 y 方向的刚度均匀。如果模型调过去了，再对此标准层进行细化布置，最后添加新的标准层，进行标准层的细化。调模型时，减法往往很重要，尤其是电梯间核心筒处的剪力墙削弱，内部剪力墙长度的减少，对位移比、周期比等的调整往往事半功倍，但前提是要满足轴压比，刚度等相关指标的具体要求。

对于某些建筑户型，尤其是豪宅，建筑给出方案时，结构有时候为了方便用户后期的改造，往往采用厚板方案（160～200mm）而少设置一道次梁，虽然浪费了一点，但是能更好地满足用户的后期需求（图14-4）。

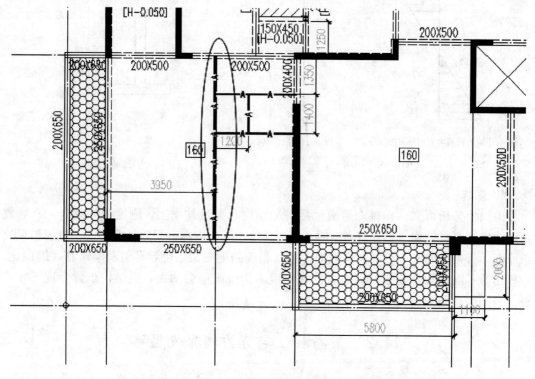

图14-4 取消次梁设厚板

某些建筑户型，阳台的位置布置可能与结构布置相冲突，为了给阳台的悬挑梁找支座关系，往往需要布置 400mm×600mm 的端柱（图14-5，应与建筑设备专业沟通是否影响功能空间），或者在悬挑梁位置布置 L 形剪力墙（图14-5），也可以把封口梁延长，拉到另一边去，去形成支座关系（图14-6）。有时候，会把墙长拉长，用次梁连续去形成阳台挑梁的支座，如图14-7所示。

1. 该住宅20层（图14-8），抗震设防烈度为7度，基本地震加速度为 0.10g，剪力墙最大间距可为 6～8m，两阳台之间若直接拉一框架梁，不布置墙 A，由于中间荷载比较大，框架梁端部墙的应力会很高，框架梁的高度也会较大。最后在两阳台之间布置了墙 A，墙肢长度初步定为 1700mm（墙 200mm 厚），如图14-9所示。

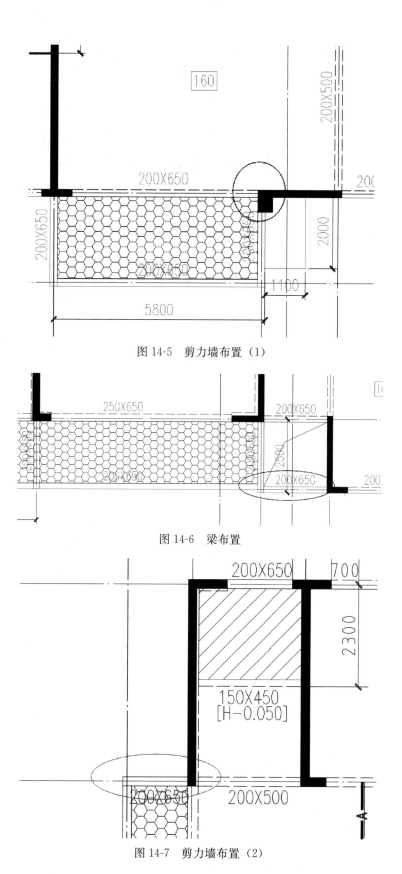

图 14-5　剪力墙布置（1）

图 14-6　梁布置

图 14-7　剪力墙布置（2）

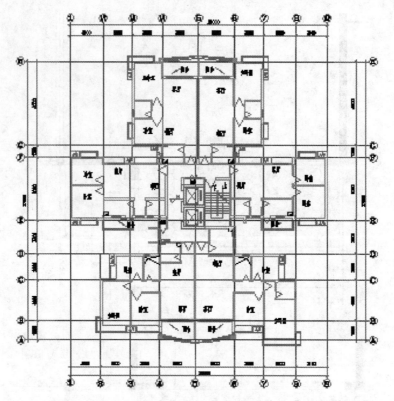

图 14-8　建筑平面图

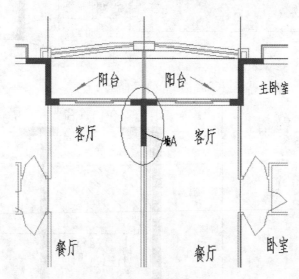

图 14-9　墙布置图（1）

注：如果刚度富余，也可以做成 L 形剪力墙，其他用填充墙代替。但是现在很多开发商喜欢用铝模板，如果做成全混凝土外墙，一般翼缘习惯满布，尽管费了一些，但容易施工，而且质量容易得到保证。

2. 剪力墙一般布置成"T""L""["形或带端柱的一字形墙。在实际工程中，有时要在以上形状墙肢上再布置翼缘（一般是拐角处），让墙连续布置。布置翼缘 A（图 14-10），翼缘 A 平面内外刚度增加，应力减小，加上翼缘 A 与 L_1 相连，能减小结构变形。拐角处变形大，L_1 与墙不能弱连接，既要有合适的刚度，又要满足钢筋的锚固长度。翼缘 A 与相连墙肢互为翼缘，能提高材料效率。

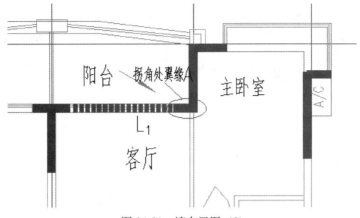

图 14-10　墙布置图（2）

3. 当布置的"T""L""["形或带端柱的一字形墙在拐角处翼缘方向有刚度时，如果整个结构平面布置较规则，由于需要的约束不大，可不布置翼缘，如图 14-11 所示。

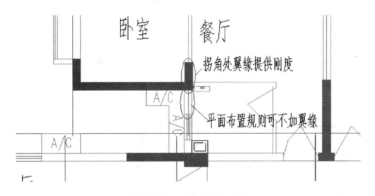

图 14-11　墙布置图（3）

注：平面布置不规则时，一般都要加翼缘，结构布置合理后才经济。有些时候，梁搭接在剪力墙的平面外，旁边有门，可以增加一个 100mm 宽的构造混凝土门垛，方便钢筋满足，构造配筋即可。

4. 一字形墙一般要布置端柱（图 14-12），可增强墙肢本身的延性与稳定性，也能与 L_2 有较好的连接，减小结构变形。

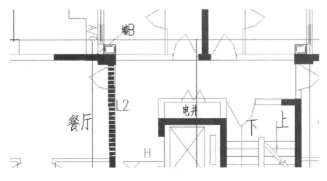

图 14-12　墙布置图（4）

5. 应均匀布置剪力墙，使得"桌子的四个角一样壮"，先布置 L 形、T 形墙肢，再在外围拐角处布置翼缘，如图 14-13 所示。

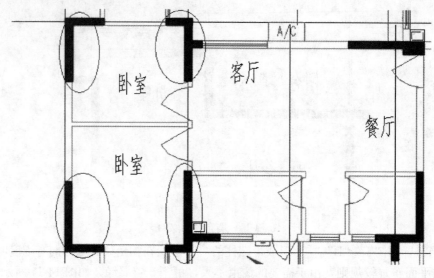

图 14-13　墙布置图（5）

6. 墙肢翼缘长度一般为 600mm（200mm 厚），若建筑允许值比 600mm 要大，该值小于 400mm 时，可把结构外围的翼缘加长，防水效果好，翼缘墙肢外围刚度也大；若在结构内部，则没必要，如图 14-14 所示。

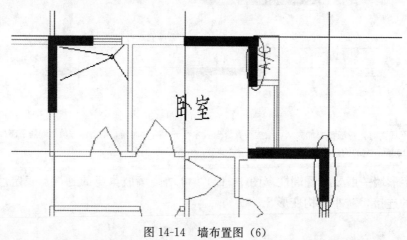

图 14-14　墙布置图（6）

7. 有些部位受力较小（楼梯间搭接梯梁处），可布置暗柱，如图 14-15 所示。

8. 拐角之间长度不大，如小于 4m，有时可拉成一片长墙，如图 14-16 所示。

9. 楼梯间、电梯间处开洞，水平力传递中断，会发生应力集中，一般布置"L"、"匚"形长墙，并且要让楼梯、电梯与周围墙构件有较好的连接，如图 14-17 所示。

10. 剪力墙布置应外围、均匀，稀疏、连续。当结构层数多（比如 30 层），抗震设防烈度大（8 度及以上），结构外围往往要布置长墙（3～4m 甚至更大）。变形大的地方周期比，位移比等可能会不满足规范要求，因此把变形控制在合理范围之内很有必要。该高层住宅墙剪力墙初步布置图如图 14-18 所示。

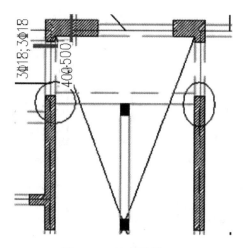

图 14-15　墙布置图（7）

注：剪刀梯中间的防火墙，一般可以做成 150～200mm 宽的次梁，也可以把一端的梯段板变长，去支撑该防火墙。

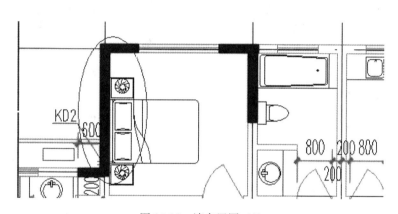

图 14-16　墙布置图（8）

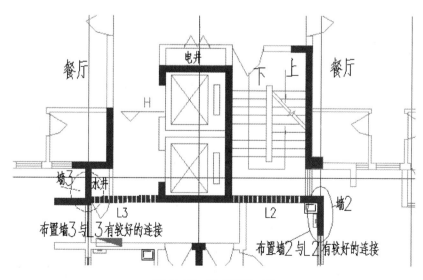

图 14-17　墙布置图（9）

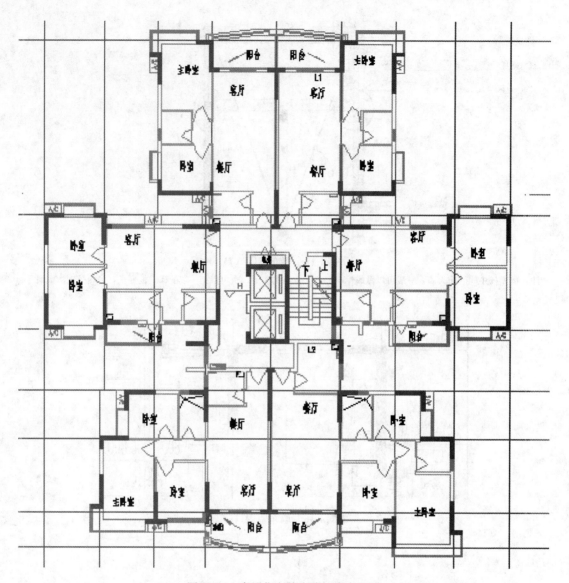

图 14-18　高层住宅剪力墙初步布置图

注：当地震烈度不大、整体刚度满足时，有些拐角处的翼缘在满足计算的前提下可以去掉，如果建筑允许，可伸出一个 50mm 或 100mm 的墙垛（建模时不建，否则配筋很大，然后构造配筋），如果建筑不允许加墙垛，则应在梁端点铰。由于真实的地震烈度不确定，从概念上拐角处应该布置翼缘，以便与周围的梁有较好的拉结（较好拉结的前提是有合适的刚度和满足规范中对钢筋锚固长度的要求）。

14.3　某高层住宅剪力墙布置（1）

6 度区 0.6kN/m² 风压 18 层某剪力墙住宅结构布置：

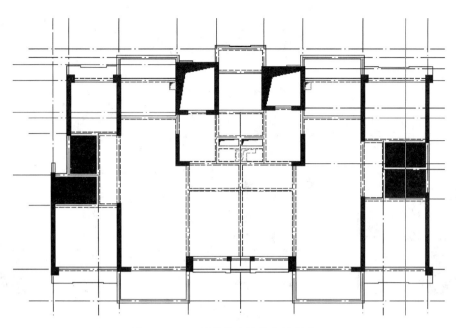

图 14-19　18层某剪力墙住宅结构布置

注：1. 电梯井在平面布置的上部，为了刚度协调均匀，一般下部的左右外部都要布置长墙，尤其是风压大于等于
0.5kN/m² 时。

2. 卫生间（填充处）处需要布置 L 形剪力墙，当与左右下部的剪力墙距离隔得比较近时，大多数时候会布置一片长墙。

3. 内部的剪力墙在初步布置时，在满足轴压比的前提下，对于 200mm 厚的剪力墙，一般墙长取 1700mm。

14.4　某高层住宅剪力墙布置（2）

6 度区 0.4kN/m² 风压 17 层某剪力墙住宅结构布置：

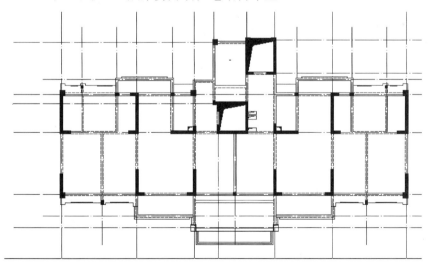

图 14-20　17层某剪力墙住宅结构布置

注：1. 风压比较小，抗震设防烈度比较低时，剪力墙一般不用布置长墙，除非是卫生间与剪力墙挨在一起，次
梁支撑在连梁上面时，往往为了更好地受力，会把剪力墙拉到与次梁平齐的位置。

2. 内部的剪力墙在初步布置时，在满足轴压比的前提下，对于 200mm 厚的剪力墙，一般墙长取 1700mm。

14.5 某高层住宅剪力墙布置（3）

6 度区 0.6kN/m² 风压 30 层某剪力墙住宅结构布置：

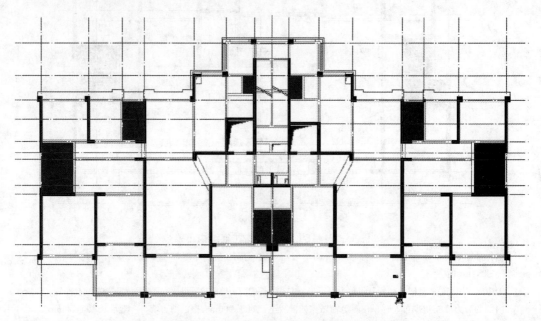

图 14-21　30 层某剪力墙住宅结构布置

注：对于 30 层的剪力墙住宅，风压又特别大，比如 0.6kN/m²，往往要布置长墙去协调，有时候风压作用下的最大层
　　间位移角不满足规范要求时，连阳台、卫生间处都要布置剪力墙，甚至内部布置墙长大于 8m 的剪力墙，开一个
　　小洞（900mm 宽）。

15 剪力墙住宅标准化设计技术措施

本章节主要参考了某大型设计研究院的内部技术措施，并自己做了一定的归纳、总结及补充。

15.1 制 图

（1）制图图层、样式严格按照《建筑结构制图标准》附图 GB/T 50105 规定。

（2）画图时以《建筑结构制图标准》附图 GB/T 50105 为参照。

（3）对称的梁当两端支座筋、箍筋加密区长度、截面完全相同时，可以编同一个号；当不同时，需另编梁号，以"a"区分，如 KL1（1）和 KL1a（1）。

（4）当中间为墙肢时，梁支座两侧均标注面筋，当无墙肢或是柱时，只标一个，如图 15-1 所示。

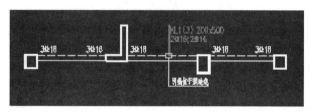

图 15-1 梁平法施工图表示

（5）变截面梁标注按图 15-2 所示。

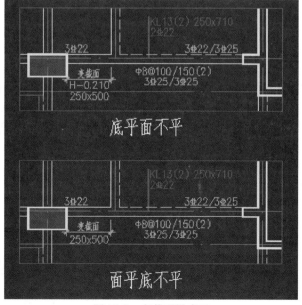

图 15-2 变截面梁表示

（6）标高 H 均为结构标高，别墅都用数字直接表示标高，不用 H 代替。

（7）梁、柱、墙编号按从左到右从下到上顺序编排。

（8）统一尺寸标注样式：

轴线尺寸样式 DIMN 如图 15-3～图 15-5 所示。

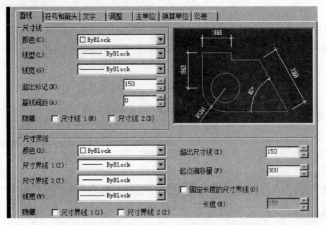

图 15-3　标注样式（1）

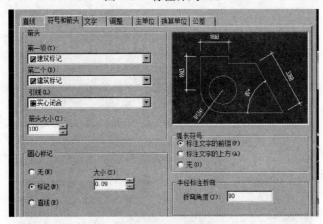

图 15-4　标注样式（2）

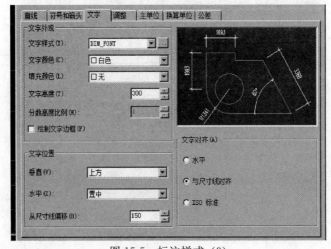

图 15-5　标注样式（3）

平面定位尺寸样式 TSSD_100_100 如图 15-6～图 15-8 所示。

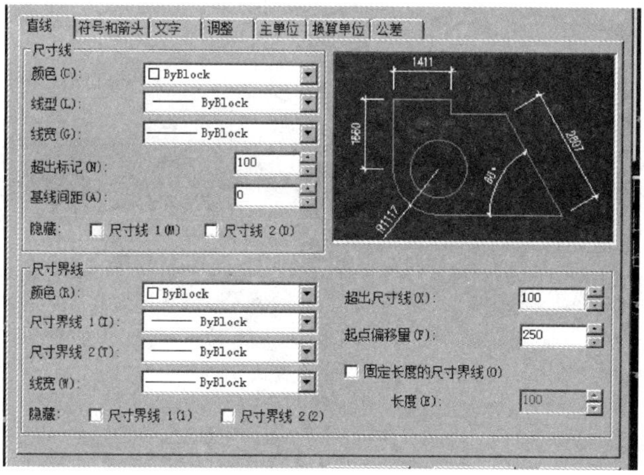

图 15-6　标注样式（4）

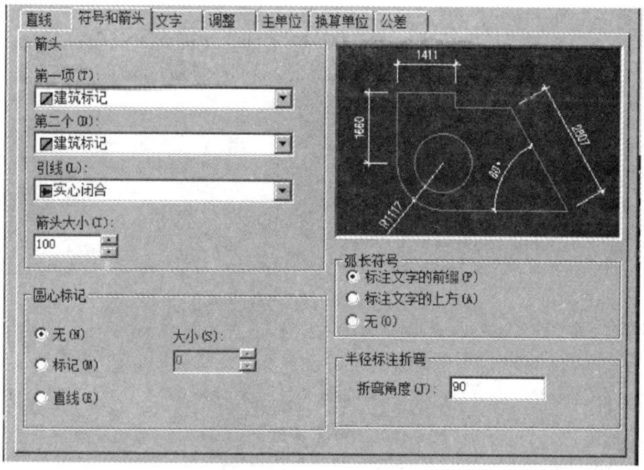

图 15-7　标注样式（5）

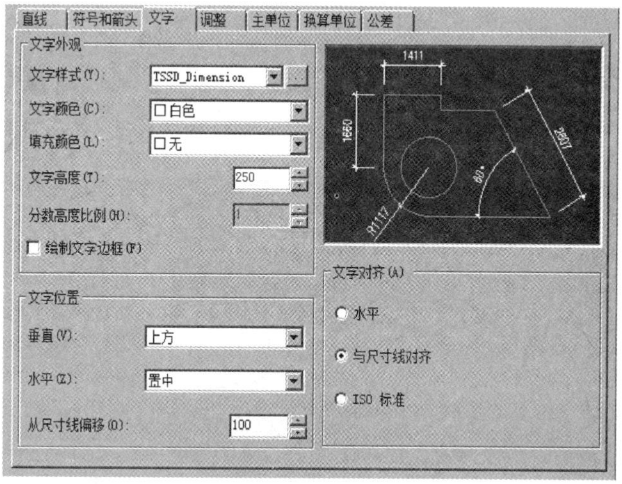

图 15-8　标注样式（6）

(9) 制图时需提高图纸的统一性，按以下几点执行：

A：统一轴号到尺寸线的距离为 500mm（图 15-9）。

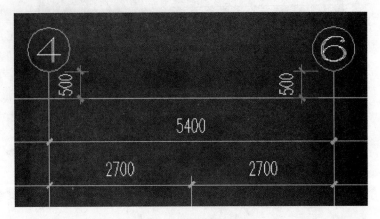

图 15-9　制图标准（1）

B：每排轴网尺寸线之间距离为 800mm（图 15-10）。

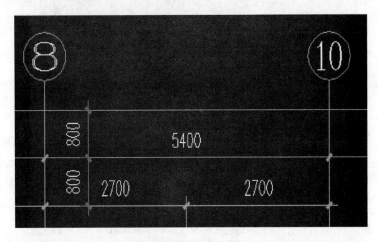

图 15-10　制图标准（2）

(10) 轴号文字样式应与《建筑结构制图标准》GB/T 50105 附图相同，当轴号字符照拷建筑时，属性中"旧圆圈文字"栏应选"是"（图 15-11）。

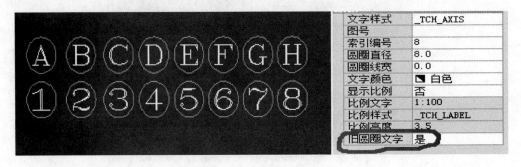

图 15-11　制图标准（3）

（11）索引号尽量拉平（图 15-12）。

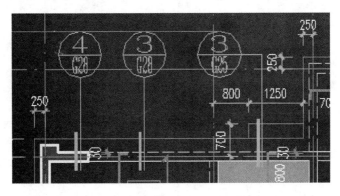

图 15-12　制图标准（4）

（12）当洞边附加筋不锚入梁时，长度为洞边出 500mm。（图 15-13）

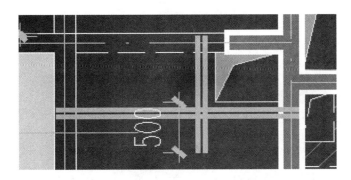

图 15-13　制图标准（5）

（13）支座面筋弯折长度为 200mm，简支边距离梁柱外边线为 40mm（图 15-14）。

图 15-14　制图标准（6）

（14）如果条件允许，如不会造成字符重叠等，梁引线、板筋线尽量拉平，特别是一些对称的建筑（图 15-15）。

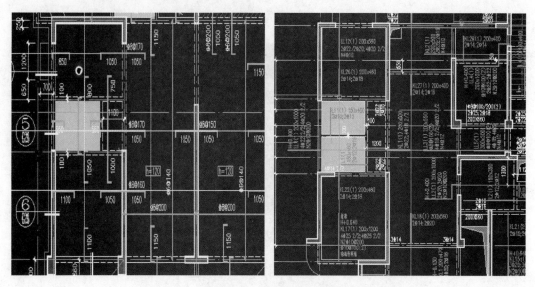

图 15-15　制图标准（7）

（15）索引的粗引线凸出被索引大样外边线 100mm，长度统一 600mm（图 15-16）。

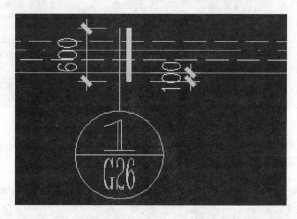

图 15-16　制图标准（8）

（16）板面筋长度应与标注的数值相等（图 15-17）。

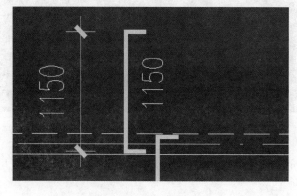

图 15-17　制图标准（9）

（17）梁引线至轴线中（图 15-18）。

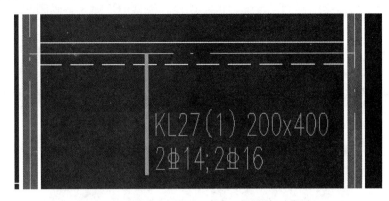

图 15-18　制图标准（10）

（18）构造柱（GZ）、立柱（LZ）、梯柱（TZ）图形、柱号、定位及配筋大样均在板图上表示，梁图仅表示图形，即模板图不变，具体可参照《建筑结构制图标准》GB/T 50105 附图。在结构说明中有说明的 GZ，板图中可不表达。

（19）屋面小塔楼的墙柱定位及配筋参照标准层墙柱在墙柱定位图及大样配筋图中表示，屋面板图和梁图仅表示图形，具体可参照《建筑结构制图标准》GB/T 50105 附图。

（20）支承于梁上的屋面小塔楼柱，按梁上立柱（LZ）编号，支承于剪力墙、核心筒等竖向构件上的按框架柱（KZ）编号。

15.2　技　术　措　施

1. 墙

（1）剪力墙分布钢筋及非加强区构造边缘构件做法详图集《剪力墙构造边缘构件详图》TJ 01。

（2）考虑到搭接时箍筋间距不大于 10d（《混规》11.1.8 条），约束边缘构件纵筋最小直径为 $\phi12$。

（3）约束边缘构件箍筋间距分两种：

a. 没有非阴影区时，不考虑水平分布筋作用，间距取 100mm、125mm、150mm，钢筋直径不混用，如 $\phi8@100$、$\phi8@125$、$\phi8@150$。

b. 有非阴影区时，考虑水平分布钢筋作用，阴影部分箍筋间距用 100mm，钢筋直径可混用，如 $\phi8/10@100$，非阴影区用水平分布筋加箍筋的做法。

（4）墙柱编号按以下统一：约束边缘构件－YBZ；构造边缘构件－GBZ；非边缘暗柱－AZ；扶壁柱－FBZ。

（5）转角窗侧翼缘不输入模型，画图时表达。当稳定性不够而又不能加厚墙时，需考虑翼缘的那几层的飘板水平钢筋需锚入墙内，并满足 0.2% 配筋率。

（6）转角窗暗柱长度为墙厚 3 倍，全高按约束边缘构件，纵筋直径≥16mm。

（7）非阴影区长度以 200mm 为单位。

（8）首层墙加厚时，不加长成为非短肢剪力墙。

（9）除核心筒外，剪力墙两侧必须有一侧与板相连，否则视为无约束墙。

（10）如为了增加梁筋锚固长度而设的小墙垛，模型中不输入，画图时表示。

（11）图纸剪力墙的总长度＝输入模型时墙节点间距离。

（12）开洞剪力墙 L_c 长度计算，如图 15-19 所示：小洞口时：h_w 按两片墙总长度 L 考虑，洞口两侧设置构造边缘构件；大洞口时：h_w 按单片墙长度了 L_1/L_2 考虑，洞口两侧设置约束边缘构件（《全国技术措施》5.3.16 条）。小洞口定义：距墙端大于 4 倍墙厚，高度小于层高 1/3。（《广东高规》5.3.6 条）

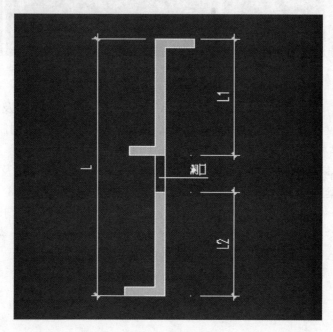

图 15-19　开洞剪力墙

（13）电梯筒 L_c 长度按图 15-20 所示要求确定。

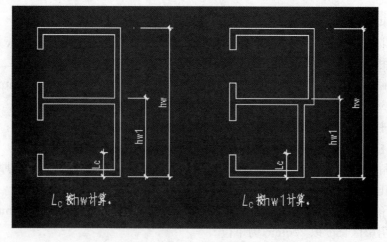

图 15-20　电梯筒

（14）F形边缘构件按图 15-21、图 15-22 形式设置。

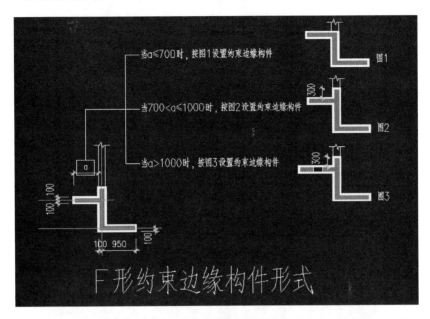

图 15-21　F形边缘构件设置形式（1）

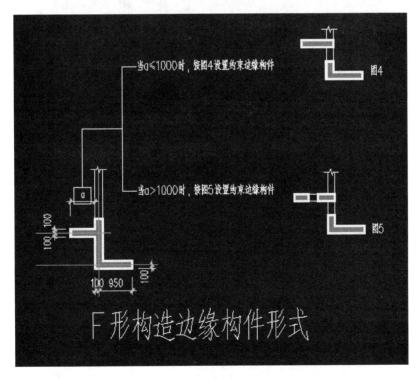

图 15-22　F形边缘构件设置形式（2）

（15）带端柱的剪力墙稳定性验算按两边支承，墙厚按计入端柱后的平均厚度。

（16）剪力墙三级以上，首层轴压比有大于 0.3 和不大于 0.3 两种同时存在时，不大于 0.3 的需做成构造边缘构件。

（17）剪力墙三级以上，当首层轴压比大于 0.3 而二层不大于 0.3 时，整个加强区均设置约束边缘构件。

（18）二、三级抗震时，当同一片墙的墙肢部分大于 0.4，部分小于 0.4 的情况，计算 L_c 长度及最小配箍率时按规范要求区分设计，不统一，如图 15-23 所示。

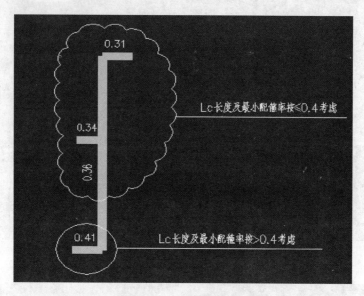

图 15-23　边缘构件轴压比

（19）约束边缘构件的小箍筋放在外侧，拉筋放内侧，如图 15-24 所示。

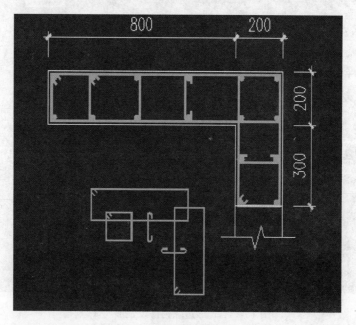

图 15-24　边缘构件箍筋拉筋形式

（20）当剪力墙端柱边长小于剪力墙厚度 2 倍时，L_c 长度需满足暗柱要求，且方柱伸入剪力墙肢的长度不小于 200，端柱仍按框架柱构造，如图 15-25 所示。

（21）剪力墙计算书中带有"PL"时，竖向钢筋不应采用绑扎搭接。

（22）剪力墙平面外有梁搭接，当梁高大于 400 时，不管模型是否点铰，均需设置暗柱。梁支座弯矩较小时，暗柱截面为墙厚×400，抗震等级为一、二级时，纵筋 6φ14；三、四级时为 6φ12。抗震等级为一、二、三级时，箍筋 φ8@150（加强区用三级钢），四级时为 φ6@200（加强区用三级钢）。

（23）当建筑造型要求，墙端有较长端柱时，剪力墙端柱尽量只做 400，当确实需要加大时，增加长度不超 200，并且需在上层收至 400，如图 15-26 所示。

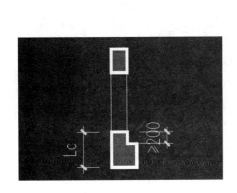
图 15-25　L_c 长度

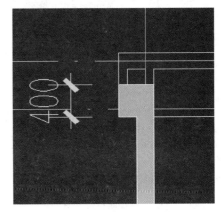
图 15-26　带端柱的剪力墙

（24）四级剪力墙轴压比按《广东高规》控制，即不大于 0.7。

（25）约束边缘构件和在底部加强区的构造边缘构件，采用箍筋或箍筋＋拉紧的配筋方式，不得只采用全部拉筋。

（26）约束边缘构件和在底部加强区的构造边缘构件，与墙肢相连段 300mm 范围段需设拉筋，非底部加强区的构造边缘构件可不设拉筋，如图 15-27 所示。

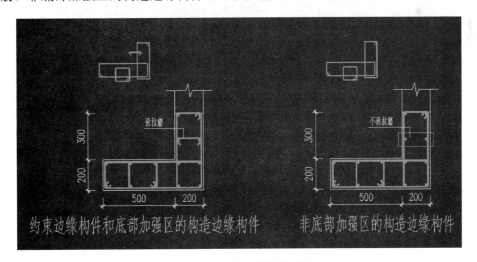
图 15-27　边缘构件箍筋拉筋形式（1）

（27）三、四级抗震非独立墙肢段的构造边缘构件箍筋（包括四级的底部加强区），箍筋最小用 6，独立墙肢段考虑分布筋需不小于 8，所以最小用 8。如图 15-28 所示。

（28）二、三级抗震时，当同一片墙的墙肢部分大于0.3，部分小于0.3的情况，均需设置约束边缘构件，如图15-29所示。

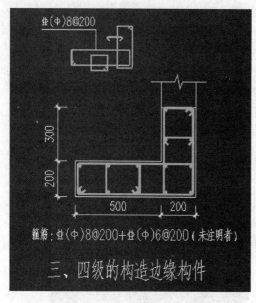

图15-28 边缘构件箍筋拉筋形式（2）

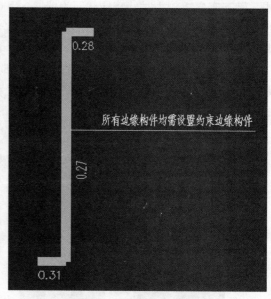

图15-29 边缘构件轴压比

（29）约束边缘构件截面需上下对齐，不能上大下小。

（30）当非阴影区长度≤100mm时，不设非阴影区，将阴影尺寸加大，如果非阴影区长度介于100～200mm时，做200mm的非阴影区，如图15-30所示。

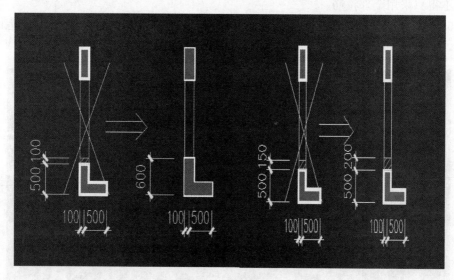

图15-30 L_c长度

（31）对于长度大于5m的墙体，在强度、刚度富足的情况下，在适当楼层以上（例如顶部2/3的楼层）考虑结构开洞，以增加结构耗能机制及降低结构成本。洞口宽度1.0～1.5m，洞口上下对齐，连梁的跨高比宜小于2.5。长度大于8m的墙体，应设结构洞。

（32）长度＜300mm 的小墙肢不建入模型计算，短墙肢在 PM 模型输入时，节点间距离必须≥350。除非是构造配筋，短墙肢在 PM 模型中的节点间距离宜按实际墙肢长度输入。

（33）水平分布筋和竖向分布筋。水平分布筋和竖向分布筋配筋率按 0.25％取值、四级抗震时除底部加强部位和顶层外，水平分布筋和竖向分布筋配筋率按 0.20％取值（200墙厚取Φ8@250）。不同厚度墙体的水平分布筋和竖向分布筋设置如表 15-1 所示。

剪力墙构造分布筋　　　　表 15-1

抗震等级	类别	墙厚（mm）	200	250	300	350	400
一级	水平分布筋	底部加强部位	Φ8/10@200	Φ8/10@200	Φ10@200	Φ10/12@200	Φ12@200
		一般部位	Φ8@150	Φ8@150	Φ8/10@150	Φ10@150	Φ10@150
	竖向分布筋	所有部位	Φ8@200	Φ8/10@200	Φ10@200	Φ10/12@200	Φ12@200
二级~三级	水平分布筋	底部加强部位	Φ8@150	Φ8@150	Φ8/10@150	Φ10@150	Φ10@150
		一般部位	Φ8@200	Φ8/10@200	Φ10@200	Φ10/12@200	Φ12@200
	竖向分布筋	所有部位	Φ8@200	Φ8/10@200	Φ10@200	Φ10/12@200	Φ12@200
四级	水平及竖向分布筋	底部及特殊部位	Φ8@200	Φ8/10@200	Φ10@200	Φ10/12@200	Φ12@200
		一般部位	Φ8@250	Φ8/10@250	Φ10@250	Φ10/12@250	Φ12@250

注：1. 特殊部位系指《高规》7.2.19 房屋顶层剪力墙、长矩形平面（长宽比≥3）房屋的楼梯间和电梯间剪力墙、端开间纵向剪力墙以及端山墙。（特殊部位 0.25％，其他 0.20％）；
　　2. 层高＞3000 时，200 墙厚的竖向分布筋采用Φ8/10 间隔放置的配筋方式。
　　3. 本表编制原则为水平分布筋间距与约束边缘构件箍筋间距模数相符。

（34）一般筒体结构分布筋可按表 15-2 选用（底部 0.3％，其他 0.25％）。

剪力墙构造分布筋　　　　表 15-2

抗震等级	类别	墙厚	200	250	300	350	400	450	500
一级	水平分布筋	底部加强	Φ8/10@200	Φ10@200	Φ10/12@200	Φ12@200	Φ12/14@200	Φ10/12@200	Φ12@200
		其他部位	Φ8@150	Φ8@150	Φ8/10@150	Φ10@150	Φ10@150	Φ8/10@150	Φ8/10@150
二~三级	水平分布筋	底部加强	Φ8@200	Φ8/10@150	Φ10@150	Φ10@150	Φ10/12@200	Φ10@150	Φ10@150
		其他部位	Φ8@200	Φ8/10@200	Φ10@200	Φ10/12@200	Φ12@200	Φ10@200	Φ10/12@200
一~三级	竖向分布筋	底部加强	Φ8/10@200	Φ10@200	Φ10/12@200	Φ12@200	Φ12/14@200	Φ10/12@200	Φ10/12@200
		其他部位	Φ8/10@200	Φ8/10@200	Φ10@200	Φ10/12@200	Φ12@200	Φ10@200	Φ10/12@200
抗震等级	类别	墙厚	550	600	650	700	750	800	850

抗震等级	类别	墙厚	200	250	300	350	400	450	500
一级	水平分布筋	底部加强	Φ12@200	Φ12/14@200	Φ12/14@200	Φ14@200	Φ12@200	Φ12/14@200	Φ12/14@200
		其他部位	Φ10@150	Φ10@150	Φ10/12@150	Φ10/12@150	Φ10@150	Φ10@150	Φ10/12@150
二~三级	水平分布筋	底部加强	Φ10/12@150	Φ10/12@150	Φ10/12@150	Φ12@150	Φ10/12@150	Φ10/12@150	Φ10/12@150
		其他部位	Φ10/12@200	Φ12@200	Φ12@200	Φ12/14@200	Φ10/12@200	Φ12@200	Φ12@200
一~三级	竖向分布筋	底部加强	Φ12@200	Φ12/14@200	Φ12/14@200	Φ14@200	Φ12@200	Φ12/14@200	Φ12/14@200
		其他部位	Φ10/12@200	Φ12@200	Φ12@200	Φ12/14@200	Φ10/12@200	Φ12@200	Φ12@200

注：墙厚≤400mm 时为双排配筋，400mm＜墙厚≤700mm 时为三排配筋，墙厚＞700mm 时为四排配筋。

（35）250mm 墙翼缘箍筋

所有 250mm 厚翼墙外箍标Φ8@200 不满足墙体水平筋不应小于 0.25％配筋率要求，应另标为 10/8@200。设计图纸表示如图 15-31 所示。

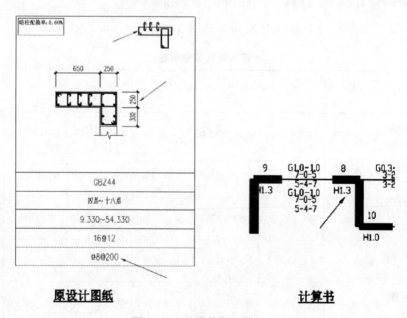

原设计图纸   计算书

图 15-31　边缘构件配筋（1）

强条原因：根据《高层建筑混凝土结构技术规程》的 7.2.17 规定：

7.2.17 剪力墙竖向和水平分布钢筋的配筋率，一、二、三级时均不应小于 0.25％，四级和非抗震设计时均不应小于0.20%。

主观原因：因往常做的项目标准层以上的墙多数都是200mm厚，故惯性地没有注意到标准层以上有250mm厚的墙，而忽略了考虑翼墙没有水平筋通过，实质外箍应该要满足墙体分布筋0.25%配筋率的要求。

解决方案：将250mm厚翼墙箍筋8@200改为10/8@200，如图15-32所示。

（36）《抗规》6.4.6条说明为：抗震墙的墙肢长度不大于墙厚的3倍时，应按柱的有关要求进行设计；矩形墙肢的厚度不大于300mm时，尚宜全高加密箍筋。如图15-33所示。

（37）一字墙$h_w/b_w>4$时，按短肢墙或者普通一字形剪力墙要求。但短肢墙整体式配筋时，箍筋（水平筋）间距应符合相应的YBZ、GBZ的规定。

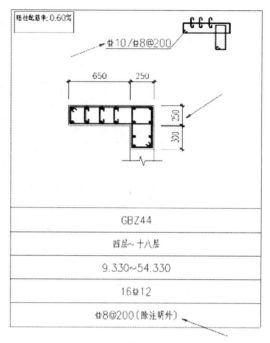

图15-32　边缘构件配筋（2）

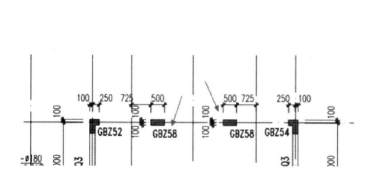

图15-33　柱箍筋加密

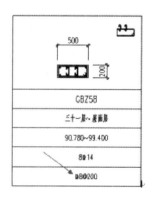

短肢墙水平筋最小直径，最大间距表　　　　　　　表15-3

	抗震等级	一级	二、三级	四级、非抗震
部位	YBZ	Φ8，@100；或Φ10，@200	Φ8，@150	
	GBZ底部加强部位	Φ8，@100；或Φ10，@200	Φ8，@150	Φ8，@200
	GBZ其他部位	Φ8，@150	Φ8，@200	Φ8，@200

（38）剪力墙配筋计算时，剪力墙水平分布筋应计入体积配箍率。

2. 板

（1）模板图（包括梁线、柱线及填充、外围尺寸及梁定位尺寸线、轴线与轴号、开洞线及填充）做成块。

（2）板的最小配筋率按0.16%（C25）/0.18%（C30）。

（3）当阳台、露台、卫生间板跨不大于 2m 时，面筋拉通，大于 2m 时断开，如图 15-34 所示。

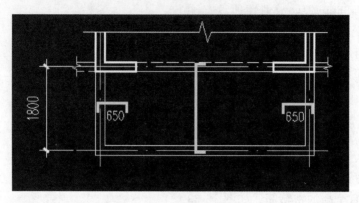

图 15-34　板平法施工图

（4）核心筒区域最小板厚 120mm，配筋双层双向 $\phi8@150$。

（5）转角窗区域板厚至少 130mm，配筋双层双向 $\phi8@150$。

（6）高层天面板厚至少 120mm，采用通长＋附加筋形式，通长筋 $\phi6@200$，当屋面梁较多，大部分板跨较小时，经同意可采用 $\phi8@200$ 通长筋。

（7）别墅平屋面最小板厚 100mm，板筋按实配，参总说明设温度附加筋，不在图中表示；坡屋顶最小板厚 120mm，采用通长＋附加筋形式，通长筋 $\phi6@140$。

（8）面筋长度计算方法：中间跨＝轴线间长度/4＋梁宽/2；边跨＝轴线间长度/4＋梁宽，以 50mm 为变化单位，最小锚固长度为 500mm。

（9）高层出面小塔楼板厚规定：除高出屋面 1.5m 的客厅屋面板做至少 120mm 厚外，其余小塔楼屋面板按实际计算，最小 100mm 厚，采用通长＋附加筋形式，通长筋 $\phi6@170$，与屋面相平的雨篷板另附加 $\phi6@170$。

（10）板厚＞120mm，简支边面筋用 $\phi8@200$。

（11）如周边支承条件较好，长矩形客厅板厚，短跨 $L<3.8m$，板厚 $h=110mm$；$3.8m\leqslant L<4.2m$，板厚 $h=120mm$；$4.2m\leqslant L<4.5m$，板厚 $h=130mm$，短跨板底筋不少于 $\phi8@200$。

（12）客厅与餐厅相连的大板 X 向（短向）底筋配筋时按 0.2% 配筋率配置，模型计算参数的配筋率仍为 0.159%。支座按计算书配筋，当固端部分小于该板边长度的一半时，应改为简支，但需满足大板板厚的最小配筋率。

（13）客厅与餐厅相连的异形板当边界条件较为复杂时，按真实情况设置边界条件，按 PKPM 结果配筋，并用第三方软件（建议使用有限元计算）校核底筋及挠度，且需满足上述第（12）条的构造要求，如图 15-35 所示。

（14）当短跨 $L\leqslant5.0m$，阳角放射筋用 $7\phi8$；$L>5.0m$ 时用 $7\phi10$。

（15）板面筋之间空隙≤500mm 时，面筋拉通。

（16）当正方形的板底筋因两个方向的 h_0 不同而导致底筋不同时，按大值双向配一样的钢筋，如图 15-36 所示。厚板搭接薄板，对于厚板计算时，可以该端取简支，而对于薄板计算时，可以按固结或者连续端计算。

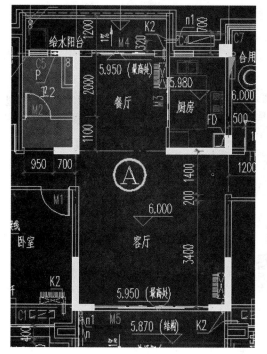 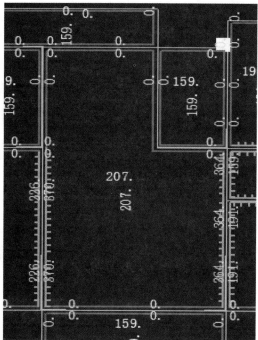

图 15-35　板支座形式设置

（17）简支边的板面筋，只有用 6 时才需满足最小配筋率。当直径不小于 8 时，只要 $\phi8@200$ 和不小于相应跨中板底筋的 1/3 即可，无需满足最小配筋率。

（18）楼梯分布筋参照结构说明的单向板分布筋放置，并非最小 $\phi8@250$。

（19）核心筒区楼板设双层双向拉通钢筋，最小配筋率 0.25%。对于 120mm 板厚，通长钢筋 $\phi8@150$。

（20）卫生间双层双向通长配置，由计算确定。一般 $\phi8@200$ 板面/$\phi6@150$ 板底，双层双向拉通。

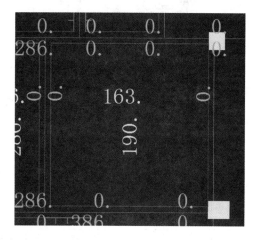

图 15-36　板配筋计算结果

（21）屋面板设板面通长钢筋，最小配筋率不小于 0.1%。对于 120mm 板面，通长钢筋 $\phi8@200$，支座不足设另加筋；板底钢筋按计算要求确定。

（22）首层楼板（地下室顶板）设双层双向拉通钢筋，最小配筋率 0.25%。通长钢筋不小于 $\phi10@170$（180mm 板厚）、$\phi12@200$（200mm）和 $\phi12@180$（250mm 板厚），板面钢筋视计算需要设支座另加筋。

（23）边界条件：连续板，按固端处理；板支座为剪力墙时，当剪力墙在本跨的长度不小于 2/3 的板跨度时，按固端处理，否则按简支处理，且满足最小配筋率；边跨支座（含一侧为沉板的情形，沉板高差≥25mm）为梁时按简支处理，且满足最小配筋率。

采用 HRB400 及以上钢筋时，除悬臂板及特殊部位外，一般楼层板配筋率取 0.15% 和 $45f_t/f_y$ 的较大值。

（24）当板短跨跨度大于 5.0m 时，板上筋的 50% 应拉通。板厚度≥150mm 时，板面拉通设置构造面筋。

（25）板上有墙而没设梁时，板计算应考虑线荷载。板跨大于 3m，板底放置相应加强筋，一般为 2φ12（图中应定位并用 50 厚粗实线标明），板跨≤3m 且其上隔墙高度≤3m 时板底不设置加强筋。

（26）首层板应采用双层双向拉通钢筋，双层双向不够时，面筋应采用附加短向钢筋，底筋应采用实配钢筋设计。

（27）双层板的表示方法如图 15-37 所示。

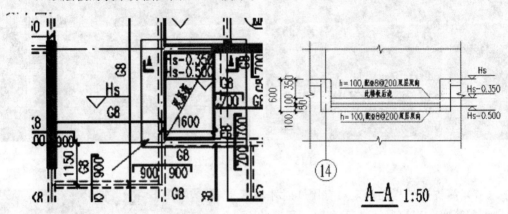

图 15-37　双层板表示方法

（28）首层楼板、配置钢筋地骨（中间设置）、地骨的适用范围如表 15-4 所示。

首层楼板、配置钢筋地骨（中间设置）、地骨的适用范围　　　　表 15-4

地面做法	结构布置	适用地质情况
楼板	详见 6.2 条	淤泥≥3m，回填土>4m（一般 5 年沉降仍未稳定）
配置地骨	配筋（φ8@200～φ10@200）；板厚 120～150mm	淤泥<3m，回填土<4m（一般沉降 5 年基本稳定）
地骨		回填上≤4m，根据密实情况而定是否处理： 1. 压路机可处理 3m 内回填土； 2. 强夯可处理>3m（含水量不高）的回填上

注：1. 上述仅一般原则，实际工程设计时应综合土的性质、工期以及地面的重要性综合考虑。
　　2. 首层楼板结构布置：考虑首层底筋的保护层较大，垫层作为模板不平整，首层楼板厚度一般≥120mm。同时，首层楼板的板跨度应相应增大。通过经济比较，板跨在 4.5m 是最经济的。为了施工方便，地梁应数目少、宽度大。

（29）边板支座筋的设计

边板支座筋的设计如表 15-5 所示。

支座板设计　　　　表 15-5

支座类型	配筋设置
边板边支座 中间板简支支座	$h<150$ 时配 φ8@200 $h≥150$ 时配 φ10@200 配筋要求取 ρ_{min}

（30）转角窗板带，当板厚＜150mm 时，不加箍筋，只放纵向加强筋，板厚≥150mm 时板带需另设箍筋，如图 15-38 所示。

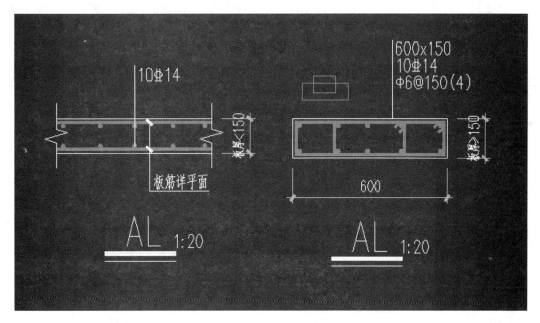

图 15-38 转角窗板带

（31）首层施工荷载一般可取 5.0/1.4＝3.6，首层不下地下室电梯基坑处，可以做成 250mm 的板，活荷载（面）取 10。

（32）露台、阳台、女儿墙、烟冲、雨篷、空调板处为防渗水，应设置完成面 200 高素混凝土。

（33）因露台、卫生间、阳台等影响产生整体降板的，降板后与建筑标高不一致后应注明填充材料、混凝土挡条高度。客餐厅之间不设置框架梁，采用大板或异形板。

外墙竖向线条（直接与剪力墙相连）外挑尺寸＜200mm 时，与剪力墙整浇，配筋采用构造钢筋，其他竖向线条采用砖砌加拉结筋的形式。造型飘板尽量单层配筋，钢筋直径不宜过大。

首层商铺或住宅地面不做现浇板时，应在素混凝土地坪中增加单层双向 $\phi8@200$ 钢筋网，防止填土沉降造成地面开裂。

当商铺地面与地下室顶板有高差，商铺背面墙体和堆土时，该部位墙体应做钢筋混凝土反坎，用来挡土并防止地下水渗入商铺内。反坎顶标高高于覆土完成面 300mm。

在非楼层处的空调板，应加钢筋混凝土浇过梁，板面低于冷凝管留洞标高，可以考虑在梁底直接挂板。

（34）楼梯

主体结构计算时，剪力墙、框一剪、框一筒结构可不考虑楼梯构件影响；框架结构楼梯需要建模计算（PM 中用斜梁和斜撑模拟梯板和梯柱）以考虑楼梯构件的影响，当采用 16G101-2 中的滑动支座梯板时楼梯可不参与整体计算。楼层标高的楼梯梁应建入模型计算，并绘制在结构平面布置图中，定位可详楼梯图。

水平投影尺寸 $L>5.6\text{m}$ 时，宜采用梁式楼梯；水平投影长度 $L\leqslant5.6\text{m}$，采用板式楼梯。板式楼梯板厚取水平投影长度的 $1/25\sim1/35$，且不小于 100mm。

板式楼梯计算可采用 Morgain 程序计算，跨中弯矩按 $M=qL^2/10$，支座弯矩按 $M=qL^2/20$ 计算确定配筋。

常用水平投影长度的楼梯，可按表 15-6 选用板厚和配筋。

楼梯板厚和配筋选用原则 表 15-6

水平投影长度 L（m）		板厚	配筋	
混凝土 C30	混凝土 C25		①	④
$L\leqslant2.7\text{m}$	$L\leqslant2.7\text{m}$	100	$\Phi10@200$	$\Phi8@200$
$2.7<L\leqslant3.0\text{m}$	$2.7<L\leqslant2.9\text{m}$		$\Phi10@150$	$\Phi8@150$
$3.0<L\leqslant3.5\text{m}$	$2.9<L\leqslant3.4\text{m}$	120	$\Phi10@140$	$\Phi10@200$
$3.5<L\leqslant3.8\text{m}$	$3.4<L\leqslant3.6\text{m}$		$\Phi10@110$	$\Phi10@200$
$3.8<L\leqslant4.5\text{m}$	$3.6<L\leqslant4.4\text{m}$	150	$\Phi10@100$	$\Phi10@200$
$4.5<L\leqslant4.8\text{m}$	$4.4<L\leqslant4.6\text{m}$		$\Phi12@110$	$\Phi10@200$
$4.8<L\leqslant5.3\text{m}$	$4.6<L\leqslant5.2\text{m}$	180	$\Phi12@125$	$\Phi12@200$
$5.3<L\leqslant5.6\text{m}$	$5.2<L\leqslant5.4\text{m}$		$\Phi12@100$	$\Phi12@150$
备注			1. 用 morgain 计算附加恒载 1.0kPa，活荷载 3.5kPa。 2. 考虑到工地踩踏，面钢筋直径不小于 $\Phi8$	

（35）混凝土栏板、女儿墙高≤600mm 做成 100 厚，双面配筋，女儿墙高>600mm 取 $h/10$ 且大于 120mm，双面配筋。

3. 梁

（1）当梁跨度≥6m 且支座钢筋直径≥25mm 时，拉通筋用省筋方式。

（2）同一截面内梁、柱受力钢筋级别不相差两级以上，柱的上下层钢筋可相差两级以上。

（3）除特别重要的部位（如转换梁、大跨度梁、悬挑梁等）钢筋可放大外，梁钢筋一般不放大，尤其在支座位置。

（4）高层标准层梁配筋合并原则：大部分梁配筋相差不超 10％即可归并，不再限定层数。

（5）除边梁截面用 560mm（降板 40mm），卫生间梁 360（降板 120 时为 400）以及建筑有特殊要求外，其余梁高按 50mm 取整。

（6）连梁（LL）都表示抗扭腰筋（N）。

（7）纯悬挑梁（如阳台挑梁）不属于框架梁，箍筋间距无需满足 $h/4$ 要求，底筋不需要满足不小于面筋的 0.3 倍的规范要求，但内悬挑梁需按框架梁构造，并按框架梁编号等级与其余框架梁相同，注意修改 PKPM，如图 15-39 所示。

（8）如果梁上托的柱只是一层或是造型柱，不定义成转换梁，底筋人为放大 1.1 倍，箍筋用三级钢即可，如果梁上托的柱有 2 层及以上，才定义。

（9）框架梁结构底筋锚固长度能满足尽量满足，不满足时分两种情况：1）如果柱弯矩较大如边跨柱，可适当加大柱截面；2）如果柱弯矩不大（如中柱）且梁端没有底弯矩时可不满足。

（10）挑梁底筋不需要满足不小于面筋的 0.3 倍的规范要求。

（11）支承于剪力墙平面外的梁，支座点铰计算，按次梁（L）编号。若位移角不足时，可分两个模型，算位移角的模型取消点铰计算。

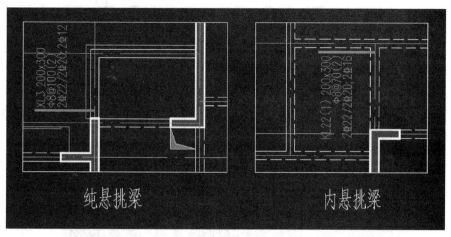

图 15-39　悬挑梁形式

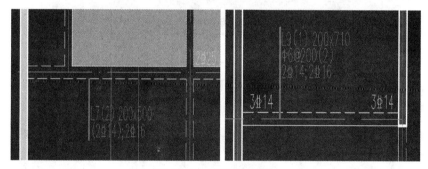

图 15-40　梁平法施工图

（12）连梁宽于剪力墙的做法（图 15-41、图 15-42）：

1）梁宽大于墙宽 50mm 时，梁纵筋斜锚入剪力墙中。

2）梁宽大于墙宽 100mm 时，宽出部分另加开口箍。

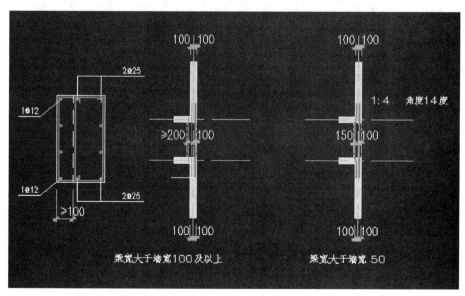

图 15-41　连梁宽于剪力墙的做法（1）

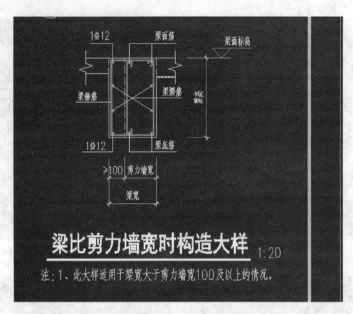

图 15-42　连梁宽于剪力墙的做法（2）

（13）当板短跨长度不大于 3m 时，墙下不设次梁；大于 3m 时，墙下需设次梁，如图 15-43 所示。

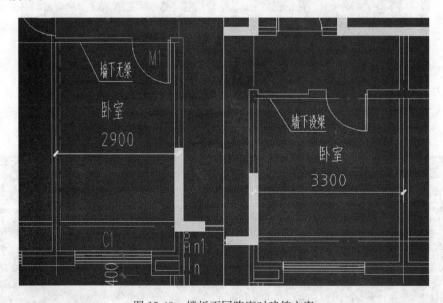

图 15-43　楼板不同跨度时建筑方案

（14）标高 H 均为结构标高，别墅都用数字直接表示标高，不用 H 代替。屋面上的小塔楼，需要按多塔定义。

（15）跨高比小于 2.5 并与剪力墙强肢相连时的连梁按连梁开洞输入；跨高比为 2.5～5 时，与剪力墙弱肢平面内方向相连的梁，分两种情况：

1）当 $h_b > h_w$ 时，设为框架梁（KL），按框架梁构造。

2）当 $h_b \leqslant h_w$ 时，设为框架梁（LL），按连梁构造。

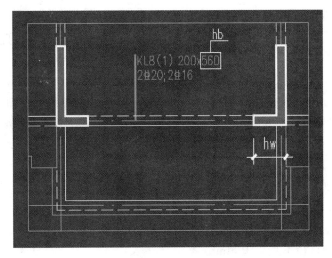

图 15-44　梁平法施工图

（16）边跨 1.2m 高的飘窗边梁，如不设为连梁时，需把刚度系数设为 1.0。

（17）厚度为 200mm 或 250mm 的剪力墙，当只有一侧有框架梁搭在墙平面外时，只要建筑条件允许应设端柱，端柱宽度宜为 400mm；无端柱时应梁端支座面筋可取直径 $\leqslant \phi 12$ 或采取机械锚固措施。

（18）卫生间沉箱小梁梁高 400mm（梁面比室内板面底 50mm，板底平梁底。图中设计时需注明该跨梁面标高为 $H-0.05$，且需附上缺口大样），次梁宽 150mm，主梁宽 200mm，其他外露的小梁梁高宜控制在 400mm。与剪力墙顺接的卫生间梁仍应做 200 宽。

（19）必要时可充分利用的梁高：梁下均是隔墙时，梁高可做到 600；卫生间窗户、飘窗如利用其窗台高度，请务必与建筑沟通，特别是飘窗，建筑有可能要预留改造空间。

（20）一般情况下，梁端支座为梁时，支承梁宽度 <300 时均按铰接计算；支承梁宽度 $\geqslant 300$ 时可按固接计算，端支座面筋宜采用小直径，满足 $0.6l_a$ 水平锚固长度要求，并在图纸中原位注明或说明端支座设计及构造为充分利用钢筋的抗拉强度。当有构件剪扭计算超筋，调整结构布置仍无法满足要求时，考虑对支承在其上的部分次梁点铰处理。或梁与剪力墙单侧垂直相交时，如果梁跨度 $\geqslant 4m$ 或梁面配筋面积超过 $3cm^2$，则需在模型与实际设计图纸中设置暗柱，暗柱根据计算结果进行配筋或梁端点铰处理，加大梁底钢筋。或梁与侧壁单侧垂直相交时，如果梁面配筋面积超过 $9cm^2$，则需在模型与实际设计图纸中设置暗柱，暗柱根据计算结果进行配筋或梁端点铰处理，加大梁底钢筋。暗柱也可不建入模型，其纵筋按手工计算配置，计算方法为：中间楼层取梁端弯距的一半（顶层取梁端弯距）作为非边缘暗柱的弯距，取暗柱截面范围的轴压力进行暗柱纵筋计算。暗柱截面高度取梁宽 +100mm 且 $\geqslant 400mm$ 和墙厚，箍筋一、二、三级取 $\phi 8@150$，四级取 $\phi 6@200$，纵筋配筋率一级 0.95%，二级 0.75%，三级 0.65%，四级及非抗震 0.55%。

（21）高低梁建模。商铺与塔楼层高与楼面标高不一致、塔楼与地下室顶板交界处，建模时应正确反映出相对高差关系，可通过调整上下节点标高实现。

（22）顶层连梁编号为 WLL，且注意连梁的腰筋配筋率要求。连梁宽度一般同剪力墙宽度。连梁支承次梁时，按框架梁建模，按框架梁编号，箍筋全长加密；一般情况下指定为框架梁，若该连梁超限时，可指定为连梁，同时该连梁应按两端简支梁计算底筋。

（23）梁纵向钢筋数量不宜超过 2 排，当底筋有第三排钢筋时，第三排可放置数量减半（宜为 2 根）；同一部位受力钢筋级差不超过二级（架立钢筋除外，且底面钢筋和顶面钢筋分开考虑）。当梁与剪力墙同宽顺接时应考虑剪力墙暗柱纵筋的影响，200 宽梁面筋不超过 $3\phi20$，底筋不超过 $3\phi22$。

（24）规则截面的框架梁和次梁、连梁的腰筋按结构通用图说明，图上无需另外表示；但框架梁或次梁梁宽大于 800mm 或梁高大于 1200mm 时，以及连梁宽度大于 800mm 时，框支梁，应自行标注，每侧的配筋量为腹板截面面积的 0.1%，间距不大于 200mm。梁截面有效高度减去楼板厚后的腹板高度，应尽量 <450mm（例：板厚 100mm 时，梁截面高度取 550mm，不取 600mm）。梁单侧有板时，腹板高度 h_w 同 T 形截面梁计算方法。当需要配置抗扭钢筋时，应自行标注抗扭钢筋。

（25）梁截面的高宽比一般情况下取 $h/b=2\sim3$，h/b 不宜大于 4。梁截面高度大于800mm 时，其箍筋直径不宜小于 8mm。

（26）首层塔楼与地下室顶板交界处的梁、框架梁梁宽一般取 300mm（最低 250mm）。取消不必要的次梁。

（27）当支座钢筋直径小于 20mm 时，加密区间距改为 100mm；当梁高小于 400mm 时，箍筋加密区间距改为 $h/4$，非加密区为 $h/2$。

地下室顶板覆土范围内的框架梁，若梁宽≥350mm 时，面筋通长为 $2\phi D+(2\phi12)$，D 为 22 或 25 根据实际情况取，在施工图上直接写上 $2\phi25$ 即可，梁配筋说明有注明"当梁内连续拉通钢筋根数少于箍筋肢数时"。

地下室顶板室内外高差处的大梁，需加大梁顶通长钢筋直径，可取支座最少配筋率拉通。

（28）框架梁贯通筋拉通原则

多跨框架梁的通长筋一般为同一直径，三、四级抗震设计拉通筋直径不应小于 $2\phi12mm$。当为四肢箍时，（梁宽≥350mm）跨中设 $2\phi12$ 架立筋。箍筋肢距，三级不宜大于 250mm，四级不宜大于 300。当梁跨度≤2.5m 时，配置角部贯通钢筋（同直径拉通方式）；梁跨度≤3.5m 时，至少 2/3 的支座筋应贯通；其余情况可参见表 15-7 相应处理。（最小经济跨度是指当梁的净跨小于此跨度时，不设置架立筋，设置同直径拉通钢筋更为经济）。

框架梁贯通筋拉通

表 15-7

支座负筋直径	贯通筋直径	最小经济跨度（m）
20	12	2.5
18	12	3
16	12	5
14	12	11

注：简单处理方式：贯通筋取 12；当支座筋≥18 时，跨度小于 3m 拉通；支座筋 16，跨度小于 5m 拉通；支座筋 14，全拉通。

（29）次梁箍筋最小直径 $\phi6$（梁高≤800）或 $\phi8$（梁高≥800），间距宜采用 200mm，当不满足抗剪要求时才允许减小间距或加大直径。

次梁顶面钢筋一般不设通长钢筋，仅设架立钢筋；次梁跨度小于等于 2.5m 且上筋数量不多时，可设置通长筋；架立筋集中标注应带小括号。次梁架立筋选择如表 15-8 所示。

架立筋直径　　　　　　　　　　　　　　　表 15-8

梁跨度 L	$L \leqslant 6m$	$6m < L \leqslant 9m$	$L \geqslant 9m$
架立筋直径	$\phi 10$	$\phi 12$	$\phi 14$

（30）一侧以剪力墙平面外为支座，另一侧以梁为支座时，按次梁编号及设计。多跨连续梁，其支座条件有差异时，宜分段分别按框架梁和次梁设计，但其两者相邻支座面筋应取相同。次梁边支座为柱或厚度较大的剪力墙平面外时，边支座可作为固定端。次梁边支座为 300mm 宽以下（不含 300mm）外边梁（含洞口边梁及两侧楼板有高差的梁），按铰接计算，应在 SATWE 构件特殊定义中点铰。按固接计算时，边支座为梁时面筋直锚长度需满足 $0.6l_a$，边支座为墙时面筋直锚长度需满足 $0.4l_{aE}$（墙宽 200mm，面筋直径 $\leqslant$ 12mm），一般情况下较难满足。

（31）井字次梁面筋不设架立筋，取两根通长筋（不少于 $2\phi14$）。非计算需要，一般情况下，次梁无加密区，但地下室单向板楼盖的次梁可根据计算需要按加密/非加密区箍筋配置以节省钢筋。转角窗梁不宜调幅，设计时按折梁设计，箍筋全长加密。

（32）悬挑梁端箍筋间距 100mm，直径和肢数按计算和构造要求。支座梁顶钢筋实配钢筋放大系数详见表 15-9。

悬挑梁选筋原则　　　　　　　　　　　　　表 15-9

情形	梁顶钢筋放大系数
悬挑长度 L 与梁高 h 的比值 $\leqslant 4$，且 $L \leqslant 2.5m$	1.10
悬挑长度 L 与梁高 h 的比值 > 4 或 $L > 2.5m$	1.25

注：悬挑梁出挑长度小于梁高时，应按牛腿计算或按深梁构造配筋。一般情况下，悬挑梁按非框架梁的配筋构造处理，底筋配筋率可按 0.2% 进行修正。

（33）大跨度梁（塔楼梁跨不小于 5m，地下室位置梁跨不小于 8m），其底筋放大 1.05～1.1 倍。框支梁计算结果非构造钢筋时，跨中钢筋放大 1.2 倍。

（34）KL 的支座两侧跨度相差较大时，短跨底筋可能偏小，容易不满足；梁端截面的底面和顶面纵向钢筋配筋量的比值，除按计算确定外，一级不应小于 0.5，二、三级不应小于 0.3。

（35）框支柱、框支梁在满足计算的前提下是否满足规范的构造要求。板面有反梁处理：车库、屋面、露台等一般板面跨中不设反梁，条件限定必须设反梁时须双方确认，并在梁紧贴板面的标高处预留过水洞，做疏水处理，保证洞口通畅。

露台：根部设 250～300mm 高（相对于结构面）混凝土反梁或反槛，或做 250～300mm 高的降板，露台边缘和分户墙处至少做 500mm 高（相对于结构面）的反梁或反槛，反梁、反槛宜和主体一起浇筑。

闷层只设置框架梁外围梁（因规划局明确此处不能开洞）建议此处不作开洞表达同时板也不配筋。卫生间内不宜设置梁，当不可避免时应满足设备专业管线要求；建筑结构降板范围不一致时应注明挡水条及填充材料。卫生间内避免有梁穿过，有梁穿过时应注意卫生器具楼面留孔与梁的关系，同时需注意给水管、排水管不发生冲突。

（36）跨度比较大的 KL。比如，大于 10m，一般要校核一下箍筋，一般用到直径 10mm。

（37）KL 的最小直径一般不要小于 14mm，次梁可以为 12mm，因为 KL 的加密区二、三、四级时，有 8d 最小间距的要求，用常用的 100mm 可能会出现错误。当直径为 12mm 时，KL 加密区的间距为 96mm。

（38）大跨度框架指跨度不小于 18m 的框架，要提高一级抗震等级，箍筋最小直径可能增大一级。

（39）9m 及以上较大跨度的梁配筋应重点校对挠度及裂缝。

（40）LL 跨高比在 0.5～1.5 之间时，上下纵筋均不应小于 0.25% 最小配筋率。且 LL 要全长加密。

（41）KL 的最小配筋率，要同时满足《混规》与《高规》，如表 15-10 所示，否则按最小 0.2% 的配筋率，容易不满足强条要求，尤其是抗震等级为一级、二级时。

梁纵向受拉钢筋最小配筋率 表 15-10

抗震等级	位置	
	支座（取较大值）	跨中（取较大值）
一级	0.40 和 $80 f_t / f_y$	0.30 和 $65 f_t / f_y$
二级	0.30 和 $65 f_t / f_y$	0.25 和 $55 f_t / f_y$
三、四级	0.25 和 $55 f_t / f_y$	0.20 和 $45 f_t / f_y$

（42）连梁截面高度大于 700mm 时，其两侧面腰筋的直径不应小于 8mm，间距不应大于 200mm；跨高比不大于 2.5 的连梁，其两侧腰筋的总面积配筋率不应小于 0.3%。

（43）梁高受限时，可以上翻。梁配筋率大于 2% 时，箍筋直径应该提高一级。

（44）小于 1m 的翼缘长度，一般左右 2 跨要编为同一个编号，这样钢筋好锚固拉通。

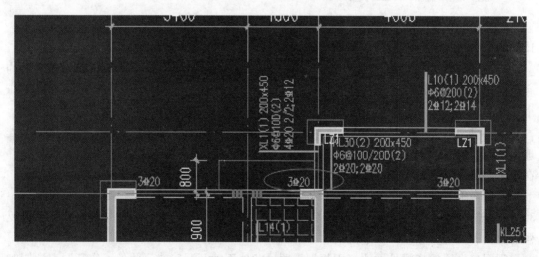

图 15-45 梁平法施工图

（45）如图 15-45 所示，楼梯设置时如碰窗户，应取消相关楼梯平台梁，用以窗户安装。因室外车位影响形成高差处建筑外围地梁应复核其高度。

（46）注意入户门与梁的对应关系，尽量结合布置（避免开门前、后很近距离内有梁）。厨房内不宜设置梁，当不可避免时应满足设备专业管线要求。次梁不应搭在房间入口门洞的正上方。

阳台外围梁高应与建筑外立面一致，不宜做变截面梁高，并确保反坎不小于建筑完成面 200mm。

电梯门洞上方梁高应确保洞口高度为 2270mm，以便电梯安装。阳台等部位悬挑梁应结合建筑造型避免做成梁高变高的形式，以方便铝模加工。客餐厅之间不应布置梁，采用异形板的形式。包括赠送面积位置的所有外墙窗户上方的梁高应保持一致。两卫生间相邻时，卫生间中间隔墙下不设梁，将两卫生间做成一块大板。不得出现梁压门头及门前后较近位置设有结构梁。

卫生间结构专业应考虑排气孔位置，当墙上无法设置排气孔时，通过将梁底筋上抬，梁下加构造钢筋的形式，以便增设排气孔。结构梁布置在保证结构经济性的同时充分满足建筑使用要求。餐厅和客厅之间不得布置结构梁，大板厚度以控制在 130mm 以内为宜，含钢量不应有大幅度增加。梁边不允许外露的顺序：厅—主人房—主卧过道—次卧—厨厕。

梁端部负筋与梁中贯通负筋应分别配置、搭接处理，贯通负筋满足规范最低要求即可，不应用端部负筋拉通作贯通负筋。电梯门洞口定为 2270mm，应考虑洞口处梁布置，以便电梯安装。各层平面周边梁高应统一，以保证建筑立面窗顶标高齐平，梁高由建筑专业确定。户内梁高（除特殊条件且不影响建筑使用的情况外）宜控制在 500mm 内。

4. 柱

（1）所有 LZ 均按框架柱构造。

（2）柱平面定位图中应标注沉降观测点。

（3）柱根应采用 100mm 的间距；三、四级当柱纵筋直径小于 20mm 时，加密区间距改用 100mm。

四级框架柱的剪跨比不大于 2 或柱全截面配筋率大于 3% 时，箍筋直径不应小于 8mm。框支柱、一、二级框架角柱，柱箍筋全高加密。

设计时，三、四级抗震箍筋可为 @150/200（剪跨比 ≥2，且纵筋直径不小于 20mm，箍筋间距取 8d 与 150mm 的较小值），纵筋直径小于 20mm 则箍筋选 @100/200 仅当不满足抗剪要求才允许减小间距或加大直径。计算结果为根据 100mm 间距得出的结果，应进行换算配筋。箍筋加密区的肢距不宜大于 200mm（一级）、250mm（二、三级）、300mm（四级及非抗震）。

剪跨比小于 2 但大于 1.5 的柱，箍筋全高加密为 100mm。

（4）剪力墙底部加强部位边框柱的箍筋宜全高加密（本项目不执行）；当带边框剪力墙上的洞口紧邻边框柱时，边框柱的箍筋宜全高加密。带边框剪力墙应设置暗梁或框架梁（公寓楼中在底部加强层设置）。

（5）标准层 TZ 按总工室文件要求：200×300，4φ12，φ6@100。注意首层层高较高时，会导致 TZ 高度较大，柱截面需相应加大，如 200×400，200×500，有条件时也可加宽。

(6) 异形柱（抗震等级为二级）。

条文（审核意见）

13	LZ2 为异形柱，箍筋间距不应大于 6 倍受力纵筋直径

根据《混凝土异形柱结构技术规范》JGJ 149：异形柱箍筋加密区箍筋的最大间距应满足纵向钢筋直径的 6 倍和 100mm 的较小值。

原设计为：　　　　　　　　　　　　　　　　修改结果：

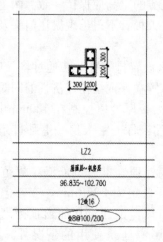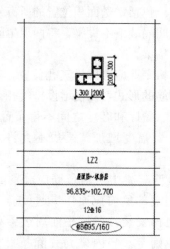

图 15-46　异形柱配筋

注：三、四级时为加密区最大间距有 $7d$ 的规定。

(7) 构造柱的设置原则。

与结构墙柱相连的建筑小墙垛，若长度小于 150mm，应采用混凝土构造柱。详见图 15-47 中的 GZ6。100mm 厚的侧板全部为构造柱。空调机侧板 100mm 厚时，墙端部侧板带 200mm 宽构造柱，详见图 15-47；中部侧板延伸内墙面，不做构造柱 200mm 端头，详见图 15-47 中的 CB2。外墙不大于 300mm 的门窗墙垛需做成构造柱。

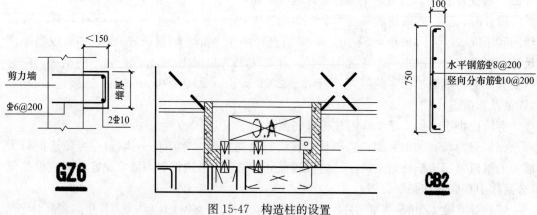

图 15-47　构造柱的设置

外墙阳角（包括悬挑结构的阳角）端部设 200mm×200mm 抗震构造柱。根据砌体结构总说明的要求设置。除地下室外，其余楼层的构造柱应在结构平面布置图中表达。

5. 地下室

（1）地下室现在流行采用加腋梁板体系，常见覆土厚度为 1.2m，对于加腋梁，腋是有一个合理的尺寸的，在这个合理的尺寸范围内，就会产生好的空间拱效应，即有好的受力性能。一般来说，支托坡度取 1∶4，高度小于等于 0.4 倍的梁高时，空间拱效应比较大，即此时的受力性能比较好。腋高 h 定为 300mm，坡度 1∶4，因此腋长定为 1200mm。

对于加腋板，加腋板的腋长为板净跨的 1/5～1/6，针对 8.1 柱跨地下室，梁宽 500mm，因此腋长取 1300mm；加腋区板总高为跨中板厚的 1.5～2 倍，跨中板厚可取柱跨的 1/35。

（2）地下室侧壁

地下室侧壁按静止土压力、水土分算计算，静止土压力系数取 0.5，土的表观密度取 18kN/m³，强度计算时土压力、水压力分项系数均取 1.2。迎土面支座配筋按 0.2mm 裂缝控制，裂缝计算时板、墙保护层厚度取 20mm。

一般情况下，侧壁按单向连续板计算，底层固端，顶层铰接。竖向钢筋按计算确定，通长钢筋间距 200mm 或 150mm，迎土面支座不足另设加筋（1/3 净高处截断）；水平分布筋按 0.15% 最小配筋率控制，间距 150mm，对于 300mm 厚侧壁为 ϕ12@150。总配筋率一般控制在 0.6% 以内为宜。

当侧壁顶端没有楼盖时，应按悬臂板计算配筋。配筋原则同一般情况。当层高较高时，为减小侧壁厚度改善经济性，可考虑结合柱网增设扶壁柱（需与建筑协商）。当扶壁柱截面高度大于板跨（层高）的 1/6（或悬臂高度的 1/4）和侧壁厚度的 2 倍时，侧壁可按四边支承（一般情况）或三边支承（顶端无楼盖），竖向钢筋和水平钢筋均按计算配筋，竖向通长钢筋间距 200mm，迎土面支座不足另加；水平钢筋间距 150mm。扶壁柱按计算要求配筋。

特别注意地下室范围以外的车道，应按两侧悬臂板计算。地下室侧壁无需做暗梁。地下室侧壁按纯弯构件计算，地面荷载取 5kN/m²。地下室侧壁按墙输入，在框架梁与外墙交接处，跨度较大（≥5m）时设置壁柱。

（3）消防车荷载输入模型时可按照消防车道所占板面积比例进行折减。双向板楼盖板跨介于 3m×3m～6m×6m 之间时，按规范插值输入。消防车荷载不考虑裂缝控制。消防车荷载折减原则：算板配筋不折减；单向板楼盖的主梁折减系数取 0.6，单向板楼盖的次梁和双向板楼盖的梁折减系数取 0.8；算墙柱折减系数取 0.3；基础设计不考虑消防车荷载。

（4）地下一层侧壁厚度 300mm，底板和侧壁临土面钢筋按 0.2mm 裂缝控制（计算裂缝时保护层厚度按 25mm 考虑），考虑人防工况，人防工况考虑材料强度提高并不考虑挠度和裂缝要求。

（5）地下室底板采用无梁楼板形式，配筋形式采用柱上板带＋跨中板带的形式，采用"贯通筋＋支座附加筋（计算需要时）"即拉通一部分再附加一部分的配筋形式。计算程序可用复杂楼板有限元计算。

桩承台为抗冲切柱帽，部分承台可通过适当加大柱帽的尺寸的方法降低底板配筋。

底板正向计算时为自承重体系，向下荷载为底板自重、建筑面层重量及底板上设备及活荷载，底板下地基土承载力须满足要求，不满足时应由基础承受底板自重、面层及其活荷载。底板反向计算时向下荷载为底板自重、建筑面层重量，向上荷载为水浮力，并按照规范取用相应荷载组合，其中水浮力分项系数取 1.2。

底板下地基土承载力特征值不应小于 130kPa（淤泥土或扰动土时，换填不小于 500 厚中粗砂密实处理或同垫层的素混凝土）。

底板与地下室外墙连接处应充分考虑外墙底部固端弯矩对底板的影响，伸出外墙边 300mm。

底板计算裂缝时混凝土护层取 20mm（图注 50mm），裂缝控制宽度为 0.2mm。

（6）地下室外墙下部除确有必要外不设置基础梁。当部分部位设置基础梁时，其配筋计算时只考虑垂直荷载；一般情况下，基础梁不能用列表表达法，而用平面表达法（即支座面筋不全长拉通，另设置小直径架立钢筋，抗剪不够时可采取梁端 $1.5h$ 范围内，箍筋加密至@150 或@100）。

覆土厚度：根据公司最新成本控制要求，顶板覆土厚度原则上按 1200mm 设计。

消防车荷载：由于消防车荷载较大，应与建筑协调尽量减少消防车通道面积。在结构设计中，应只在消防车通道和扑救面范围内考虑消防车荷载。消防车等效静荷载应考虑覆土厚度的有利影响。由于消防车是偶然作用，顶板裂缝验算应不包含消防车荷载。

人防荷载：应根据《人民防空地下室设计规范》GB 50038—2005 确定合理的顶板等效静荷载。有人防荷载组合时，分项系数应按规范取值，材料强度相应按规范进行调整。由于人防荷载是偶然作用，顶板裂缝验算应不包含人防荷载。

（7）地下室挡土墙

地下室挡土墙一般按竖向构件设计，底端与底板刚接，顶端根据顶板厚度考虑为刚接或简支，也可取二者的平均值，局部车道等开口处应按顶端自由设计。挡土墙厚度大于等于 300mm 时，挡土墙不设壁柱。对于多层地下室应按竖向连续构件设计。挡土墙外侧竖向钢筋应按通长钢筋加支座短筋方式配置。

（8）无梁楼盖层高不大于 3500mm，梁板结构层高不大于 3600mm。地下室底板优先采用无梁楼盖的基础形式。多层地下室时，地下室除顶板外应进行普通梁板体系及无梁楼盖方案比较。

（9）地下室顶板优先采用无梁楼盖的基础形式。当地下室顶板采用加腋框架梁加大板的结构形式时，板厚控制在 280～320mm。非人防地下室加腋梁跨中梁高不得大于 750mm，人防地下室加腋梁跨中梁高不得大于 850mm，以保证车库 2.2m 净高使用要求。

顶板覆土厚度原则上按 1000～1200mm 设计，景观有特殊要求除外。应只在消防车通道和扑救面范围内考虑消防车荷载。消防车等效静荷载应考虑覆土厚度的有利影响。由于消防车是偶然作用，顶板裂缝验算应不包含消防车荷载。

地下室（地库部分）底板马凳筋直径采用 φ14，顶板马凳筋直径采用 φ12，马凳筋间距均为 1.5m×1.5m。筋直径 $d<12$ 时采用绑扎搭接，$14 \leqslant d \leqslant 20$ 时采用焊接，$d>20mm$ 时采用机械连接。地下室底板找坡采用结构找坡。因地下室布置特殊原因需采用建筑找坡时，需专门进行讨论。

（10）纯地下室部分一般采用钢筋混凝土框架结构体系。地下室一般不设伸缩缝，超长地下室可根据当地经验设置后浇带、加强带。当地下室与塔楼合并设计时，为了减少沉降差对结构构件的不利影响，可在塔楼周边设沉降后浇带。当地下室与塔楼差异沉降较大、设置沉降后浇带不能解决问题时应提出处理方案，必要时调整基础方案，以减少差异沉降。

（11）地下室与周边建筑物边线的距离，应根据工程实际条件进行综合考虑、优化设计，做到结构安全，经济合理，应尽可能减少基坑支护的费用。与建筑物边线的距离，主要与地质条件、基础形式、地下室底板标高、工程进度以及基坑支护等因素有关。在规划设计时，应配合建筑专业确定经济合理退缩距离。

（12）对于抗震设防区，纯地下室结构抗震等级根据具体情况采用三级或者四级。当地下室与塔楼合并设计时，塔楼和塔楼外的地下室应分别考虑。当地下室顶层作为上部结构的嵌固端时，塔楼下地下一层的抗震等级按上部结构采用，地下一层以下采用三级或四级；地下室中超出上部塔楼范围且无上部结构部分，结构抗震等级可根据具体情况采用三级或四级。

地下室层高会直接影响：①土石方工程量；②基坑支护投资；③竖向构件如柱、挡土墙工程量；④抗浮设计成本。地下室层高应考虑以下因素：①结构梁高；②通风管高度；③喷淋头高度；④车位净高；⑤地面耐磨层厚度度。

地下室采用底板建筑找坡。对于局部设备房，需要较高的净空要求时，应由结构专业解决（顶板局部反梁、减小梁高、局部挖深等措施），不得因为局部设备房净空要求而增加整个地下室的层高。结构板面预留排水沟，并合理布置集水井位置。

地下室混凝土强度不宜太高。混凝土强度太高，不仅成本增加，而且由于水化热提高、不利于地下室裂缝控制。混凝土强度宜 C30～C35，不得高于 C35。

地下室抗浮设防水位是影响地下室抗浮设计、底板厚度及配筋的关键因素，因此根据地区水文资料、建筑周边环境等因素确定合理的抗浮水位至关重要。抗浮水位取值过高会增加结构成本，取值过低可能埋下安全隐患。对于山地建筑，应根据现场实际情况确定安全、合理的抗浮水位。当条件许可时可以采用排水措施降低抗浮水位。

（13）当地下室重量小于底板水浮力时须进行抗浮设计，一般有以下方案：①增加地下室重量抗浮；②采用抗拔桩抗浮；③采用抗拔锚杆抗浮。应根据地下室埋深、设防水位、地质情况、基础形式综合考虑，进行多方案技术经济比较确定最优方案。上部重量与水浮力相差不多时可以采用增加地下室重量的方式进行抗浮设计，相差较大时应选择抗拔桩或者抗拔锚杆等方案。

6. 大样

（1）大样画法参照《精工户型（三个气候区）统一大样详图》。

（2）悬挑板配筋原则：

a. 净跨≤300mm 且只承受自重荷载时，板面筋 $\phi6@200$，不按最小配筋率；

b. 窗台上下悬挑板板厚不小于 100mm，面筋不小于 $\phi8@200$；

c. 所有悬挑板面筋配筋率不小于 0.2%，且不小于 $\phi6@140$；

d. 悬挑板底筋（温度分布筋）按结构总说明，不在大样图中表示。

（3）当窗台飘板支承较多砖墙时，需复核板面筋是否足够，不能盲目按照 $\phi8@200$，如图 15-48 所示。

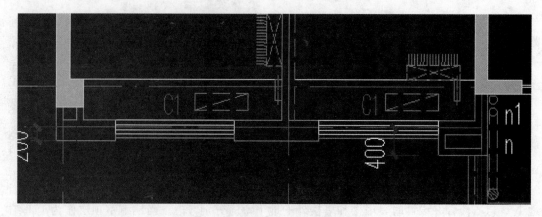

图 15-48　窗台飘板支承较多砖墙

（4）外墙节点配筋一致性：所有的分布钢筋选用如下：①140mm 厚度以下的飘板分布筋均为 $\phi6@200$，$150\sim180$mm 板厚分布筋为 $\phi6@150$；180mm 厚度以上分布筋为 $\phi8@200$。②受力钢筋除计算要求外，$100\sim120$mm 厚飘板为 $\phi8@200$，$130\sim150$mm 厚飘板为 $\phi8@150$，$180\sim200$mm 板厚为 $\phi10@200$。

（5）梁下挂板大样错误做法

梁下挂板大样错误做法如图 15-49 所示，正确做法如图 15-50 所示。

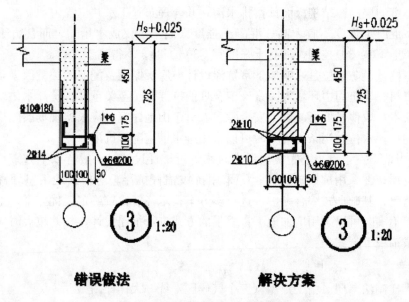

　　　　错误做法　　　　　　　　解决方案

图 15-49　梁下挂板大样错误做法

（6）首层外墙外侧有覆土的，须做钢筋混凝土墙挡土。在厕所范围内的剪力墙厚度变截面处应在沉箱板面，并附上大样图。勿漏屋面风井、烟道盖板的配筋大样。卫生间梁下沉 50mm，需在图中表达缺口梁大样，如图 17-16 所示。剪力墙在卫生间位置变厚度时，应补充大样表达。

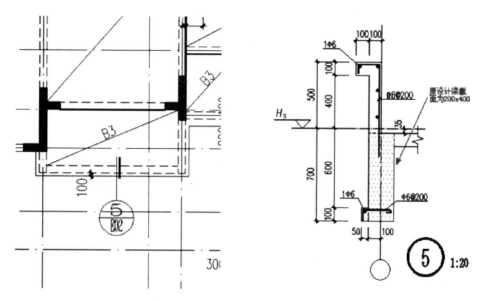

图 15-50　梁下挂板大样正确做法

注：要验算最小配筋率

7. 后浇带

后浇带间距以控制在 40m 以内，宽度 800mm，宜设在跨中 1/3 的部位，应避免后浇带范围内有顺向的次梁（离梁、墙边至少 300mm）、基础、集水井、电梯基坑、竖向构件、人防口部等位置，在侧壁处应上下层位置一致。后浇带做法按结构总说明。

8. 基础

（1）受力采用 HRB400 钢筋；构造钢筋宜采用 HPB300 钢筋，设计中不再采用冷轧带肋钢筋。

场地地质条件复杂时基础形式应与甲方协商后确认，必要时通过专家会的形式确认建筑物基础形式。基础形式的优先顺序为天然基础、复合地基、桩基础。

（2）当持力层承载力较高，建筑物可采用筏形基础时，筏板厚度宜符合下列规定：24 层建筑物筏板厚度宜为 1200～1300mm；33 层建筑物筏板厚度宜为 1400～1600mm。筏板配筋应合理。

当建筑采用桩基础时，桩基根数应合理，工程桩最终应根据试桩结果进行优化。桩基类型应注明为端承桩还是摩擦桩。桩身混凝土强度和配筋应合理，特别是需要水下灌注时，避免用到 C50 以上混凝土。

（3）别墅、商业及 11 层以下小高层，当地基较好时可选用柱下独立基础；局部土质较差时采用降低基础底标高或 C15 素混凝土回填的方式。当地基条件较差时，可采用夯实复合基础、400mm 直径管桩。

地下车库部分，地基条件较好时可采用独立基础。当地基条件较差时，采用 400mm 直径管桩的基础形式。

11 层以上高层当地基承载力较好时，可采用筏形基础；当地基承载力较差，但能满足复合地基设计要求时，宜采用复合地基基础形式；当筏板或复合地基无法满足结构的荷载和变形要求，或通过经济比较，采用筏板或复合地基的基础形式造价反而比桩基础高时，可以选用桩基础。

桩基础一般采用管桩或钻孔灌注桩。50m 以下高层当地质条件合适时可采用管桩。一般宜采用钻孔灌注桩，当荷载较小时，可采用 600mm 直径。

（4）桩基反力

桩基反力一般查看以下三种，如图 15-51 所示。

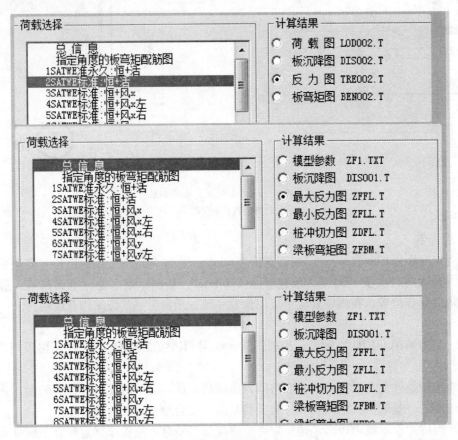

图 15-51　桩基反力查看

（5）相邻桩的桩底标高差，对于非嵌岩的端承桩不宜超过桩的中心距，对于摩擦桩不宜超过桩长的 1/10。桩最小长度不应小于 6m。

人工挖孔桩以强风化泥质粉砂岩为持力层时，扩大头单侧扩出尺寸不宜超过 500mm；以中风化泥质粉砂岩为持力层时，800mm 直径桩扩大头单侧扩出尺寸不应超过 400mm；超出该尺寸时，应征询勘察单位和施工单位的意见。桩长≥15m 时，桩径不宜小于 900mm；桩长≥20m 时，桩径不宜小于 1000mm。

抗拔桩计算裂缝宽度时，保护层厚度的计算值取 25mm。

主楼基础采用筏形基础时，筏板厚度应严格控制，且计算筏板配筋时应考虑上部结构刚度，以减小配筋。

9. 含钢量

含钢量限额标准见表 15-11。

不同产品类型的含钢量及混凝土含量限额

表 15-11

结构类型		含钢量标准（kg/m²）	混凝土用量（m³/m²）
别墅（含叠墅）1～4F		45	0.32
学校 1～3F		36	0.32
商业 1～3F		36	0.32
多层洋房 5～8F		32	0.3
小高层住宅 9～12F		38	0.33
小高层住宅 13～18F		40	0.35
高层住宅 19～26F		46	0.36
高层住宅 27～33F		50	0.38
超高层住宅 34～36F		55	0.4
上部有塔楼地下室	一层不带人防地下室	135	1.22
	一层带人防地下室	175	1.29
	二层不带人防地下室	124	0.92
	二层带人防地下室	135	1.12
上部无塔楼地下室	一层地下室	105	0.85

注：1. 其中地下室部分设计限额为按建筑面积计算，上部结构部分设计限额为按实际建筑面积计算（其中实际建筑面积含架空层、正常赠送面积）。

2. 上部指标均为±0.000 以上标高指标。

3. 地下室指标中覆土厚度为 1200mm；每增加覆土厚度 0.3m，含钢量相应增加 5kg/m²；每减少覆土厚度含钢量及混凝土含量均取插值。

4. 表中地下室指标水压同室外场地取值。

16 结构专业施工图阶段重点问题审核

16.1 独立基础

1. 混凝土等级、钢筋强度等级是否与计算书一致？读取的内力是否需折减（注意厂房等）？

2. 承载力持力层是否与地质勘察符合？

3. 承载力特征值是否与地质勘察符合？

4. 地基基础设计等级是否与地质勘察一致？

5. 埋深是否满足要求？

6. 深宽修正系数是符合规范要求（以及土的重度是否需要用浮重度）？

7. 基础高度是否满足锚固要求（以及冲切、剪切、大于地梁高度）？

8. 基础配筋率是否满足要求（特别是一阶的时候）？

9. 独立基础两阶以上时，是否与地下室底板重合（是否直接做成1阶）？

10. 平面表达以及定位是否准确、与计算书是否一致？

11. 多柱基础是否设置暗梁，配置面筋、合力形心与截面形心一致等？

12. 基础截面长宽比是否超过限值2？

13. 基础截面高宽比是否超过限值2.5？

14. 换填时基底压实系数是否满足要求？

15. 当混凝土等级小于上部混凝土等级时的局部受压验算？

16. 基础抗渗，防水等级是否符合要求？

17. 锥形基础的放坡及最小厚度是否符合要求？

18. 基础顶面覆土是否考虑？

19. 地下室内独立基础深宽修正是否从室内地坪起算？

20. 是否有软弱下卧层？是否考虑了其影响？

21. 消防电梯集水坑是否注意了标高问题，是否在独立基础的上面？

22. 当底板下为虚土时，柱底轴力是否考虑的底板等的重量？

23. 抽查个别基础截面是否满足要求？

24. 是否考虑防水板对基础的影响？

25. 严禁采用严重偏心基础，不可避免时应采用联合基础。

26. 后浇带等是否穿越了基础？

27. 保护层厚度是否符合场地要求？

28. 基础距离边坡的距离是否满足要求？

16.2　条　形　基　础

1. 混凝土等级、钢筋强度等级是否与计算书一致？读取的内力是否需折减（注意厂房等）？

2. 承载力持力层是否与地质勘察符合？

3. 承载力特征值是否与地质勘察符合？

4. 地基基础设计等级是否与地质勘察一致？

5. 埋深是否满足要求？

6. 深宽修正系数是符合规范要求（以及土的重度是否需要用浮重度）？

7. 基础高度是否满足规范及锚固要求（以及冲切、剪切、大于地梁高度）？

8. 基础底板、基础梁尺寸、配筋率是否满足要求？

9. 平面表达以及定位是否准确、与计算书是否一致？

10. 合力形心与截面形心一致等？

11. 换填时基底压实系数是否满足要求？

12. 当混凝土等级小于上部混凝土等级时的局部受压验算？

13. 基础抗渗，防水等级是否符合要求？

14. 基础顶面覆土是否考虑？

15. 地下室内基础深宽修正是否从室内地坪起算？

16. 是否有软弱下卧层？是否考虑了其影响？

17. 消防电梯集水坑是否注意了标高问题，是否在基础的上面？

18. 当底板下为虚土时，柱底轴力是否考虑底板等的重量？

19. 抽查个别基础截面是否满足要求？

20. 是否考虑防水板对基础的影响？

21. 严禁采用严重偏心基础，不可避免时应采用联合基础。

22. 对于剪力墙下条形基础可以取 1m 按独立基础计算，交叉处多情况考虑，对于置于岩石上的基础的抗剪计算可按贵州等地方规范进行计算。

23. 基础梁是否按反梁？是否满足构造（配筋率、通长筋、腰筋、箍筋）等？

24. 后浇带等是否穿越了基础？

25. 保护层厚度是否符合场地要求？

16.3　墩　基　础

1. 混凝土等级、钢筋强度等级是否与计算书一致？读取的内力是否需折减（注意厂房等）？

2. 承载力持力层是否与地质勘察符合？

3. 承载力特征值是否与地质勘察符合？

4. 埋深是否满足要求？

5. 地基基础设计等级是否与地质勘察一致？

6. 深宽修正系数是符合规范要求？

7. 承台高度是否满足锚固要求、搭接地梁高度以及经验高度要求？

8. 墩身、承台配筋是否满足要求？

9. 平面表达以及定位是否准确、截面是否与计算书一致？

10. 桩身、承台混凝土强度、尺寸是否满足要求，与计算书是否符合？

11. 当混凝土等级小于上部混凝土等级时的承台局部受压验算？

12. 基础顶面覆土是否考虑？

13. 地下室内墩基础深度修正是否从室内地坪起算？

14. 是否需考虑负摩阻力？承载力是否满足要求？

15. 墩身扩大头，锅底尺寸是否满足规范以及地方要求？

16. 有效（最小）墩长是否注明？

17. 是否注明需相关部门备案？

18. 墩距是否满足要求（不满足是否采取了措施）？

19. 抽查个别基础截面是否满足要求？

20. 当底板下为虚土时，柱底轴力是否考虑的底板等的重量？

21. 墩身承载力控制值是否正确（墩身或土对墩的承载力控制）？

22. 承台顶部覆土是否考虑了？

23. 大承台剖面是否剖到了电梯基坑、集水坑？放坡角度是否符合要求？

24. 电梯基坑、集水坑是否套入大承台，是否会碰？

25. 超挖等部分是否采用了与基础同强度混凝土回灌？

26. 后浇带等是否穿越了承台？

27. 保护层厚度是否符合场地要求？

28. 有护壁时，护壁混凝土等级是否满足要求？

16.4 筏 形 基 础

1. 混凝土等级、钢筋强度等级是否与计算书一致？读取的内力是否需折减（注意厂房等）？

2. 承载力持力层是否与地质勘察符合？

3. 承载力特征值是否与地质勘察符合？

4. 埋深是否满足要求？

5. 地基基础设计等级是否与地质勘察一致？

6. 深宽修正系数是符合规范要求？

7. 筏板高度是否满足要求（锚固、冲剪切），以及常用经验高度？

8. 筏板配筋（配筋率、间距）是否满足构造以及计算要求？

9. 平面表达以及定位是否准确、截面是否与计算书一致？

10. 当混凝土等级小于上部混凝土等级时的承台局部受压验算？

11. 筏板顶面覆土是否考虑了？

12. 筏板剖面是否剖到了电梯基坑、集水坑？放坡角度是否符合要求？

13. 电梯基坑、集水坑是否套入？

14. 基础顶面覆土是否考虑？

15. 超挖等部分是否采用了与基础同强度混凝土回灌？

16. 后浇带等是否穿越了基础？

17. 阳角、阴角是否考虑了附加钢筋？

18. 抽查个别基础截面是否满足要求？

19. 保护层厚度是否符合场地要求？

20. 准永久荷载组合作用下偏心距是否满足要求？

21. 沉降是否符合要求？

16.5 预应力管桩基础

1. 本工程是否适用管桩基础，管桩选型参数是否与图集一致？

2. 承载力持力层是否与地质勘察符合？读取的内力是否需折减（注意厂房等）？

3. 承载力特征值是否与地质勘察符合？

4. 埋深是否满足要求？

5. 地基基础设计等级是否与地质勘察一致？

6. 桩型是否根据建筑高度、场地腐蚀性等选用？

7. 承载力特征值是否满足经验值、不大于桩身承载力、土对桩的力？

8. 承台高度是否满足锚固要求、搭接地梁高度以及经验高度要求？

9. 承台配筋是否满足要求？

10. 平面表达及定位是否准确、截面是否与计算书一致？

11. 承台混凝土强度、尺寸是否满足要求，与计算书是否符合？

12. 当混凝土等级小于上部混凝土等级时的承台局部受压验算？

13. 基础顶面覆土是否考虑？

14. 是否需考虑负摩阻力？承载力是否满足要求？

15. 有效（最小）桩长是否注明？

16. 桩距是否满足要求（不满足是否采取了措施）？

17. 抽查个别基础截面是否满足要求？

18. 当底板下为虚土时，柱底轴力是否考虑的底板等的重量？

19. 承台顶部覆土是否考虑了？

20. 大承台剖面是否剖到了电梯基坑、集水坑？放坡角度是否符合要求？

21. 电梯基坑、集水坑是否套入大承台，是否会碰？

22. 后浇带等是否穿越了承台？

23. 压桩力等不应大于桩身承载力？

24. 是否进行了水平承载力验算？

25. 桩尖选用是否选用了？

26. 桩数统计是否准确？估算桩长是否准确？

27. 保护层厚度是否符合场地要求？

28. 对甲乙级别桩基是否注明了应先提供试桩报告？

29. 承台周边虚土是否处理了？

30. 单桩或两桩的短向的地梁刚度是否满足要求？

31. 承台底部钢筋在边桩锚固长度是否满足要求？

16.6 灌注桩基础

1. 本工程是否适用灌注桩基础？读取的内力是否需折减（注意厂房等）？

2. 承载力持力层是否与地质勘察符合？

3. 承载力特征值是否与地质勘察符合？

4. 埋深是否满足要求？

5. 地基基础设计等级是否与地质勘察一致？

6. 桩型是否根据建筑高度、场地腐蚀性等选用？

7. 承载力特征值是否满足经验值、不大于桩身承载力、土对桩的力？

8. 承台高度是否满足锚固要求、搭接地梁高度以及经验高度要求？

9. 承台配筋是否满足要求？

10. 平面表达及定位是否准确、截面是否与计算书一致？

11. 承台混凝土强度、尺寸是否满足要求，与计算书是否符合？

12. 当混凝土等级小于上部混凝土等级时的承台局部受压验算？

13. 基础顶面覆土是否考虑？

14. 是否需考虑负摩阻力？承载力是否满足要求？

15. 有效（最小）桩长是否注明？

16. 桩距是否满足要求（不满足是否采取了措施)？

17. 抽查个别基础截面是否满足要求？

18. 当底板下为虚土时，柱底轴力是否考虑的底板等的重量？

19. 承台顶部覆土是否考虑了？

20. 大承台剖面是否剖到了电梯基坑、集水坑？放坡角度是否符合要求？

21. 电梯基坑、集水坑是否套入大承台，是否会碰？

22. 后浇带等是否穿越了承台？

23. 压桩力等不应大于桩身承载力？

24. 是否进行了水平承载力验算？

25. 桩尖选用是否选用了？

26. 桩数统计是否准确？估算桩长是否准确？

27. 保护层厚度是否符合场地要求？

28. 有护壁时，护壁混凝土等级是否满足要求？

29. 人工挖孔等是否注明需相关部门备案？

30. 对甲乙级别桩基是否注明了应先提供试桩报告？

31. 承台周边虚土是否处理了？

32. 承台底部钢筋在边桩锚固长度是否满足要求？

16.7 总 说 明

1. 各张图上的图框信息是否准确（建设单位、项目名称、人员、图号、图名、专业等）?

2. 工程概况是否核对了（±0，建筑高度）?

3. 抗震参数是否准确〔设防、场地类别、烈度、分组、特征周期（有时会与规范不一致）、抗震等级、构造措施〕?

4. 地质勘察单位以及相关内容是否准确（场地类别、腐蚀性、水位）?

5. 引用规范是否准确，缺少了或少了、是否最新?

6. 墙体材料、容重与计算书、建筑是否一致？是否复核墙体材料应用统一技术规范?

7. 钢筋材料等是否准确?

8. 荷载说明是否准确了?

9. 混凝土等级说明是否准确了?

10. 地质勘察中重要说明是否摘入了?

11. 有专家意见时，其是否摘入了?

12. 保护层厚度等是否准确?

13. 无关说明是否打"×"，需要的说明是否把"×"去掉了?

16.8 地下室柱子配筋注意事项

1. 混凝土等级、钢筋等级是否与计算书一致?

2. 当地下室顶板作为嵌固端，柱子配筋是否满足上部柱子钢筋的1.1倍（箍筋可变小）?

3. 当地下室顶板不作为嵌固端时，柱子纵筋是否满足大于等于上部柱钢筋（箍筋不可变小）?

4. 相关范围柱配筋是否满足其抗震等级对应的构造措施（肢距、直径、配筋率等）?

5. 标高、定位、角度表达是否准确?

6. 抽查几个是否满足要求?

7. 当外墙按照双向板配筋时，柱子是否考虑了挡土墙传来的荷载?

8. 抗震等级是否准确（含相关范围的是否表达准确）?

9. 轴号是否与建筑一致?

10. 是否区分了实心与空心?

11. 是否查看了设计说明是否符合本图的?

12. 剪跨比不大于2的短柱箍筋是否符合一级抗震柱子箍筋间距要求?

13. 当地下室顶板作为嵌固端，柱子钢筋的1.1倍应按多一根的方法来（16G101-1）。

16.9 地下室外墙注意事项

1. 混凝土等级、钢筋等级、截面是否与计算书一致?

2. 荷载考虑是否齐全、准确（土压力、水压力、活载）、计算简化模型是否准确？

3. 外墙钢筋直径（≥12mm），间距（<150mm）是否满足要求？

4. 外墙、内墙、人防墙是否满足最小配筋率要求？

5. 拉筋是否满足要求？

6. 标高、定位、角度表达是否准确？

7. 暗梁是否设置了（底部按梁应按深梁配筋，除非挡土墙下有自身的基础或筏板基础）？

8. 挡土墙在底板为嵌固时，钢筋锚入板内长度是否标注以及是否满足要求？

9. 后浇带等以及做法是否交代了？

10. 裂缝是否满足于要求、保护层厚度与计算的是否一致、保护层厚度是否满足要求？

11. 抽查几个是否满足要求？

12. 配筋是否满足计算书要求？

13. 当地面以上与顶板覆土标高有高差时，是否有侧壁做法？

14. 是否区分了实心与空心？实线虚线？

15. 墙体开洞的是否与建筑一致？

16. 是否查看了设计说明是否符合本图的？

17. 外墙在扶壁柱位置处是否附加了支座钢筋？

18. 是否符合地方规定？

16.10 地下室底板注意事项

1. 混凝土等级、钢筋等级是否与计算书一致？

2. 荷载考虑是否齐全、准确（水压力、活载等）是否准确？

3. 当地下室外墙底部按嵌固端，底板板厚是否≥外墙墙厚度？

4. 当地下室外墙底部按嵌固端，底板配筋（含考虑外墙附加筋）是否≥外墙配筋？

5. 是否套了结构的基础图？

6. 是否套了建筑图的集水坑？是否与基础、梁碰？

7. 底板的面标高是否预留考虑建筑面层？

8. 底板的配筋是否准确（有水浮力时是否反配了呢？）

9. 当地下室有机房、消防水池时，是否考虑了正向荷载的配筋？

10. 后浇带、加强带等是否布置，间距是否合理？位置是否正确？是否碰到基础等？

11. 板厚是否满足构造厚度？以及大部分底筋构造配筋？

12. 配筋是否满足计算书要求？

13. 裂缝是否满足要求？

14. 内隔墙的构造柱、梯柱是否设置了？

15. 底板模型是否将基础套进去了？

16. 底板水浮力工况下可不考虑活荷载最不利布置？你是否考虑了？

17. 当人防墙下没拉梁时，底板厚度是否≥人防墙厚度？

18. 梁的布置是否搭在人防墙体上（不可，因人防墙体下没有基础）？

19. 底板的绝对标高是否正确（与梁图一致）？

20. 轴号是否与建筑一致？

21. 是否表达了集水坑配筋大样？

22. 消防电梯集水坑是否注意了标高问题？

23. 是否区分了实心与空心？实线虚线？开洞符号等？

24. 楼梯起步位是否示意了？

25. 板厚标注与计算书是否一致？

26. 模型的边界条件是否准确？

27. 是否查看了设计说明是否符合本图的？

28. 如果底板是斜的是否画出剖面了？

29. 后浇带类型及做法是否交代了？

30. 需要另外补充的节点大样？

16.11　地下室底板梁注意事项

1. 混凝土等级、钢筋等级、截面是否与计算书一致？

2. 荷载考虑是否齐全、准确（水压力、活载等）是否准确？

3. 底板水浮力工况下可不考虑活荷载最不利布置？你是否考虑了？

4. 梁的布置是否搭在人防墙体上（不可，因人防墙体下没有基础)？

5. 配筋是否满足计算书要求？

6. 裂缝是否满足要求？

7. 后浇带是否说明了？

8. 抗震等级是否交代了？

9. 底板的配筋是否准确（有水浮力时是否反配了呢？）

10. 当地下室有机房、消防水池时，是否考虑了正向荷载的配筋？

11. 梁的编号是否按 DKL 进行？

12. 是否符合梁的其他配筋要求？

13. 底板的面标高是否预留考虑建筑面层？

14. 底板梁的绝对标高是否正确（与模板图一致）？

15. 底板模型是否将基础套进去了？

16. 轴号是否与建筑一致？

17. 消防电梯集水坑是否注意了标高问题？

18. 附加箍筋以及吊筋是否设置了（反设或正设）？

19. 底板的绝对标高是否正确（与梁图一致）？

20. 梁配筋的箍筋肢数是否足够？是否满足计算要求？

21. 人防区的梁箍筋间距是否满足人防要求了？

22. 按福建暂行规定高层的无地下室应设双层地梁，且地梁间应设侧壁，是否设置了？

23. 地梁是否套了构造柱等？以及需要另外补充的节点大样？

16.12 坡道注意事项

1. 混凝土等级、钢筋等级、截面是否与计算书一致？
2. 荷载（恒荷载、活荷载、水浮力、人防等）是否准确？
3. 变坡点标高是否准确？
4. 是否需要考虑抗浮？抗浮是否满足要求？
5. 底板厚度是否比侧壁的厚？
6. 底板与顶板的净高是否满足建筑要求？
7. 人防的坡道侧壁是否采用钢筋混凝土？
8. 截水沟以及截水沟的集水井是否表达了？
9. 轴号是否与建筑一致？
10. 是否查看了设计说明是否符合本图的？

16.13 顶板模板及梁注意事项

1. 混凝土等级、钢筋等级、板厚是否与计算书一致？
2. 荷载考虑是否齐全、准确（覆土、活载、人防、消防等）是否准确？
3. 是否满足最小厚度要求（嵌固端、人防）？
4. 是否套了其他专业的洞口，风井？
5. 楼梯位是否准确了？
6. 是否区分了实心与空心？实线虚线？开洞符号等？
7. 顶板的面标高是否预留考虑建筑面层、绝对标高是否准确？
8. 顶板的配筋是否准确（最小配筋率，如多塔等，双层双向）？
9. 顶板的绝对标高是否正确（与梁图一致）？
10. 后浇带是否布置？位置是否正确（不可穿口部）？
11. 配筋是否满足计算书要求？
12. 裂缝、挠度是否满足要求？
13. 内隔墙的构造柱、梯柱是否设置了？
14. 梁的布置是否搭在人防墙体上（不可，因人防墙体下没有基础）？
15. 轴号是否与建筑一致？
16. 当地面以上与顶板覆土标高有高差时，是否有侧壁做法？
17. 梁高是否影响了建筑的净高（要考虑管道)？
18. 错层标高示意是否准确？
19. 板厚标注与计算书是否一致？
20. 模型消防车道、登高面荷载布置与建筑是否一致？
21. 是否表达了消防车道、登高面？

22. 是否结合了景观确定覆土高度？

23. 模型的边界条件是否准确？

24. 风井侧壁、大样是否画了？

25. 隔墙下无梁时，模型荷载以及加强筋是否考虑了？

26. 提醒建筑是否考虑岗亭？

27. 查看了设计说明是否符合本图？

28. 如果顶板是斜的，是否画出剖面了？

29. 附加箍筋以及吊筋是否表达了？

30. 相关范围的示意以及抗震等级、抗震构造措施是否表达清楚了？

31. 顶板无上部建筑的是否要求按 WKL 构造施工？

32. 箍筋肢数是否有误？

33. 人防区的梁箍筋间距是否满足人防要求了？

34. 顶板如果错层比较大，是否考虑了设置加腋呢？

35. 转换、框支梁的梁设置是否满足要求（箍筋、腰筋、配筋率、通长筋等）？

36. 是否符合地方规定？以及需要另外补充的节点大样？

37. 常用梁配筋注意点如下：

(1) 梁端计入受压钢筋的混凝土受压区高度和有效高度之比：

一级不应大于 0.25，二、三级不应大于 0.35。

(2) 梁端截面的底面和顶面纵向钢筋配筋量的比值：

一级不应小于 0.5，二、三级不应小于 0.3。

(3) 当梁端纵向受拉钢筋配筋率大于 2% 时，箍筋直径数值应增大 2mm。

(4) 梁端纵向受拉钢筋的配筋率不宜大于 2.5%。

(5) 沿梁全长顶面、底面的配筋，一、二级不应少于 $2\phi14$，且分别不应少于梁顶面、底面两端纵向配筋中较大截面面积的 1/4；三、四级不应少于 $2\phi12$。

(6) 一、二、三级框架梁内贯通中柱的每根纵向钢筋直径，对框架结构不应大于矩形截面柱在该方向截面尺寸的 1/20，或纵向钢筋所在位置圆形截面柱弦长的 1/20；对其他结构类型的框架不宜大于矩形截面柱在该方向截面尺寸的 1/20，或纵向钢筋所在位置圆形截面柱弦长的 1/20。

(7) 梁端加密区的箍筋肢距，一级不宜大于 200mm 和 20 倍箍筋直径的较大值，二、三级不宜大于 250mm 和 20 倍箍筋直径的较大值，四级不宜大于 300mm。

(8) 梁上部钢筋水平方向的净间距不应小于 30mm 和 $1.5d$；

梁下部钢筋水平方向的净向距不应小于 25mm 和 d。

当下部钢筋多于 2 层时，2 层以上钢筋水平方向的中距应比下面 2 层的中距增大一倍；各层钢筋之间的净间距不应小于 25mm 和 d，d 为钢筋的最大直径。

(9) 在梁的配筋密集区域宜采用并筋的配筋形式。

(10) 当梁端按简支计算但实际受到部分约束时，应在支座区上部设置纵向构造钢筋，其截面面积不应小于梁跨中下部纵向受力钢筋计算所需截面面积的 1/4，且不应少于 2 根（《混规》9.2.6）。

16.14　人防构件设计注意事项

1. 混凝土等级、钢筋等级是否与计算书一致？

2. 荷载考虑是否齐全、准确（土压力、水压力、活载、人防荷载）、计算简化模型是否准确？

3. 外墙钢筋直径（≥12mm），间距（<150mm）是否满足要求？

4. 外墙、内墙、人防墙是否满足最小配筋率要求以及最小厚度要求？

5. 拉筋是否满足要求（人防要求间距小于 500mm×500mm）？

6. 标高表达是否准确？

7. 门框墙宽度是否满足支撑人防门？

8. 当有两扇人防门时，墙体厚度是否满足要求？

9. 是否需考虑了要设置加强梁过门框柱？

10. 是否满足人防门不能凸出人防墙体的外表面？否则应做墙耳。

11. 后浇带是否满足不能穿越人防口部呢？

12. 人防顶板是否高出了室外地面？

13. 人防井道是否与主体脱开了？

14. 悬板活门嵌入墙体的深度是否满足要求？（正面 200mm，侧面 300mm）

16.15　柱子配筋注意事项

1. 混凝土等级、钢筋等级是否与计算书一致？层高表信息是否有误？

2. 当地下室顶板作为嵌固端，柱子配筋是否满足上部柱子钢筋的 1.1 倍（箍筋可变小）？

3. 当地下室顶板不作为嵌固端时，柱子纵筋是否满足大于等于上部柱钢筋（箍筋不可变小）？

4. 相关范围柱配筋是否满足其抗震等级对应的构造措施（肢距、直径、配筋率等）？

5. 标高、定位、角度表达是否准确？

6. 抽查几个是否满足要求？

7. 抗震等级是否准确（含相关范围的是否表达准确）？

8. 轴号是否与建筑一致？

9. 是否区分了实心与空心？

10. 是否查看了设计说明是否符合本图的？

11. 剪跨比不大于 2 的短柱箍筋是否符合一级抗震柱子箍筋间距要求？

12. 当地下室顶板作为嵌固端，柱子钢筋的 1.1 倍应按多一根的方法来（11G101-1 第 58 页）。

13. 柱子上下层配筋极差是否相差 2 级以上？

14. 是否注意了楼层净高、门窗洞口、楼梯间位置等短柱配筋？是否满足 1.2%？

15. 核心区箍筋是否满足要求？

16. 配筋值是否与计算书符合？

17. 抗震等级二级以上角柱以及角筋配筋是否注意了？

18. 当按剪力墙建模但输出的是按要柱子配筋，单边的配筋是否满足要求了？

19. 沉降观测点是否设置？

20. 防震缝宽度是否足够？

21. 箍筋肢距是否满足要求？

22. 柱子布置是否影响到建筑的疏散以及功能了？

23. 总配筋率、轴压比是否超出规范要求？

24. 抽查个别柱子是否满足上面要求？

25. 保护层厚度等是否满足要求？（计算设定保护层厚度是否准确？）

26. 是否满足地方规定？以及需要另外补充的节点大样？

16.16　墙以及墙梁注意事项

1. 混凝土等级、钢筋等级、截面是否与计算书一致？层高表信息是否有误？

2. 墙体厚度是否满足稳定性要求？配筋是否满足最小直径、间距（山墙等）、配筋率等？

3. 抗震等级、加强区、边缘构件区是否正确？

4. 墙体平面外搭接是否设置了暗柱？非阴影区是否表达了？

5. 拉筋是否满足要求？

6. 标高、定位、角度表达是否准确？

7. 水平筋是否满足计算书要求？

8. 承受集中力及按不大于 4 倍墙厚时箍筋等是否按柱子要求配置？

9. 边缘构件箍筋是否大于墙体水平钢筋值？

10. 风井洞口等是否表达了？

11. 轴压比是否满足要求？

12. 配筋是否满足计算书要求？配筋是否与地下室外墙，人防墙配筋比较取大值呢？

13. 墙身是否配筋了？

14. 是否区分了实心与空心？实线虚线？

15. 连梁严格要求表达在墙柱图上（有发现施工不注意，混凝土等级浇筑错误）？

16. 是否查看了设计说明是否符合本图的？

17. 墙体厚度是否满足锚固要求，是否需增加扶壁柱、一字墙加强层厚度是否满足要求？

18. 连梁高度特别是一层的是否影响到建筑效果？

19. 连梁跨高比不大于 2.5，是否设置了交叉斜筋？

20. 是否注明墙体水平筋作为连梁腰筋，当跨高比不大于 2.5 时，腰筋是否满足要求？

21. 连梁箍筋间距是否满足要求？

22. 是否注明连梁混凝土等级同墙体混凝土等级？

23. 是否设置了暗梁？以及暗梁的说明是否增加了？

24. 连梁上不能搭设主梁，大次梁，是否满足了？

25. 保护层厚度等是否满足要求？（计算设定保护层厚度是否准确？）

26. 是否满足地方规定？以及需要另外补充的节点大样？

16.17　板注意事项

1. 混凝土等级、钢筋等级是否与计算书一致？层高表信息是否正确，标记是否准确？

2. 荷载考虑是否齐全、准确（活载等）是否准确？

3. 配筋是否满足配筋率？大板边支座筋是否配足？

4. 如果结构超长，是否采取了措施？

5. 是否套了建筑图，设备井道是否遗漏？

6. 大样线条、构造柱是否漏设（关键部位，体柱）？

7. 板的面标高是否预留考虑建筑面层？

8. 大样索引是否套了，是否改成与结构对应图号？

9. 楼梯梁尺寸不标注具体尺寸，但是否标注详楼梯大样图？

10. 体形收进的，板配筋率是否满足要求？

11. 板厚是否满足构造厚度？高层屋面要求要 120mm。

12. 板厚、配筋是否满足计算书要求？

13. 裂缝、挠度是否满足要求？

14. 当墙下没拉梁时，是否标明的底部加强筋，以及荷载是否考虑了呢？

15. 轴号是否与建筑一致？

16. 电梯机房的底板配筋、侧壁、标高、吊钩等是否注明了？荷载考虑了吗？

17. 楼梯起步位是否示意了？

18. 模型的边界条件是否准确？

19. 是否查看了设计说明是否符合本图的？

20. 如果板是错层或斜的是否画出剖面了？

21. 屋面板配筋是否双层双向或设置抗裂钢筋了？

22. 降板等是否表达清楚？

23. 降板时如果中间有梁，梁是否也降了？

24. 保护层厚度等是否满足要求（计算设定保护层厚度是否准确）？

25. 是否满足地方规定？以及需要另外补充的节点大样？

16.18　梁注意事项

1. 混凝土等级、钢筋等级是否与计算书一致？层高表信息是否正确，标记是否准确？

2. 荷载考虑是否齐全、准确（活载等）是否准确？

3. 主次梁梁高是否影响建筑，是否满足搭接关系？

4. 跨度小于 2m 的均考虑不设置小次梁，是否注意了荷载的考虑？

5. 配筋是否满足计算书要求，以及下图的配筋构造？

6. 大跨度的裂缝、挠度是否满足要求？

7. 屋面、露台梁的编号是否按 WKL 进行？

8. 模板图是否与板图一致？

9. 附加箍筋及吊筋是否设置了？

10. 梁配筋的箍筋肢数是否足够？是否满足计算要求？

11. 转换、框支梁的梁设置是否满足要求（箍筋、腰筋、配筋率、通长筋等）？

12. 受到轴力的梁的配筋是否通长了？

13. 配筋率超 2.0，箍筋直径是否加大了？

14. 底面筋比值是否满足要求？

15. 梁高是否注意了引起短柱、与立面大样等结合起来确定？

16. 次梁在主梁等的锚固是否满足要求？

17. 跨数是否准确，编号是否准确、虚实线是否表达清楚、梁标高是否表达清楚？

18. 保护层厚度等是否满足要求？（计算设定保护层厚度是否准确？）

19. 是否满足了地方规定？以及需要另外补充的节点大样？

20. 商业建筑内等应特别注意梁高是否会造成楼梯是否碰头？

16.19　楼梯注意事项

1. 混凝土等级、钢筋等级、梯板形式是否与计算书一致？

2. TL、TZ 等是否表达？配筋是否足够？TZ 是否挡住了门窗等。

3. 与框架柱连接是否按 KL 构造？

4. 平面与剖面是否一致？

5. 梯板厚度、配筋是否足够？

6. 商业建筑内等应特别注意梁高是否会造成楼梯是否碰头？

7. 设计说明是否加入？

8. 踏步高度等是否符合建筑高度？

16.20　大样应注意事项

1. 大样图与平面索引位置是否对得上？

2. 平面梁高与大样梁高是否一致？

3. 是否注明了钢筋的锚固、加入了大样设计说明？

4. 大女儿墙是否补充了计算书？

5. 挑檐是否补充了计算书？

6. 混凝土等级是否注明？

17 混凝土结构设计中的简化

17.1 结构设计之道

结构设计的本质是变形协调，协调的最终目标就是让不同构件的受力与刚度之间有一种均匀关系，首先从结构布置上让结构刚度均匀，减少扭转变形（几个主要控制指标的本质），让结构外刚内柔，从结构布置上求安全与物尽其用。结构设计之道就是概念设计，常用的结构概念主要有：连续、均匀、传力途径短、力沿着刚度大的方向传递、物尽其用等。如果结构刚度不能均匀，那就从源头力上想办法，做减法。结构设计除了积累经验外，更要通过理论学习，把一些规范的规定细化，把结构设计做得更加准确、精细、安全又节省；把图纸绘制得清楚一些，把握好结构设计中的变易。

对于常规的混凝土结构，一般都是回归到两个物：钢筋与混凝土，就是由这两个物不断的组合，采用"加减分合"，各个专业不断地进行结构精细化设计，把构件合理地连接起来，做好构造＋计算。

结构设计中最重要的是控制扭转变形，在 PKPM 或者盈建科中，如果不能有效地根据平面图来判别扭转变形情况，可以在计算结果的"振型"中，点击"俯视图"，然后选择第一振型、第二振型。可以根据结构振动图，来判别结构布置的强弱，哪一部位的扭转变形大，再调整相应的结构布置。如果某层层间位移角大，可以在"文本结果"-"结构位移"中查看是哪个楼层哪个节点的位移大，再点击"构件编号"-节点-构件搜索，选择该楼层，可以查看位移大的该节点，再调整相应的结构布置。

17.2 结构设计中的简化

做结构设计，如果按照经验对构件等进行取值，进行初步试算，调模型后，再次根据指标进行修正，进行优化设计，大部分的人以上程序都差别不大，差别大的难点主要是绘制施工图，这直接关系到图纸的质量，也是常规工程中设计的变易。

17.2.1 标高的变化
标高变时，很多构件不连续，造成搭接不上。
1. 地下部分（图 17-1～图 17-10）
2. 梁板（图 17-11～图 17-15）
3. 板与板（图 17-16～图 17-18）
4. 梁与梁（图 17-19～图 17-21）
5. 梁截面标高应根据建筑造型调整（图 17-22）
6. 标高变时，板配筋要分开画（图 17-23、图 17-24）

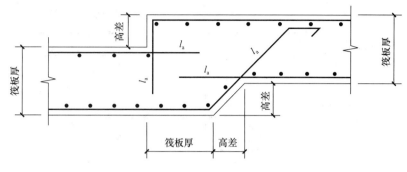

图 17-1 筏板有高差

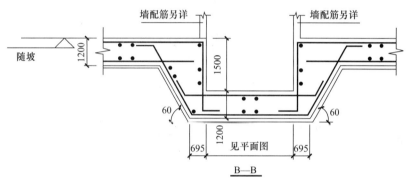

注：未注明钢筋⊈22@200，双层双向。

图 17-2 电梯基坑（1）

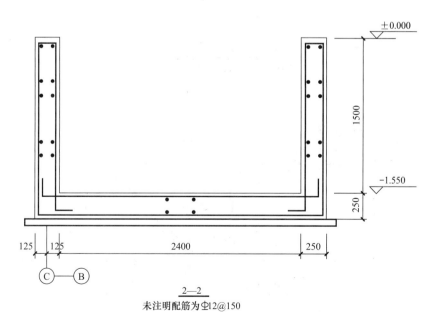

未注明配筋为⊈12@150

图 17-3 电梯基坑（2）

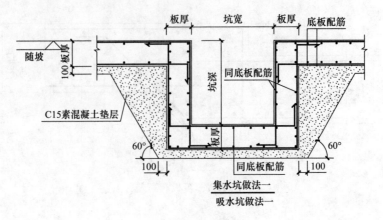

图 17-4 基坑

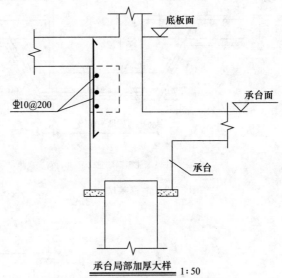

承台局部加厚大样 1:50

注：当承台比底板低时，均按此大样施工。

图 17-5 承台比板低

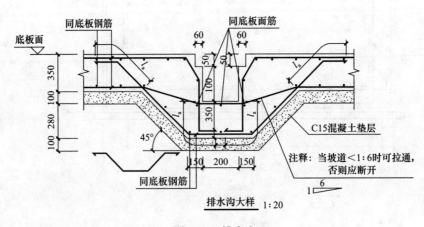

排水沟大样 1:20

图 17-6 排水沟

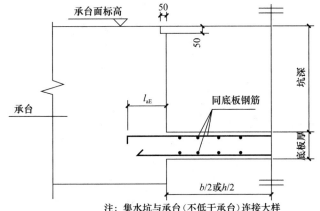

注：集水坑与承台（不低于承台）连接大样

图 17-7　集水坑与承台（不低于承台）连接大样

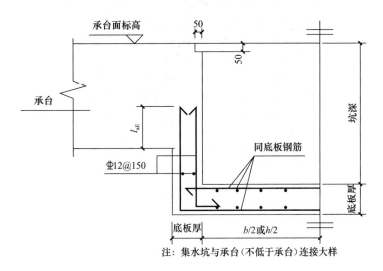

注：集水坑与承台（不低于承台）连接大样

图 17-8　集水坑与承台（低于承台）连接大样

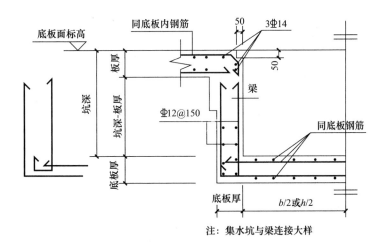

注：集水坑与梁连接大样

图 17-9　集水坑与梁连接大样

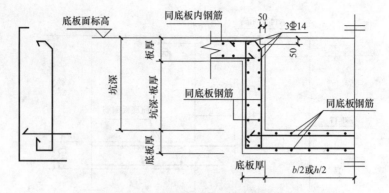

图 17-10　集水坑与底板连接大样

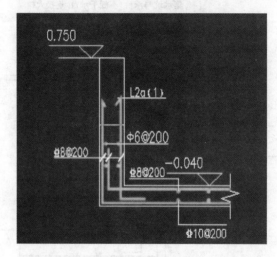

图 17-11　板比梁低

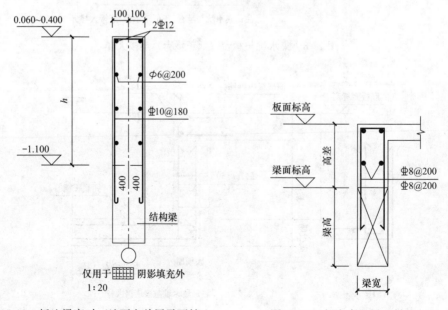

图 17-12　板比梁高时（地下室首层需要挡土）　　　图 17-13　板底高于梁面做法（1）

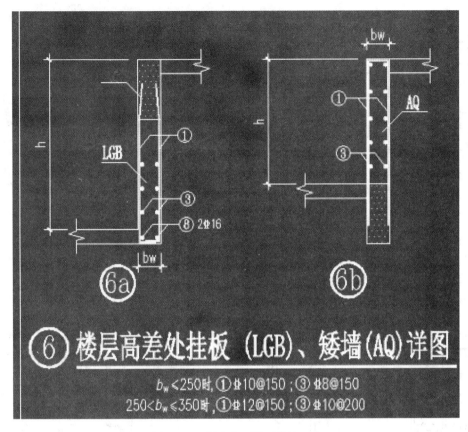

图 17-14　板底高于梁面做法（2）

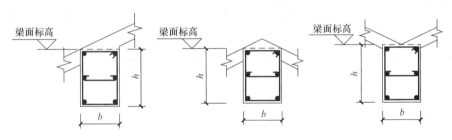

图 17-15　坡屋面梁截面示意图

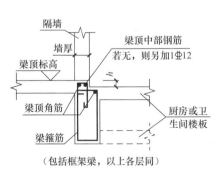

图 17-16　厨房、卫生间缺口梁大样

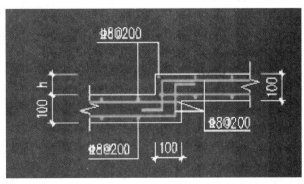

图 17-17　折平台板大样

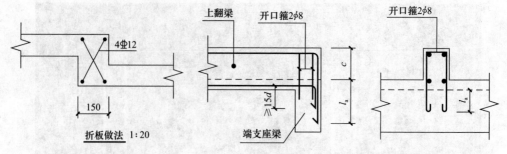

图 17-18 折板大样

图 17-19 上翻梁与端支座梁截面有高差时纵向钢筋构造

注：梁标高变化时，应该在梁集中标注中体现出来。如果梁上翻，则应该显示为实线。

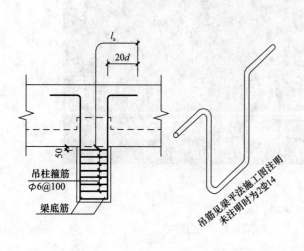

图 17-20 交叉梁梁底有高差时吊柱做法

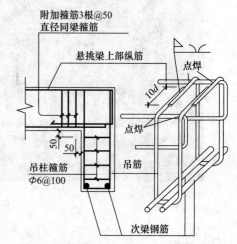

注：吊筋节梁平法施工图注明，未注明时为⽷14

图 17-21 悬挑端部次梁比悬挑梁低时吊柱做法

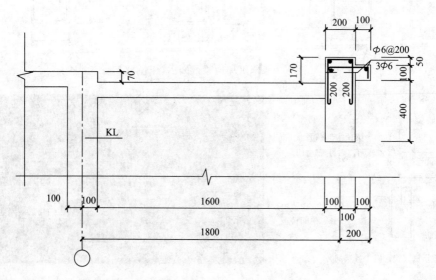

图 17-22 开敞阳台线脚大样

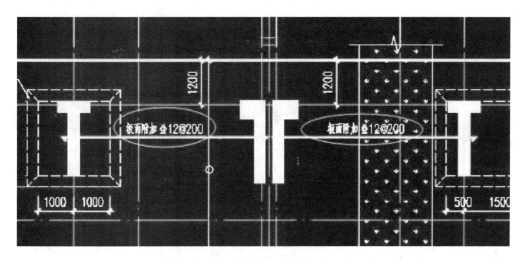

图 17-23　筏板左右标高不一样时，配筋分开画

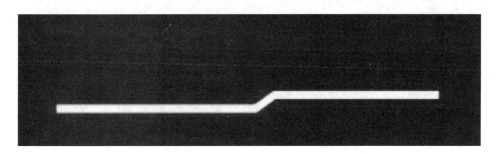

图 17-24　楼板左右高差相差不大于 30mm 时做法，大于 30mm 时则断开

17.2.2　结构或构件属性（长宽高）变化时要加强

1. 总高度变时混凝土强度等级

墙柱混凝土等级要变，一般每隔 5～7 层变一次。梁板混凝土强度等级要变，一般 C25～C30（C30 居多）。转换层等可取 C40～C50。混凝土强度等级变时，一般不要与构件截面尺寸同时边，也不要在底部加强部位及其上一层变。

实例：6 度区，风压 0.35，26 层，带一层地下室，底部加强部位为地下＋地上三层。－1～4 层墙柱为 C40，5～9 层为 C35，其他均为 C30，梁板均为 C30。

2. 柱高度变时

跃层柱/短柱；跃层柱/短柱箍筋要加密，楼梯间或者突出屋面的 200mm×400mm 的柱子尤其要注意。

3. 墙或柱上下截面尺寸变化时（图 17-25～图 17-27）

4. 楼板厚度变时

当板厚＜150mm 时，不加箍筋，只放纵向加强筋，板厚≥150mm 时板带需另设箍筋，如图 17-28 所示。

楼板厚度变时，面平底不平，配筋不一样，可以把面筋直接拉通，也可以在支座处分开，如图 17-29 所示。

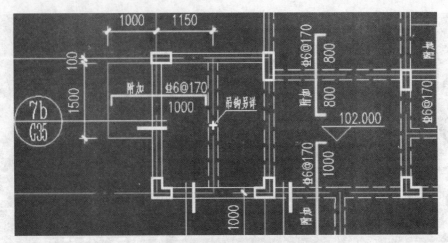

图 17-25　柱变截面（1）

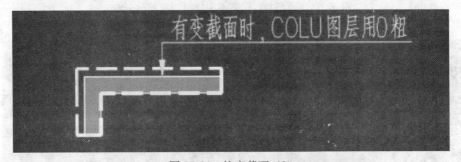

图 17-26　柱变截面（2）

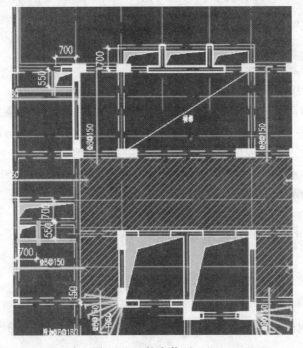

图 17-27　柱变截面（3）

注：标准层 TZ 按总工室文件要求：200mm×300mm，4φ12，φ6@100。注意首层层高较高时，会导致 TZ 高度较大，
柱截面需相应加大，如 200mm×400mm、200mm×500mm，有条件时也可加宽。

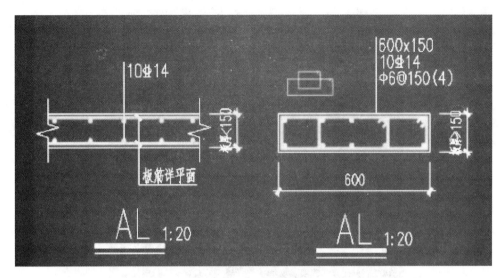

图 17-28　暗梁截面

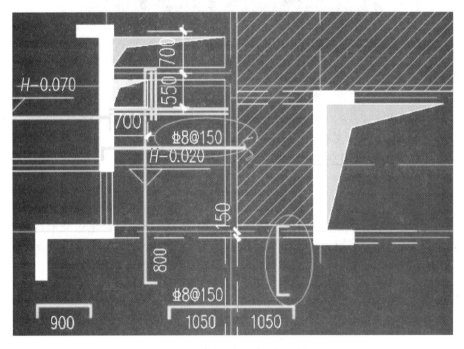

图 17-29　板厚不同时板配筋

5. 梁变截面表示

变截面梁标注按如图 17-30 所示。

6. 后浇带

（1）后浇带间距宜控制在 40m 之内，不宜超过 45m；即使采用了特别加强措施也不应超过 50m。规范规定，地下室后浇带间距 30～40m，地下室后浇带超过 40m 时，应在外墙上设置加密后浇带或者对水平筋做加强处理（如果甲方坚决要求取消加密后浇带，则设计书面声明其严重后果、正式函件往来之后，可以取消）。

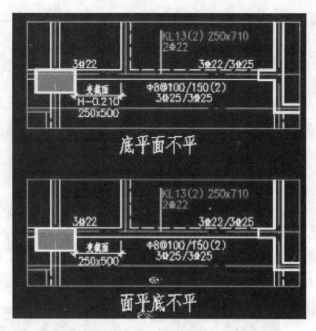

图 17-30　梁变截面

（2）后浇带位置选取的基本原则

1）抗浮底板，一般设置在跨度 1/3 位置。对于"柱帽（桩帽）＋平板式"底板，由于 1/3 位置接近柱帽边（变截面位置），故此时后浇应设置在跨中（三等分跨中间跨范围）。

2）楼盖，宜设置在三等分跨中间跨范围内，宜适当偏向 1/3 位置。对于两道平行次梁的楼板，平行于次梁方向的后浇带应设置在两根次梁之间。

3）后浇带边线不宜紧靠或者重合在承台、梁边线，距离不宜小于 200mm。

4）为便于施工下料，后浇带在板跨内，不宜与板纵筋斜交设置。

5）应避免地下室底板、楼板的支座短筋（含附加支座短筋）跨越后浇带宽度范围。

（3）后浇带应避开的部位

1）后浇带不宜穿越人防口部，严禁设置于防护门及临战封堵的门洞范围。

2）应避开承台、基础。

3）宜避开水池池壁位置。无法避开生活水池位置的底板时，应注明生活水池不设后浇带。

4）设置在框支梁（含受力较大的抬柱梁）构件。

5）宜避开对渗漏特别敏感的部位、结构重要部位，如人防口部、电气用房等。

7. 层高变时一般剪力墙变成短肢

广东省内项目，一般当墙肢在标准层为一般剪力墙时，底部加厚之后仍为一般剪力墙。广东省外项目，剪力墙在底部加厚，避免形成短肢墙。加厚的原则如下：计算需要（包括刚度不足、稳定性不够、超筋或配筋太大等原因）才加厚上部剪力墙若本身是一般剪力墙，在下部因计算需要加厚，应保证加厚之后仍为一般剪力墙。若上部墙长为 1700mm，直接加厚为 310mm；若上部墙长在 1700～2100mm，可将下部墙加长至 2100mm，厚度只需加厚至 250mm 即可。上部剪力墙若本身就是短肢墙，可以仅按计算要求加厚，不必一定要加到 310mm。

8. 桩间距的变小

基于墙柱竖向构件与桩基的对应关系，以及布桩的实际需求，个别位置的桩间距可略小于规范限值，以使基桩与上部墙体能够重合或者部分重合，避免上部墙体与基桩相错很小不咬合的情况，特别是梁式承台。采用减小桩间距（突破规范）的做法时，应按以下规定：

1）桩中心距的减少量不得超过 $0.5d$，即最小桩间距不得小于（$S-0.5d$），其中 S 为规范规定的最小桩间距。

非嵌岩不扩底灌注桩（一般为摩擦桩），国标规定中心距 $3.0d$、广东省为 $2.5d$（非群桩）与 $3.0d$（群桩）。故广东省项目非群桩可直接按 $2.5d$ 布桩，但也不宜再突破 $2.5d$。

嵌岩（不扩底）桩（中微风化岩）非群桩的中心距国标限值为 $2.5d$，设计时可略小于 $2.5d$（但不宜接近 $2.0d$）；群桩的中心距不宜突破 $2.5d$（国标限值为 $3.0d$）。扩底桩，桩中心距按扩大端大 D 计算的突破值不宜大于 $0.5m$，且桩中心距不应小于 $2.5d$（仅广东省的非群桩可稍微小于 $2.5d$）。

广东地区人工挖孔嵌岩扩底桩的中心距可按扩大头净距不小于 $0.5m$ 进行设计。局部位置确实需要超过本规定时，应专项申报。

2）预应力管桩的桩间距，一般不应大面积突破，应尽量按规范执行，局部区域确实需要突破时，应视土层情况注明超压复压（静压桩）、复打的要求。需大面积突破桩间距要求时，应取得当地相似场地（最好是邻近场地）的成熟经验作为设计参照。

3）摩擦桩、端承摩擦桩的桩间距不满足规范要求时，除预应力管桩外，该位置单桩承载力应作折减，可按"假定摩擦圈计算重叠损失"且实际布桩时应尚有明显富余，一般可按不大于折减后的单桩承载力的 90% 控制。

4）端承桩、端阻力达到 80% 总值的摩擦端承桩，梁式承台、三桩或四桩承台与周边承台之间的桩间距满足规范规定，且减小本承台桩间距有利于承台设计时，本梁式承台、三桩及四桩承台的桩间距应优先考虑按（$S-0.5d$）布桩。

17.2.3　不连续的地方要加强

1. 梁

除特别重要的部位（如转换梁、大跨度梁、悬挑梁等）钢筋可放大外，梁钢筋一般不放大，尤其在支座位置。连梁（LL）都表示抗扭腰筋（N）。纯悬挑梁（如阳台挑梁）不属于框架梁，箍筋间距无需满足 $h/4$ 要求，底筋不需要满足不小于面筋的 0.3 倍的规范要求，但内悬挑梁需按框架梁构造，并按框架梁编号等级与其余框架梁相同，注意修改 PKPM。

如果梁上托的柱只是一层或是造型柱，不定义成转换梁，底筋人为放大 1.1 倍，箍筋用 HRB400 级钢即可。如果梁上托的柱有 2 层及以上，才定义。定义之后，按 KL 编号，腰筋直径可取 16mm。

除悬挑梁、框支梁外，其他梁支座面筋不特别做放大。悬挑梁面筋放大一般取 10%，不应超过 20%；特大跨度或特别重要的悬挑梁可按裂缝复核，确定实配钢筋的放大值。不应将所有的悬挑梁都严格按裂缝计算确定配筋，避免梁配筋量显著上升。实际上，一般的悬挑梁按强度计算并适当放大配筋，考虑楼板的作用后，即使实配钢筋略小于裂缝控制的计算值，梁也不会出现问题。

框支梁不得调幅。除构造配筋者外，面筋及底筋均应进行放大；构造配筋者可按技术措施规定进行放大，计算配筋者放大系数一般可取10%。对于特别重要的框支梁，应进行裂缝控制计算；根据以往工程经验，按裂缝控制时，底筋需放大20%~30%才能满足要求。裂缝计算时，应对其上各层的活荷载按规范规定进行折减。不建议将所有的框支梁都严格按裂缝计算确定。

当"支座面筋/底筋"之比显著较大时，应检查"底筋/面筋"之比值是否违反强条（二、三级不应小于0.3，一级不应小于0.5）；否则，应将支座配筋再进一步调幅（框支梁除外）。但调幅亦不能过大，总调幅不宜超过0.75。

2. 板

板的最小配筋率按0.16%（C25）/0.18%（C30）。当阳台、露台、卫生间板跨不大于2m时，面筋拉通；大于2m时，面筋断开。

核心筒区域最小板厚120，配筋双层双向$\phi 8@150$。转角窗区域板厚至少130mm，配筋双层双向$\phi 8@150$。电梯机房板厚一般可取150mm，$\phi 10@200$，双层双向。

板厚＞120mm简支边面筋用8@200。如周边支承条件较好，长矩形客厅板厚，短跨$L<3.8m$，板厚$h=110mm$；$3.8m \leqslant L<4.2m$，板厚$h=120mm$；$4.2m \leqslant L<4.5m$，板厚$h=130mm$，短跨板底筋不少于$\phi 8@200$。

当短跨$L \leqslant 5.0m$，阳角放射筋7$\phi 8$；$L>5.0m$时用7$\phi 10$。板面筋之间空隙$\leqslant 500mm$时，面筋拉通，如图17-31所示。

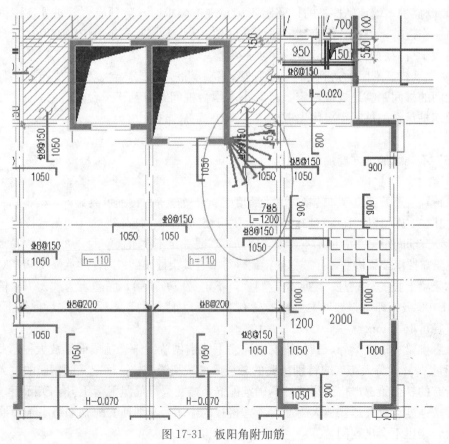

图 17-31　板阳角附加筋

258

3. 柱

比如，柱箍筋加密的几种情况：跨高比不大于 4，因为填充墙导致柱高度/柱截面比不大于 4；楼梯间因为梯梁形成短柱，抗震等级为一、二级的角柱、框支柱；坡屋面处，地下室车道处的短柱等。

4. 墙

转角窗侧翼缘不输入模型，画图时表达。当稳定性不够时而又不能加厚墙时，需考虑翼缘的那几层的飘板水平钢筋须锚入墙内，并满足 0.2% 的配筋率。

转角窗暗柱长度为墙厚 3 倍，全高按约束边缘构件，纵筋直径 ≥16mm。剪力墙平面外有梁搭接，当梁高大于 400mm 时，不管模型是否点铰，均需设置暗柱。梁支座弯矩较小时，暗柱截面为墙厚 x400mm，抗震等级为一、二级时，纵筋 6φ14；三、四级时为 6φ12。抗震等级为一、二、三级时，箍筋 φ8@150（加强区用三级钢），四级时为 φ6@200（加强区用三级钢）。约束边缘构件和在底部加强区的构造边缘构件，采用箍筋或箍筋＋拉紧的配筋方式，不得只采用全部拉筋。

很多地方需要加强，规范构造区别于普通地方。比如很多地方加大板厚，板配筋率提高到 0.25%，双层双向拉通；很多地方，抗震等级要提高，最小配筋率提高，比如地下室塔楼顶板与其之外的地板高差比较大，比如 1m 时，往往外墙总配筋率要不小于 0.5%，间距不大于 150mm，并且梁宽度尽量不小于 300mm，实在不行，也可以做 250mm。

5. 开洞

当洞边附加筋不锚入梁时，长度为洞边出 500mm，如图 17-32～图 17-34 所示。

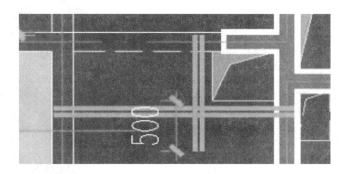

图 17-32　开洞（1）
注：当洞边无梁时应沿洞口每边增设 2φ12 板底加强筋，钢筋锚入梁内、板内 l_a。

17.2.4　如何绘制大样

外部造型处应补充大样，大样要能完整的表示建筑造型；有高差的地方要绘制大样，开洞的地方要绘制大样。不连续的部位要绘制大样；研究混凝土大样的画法，其实很简单，一般都是受力筋＋抗裂筋＋锚固筋，或者把钢筋做成一个套筒（小于 150mm 时单层配筋，但套筒，否则双层配筋，做成双套筒），到类似的地方，就向上套就行，直锚不行，就采用直＋弯的形式。一般厚度大于 150mm 的悬臂板，非支座处的四周一般都要有钢筋。

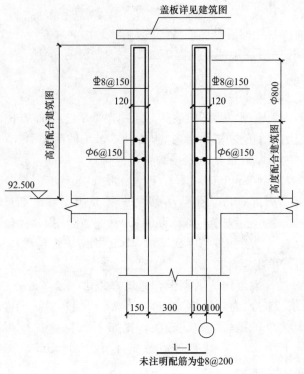

图 17-33 开洞（2）

盖板详见建筑图

Φ8@150   Φ8@150

120   120

Φ800

Φ6@150   Φ6@150

高度配合建筑图

高度配合建筑图

92.500

150   300   100 100

1—1
未注明配筋为Φ8@200

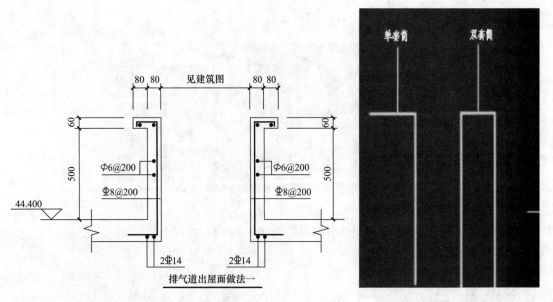

见建筑图

80 80   80 80

60   60

500   500

Φ6@200   Φ6@200

Φ8@200   Φ8@200

44.400

2Φ14   2Φ14

排气道出屋面做法一

图 17-34　排气道出屋面

单套筒   双套筒

图 17-35　支座钢筋锚固

大样，也可以这样理解，一系列成一定角度的板（一般为 90°）组成在一起，板与板之间的钢筋能拉通的就直接拉通，不能拉通的在满足锚固受力的前提下，用弯钩套上，或者直接寻找新的支座锚固。

一般厚度不大于 50mm 的局部突出的混凝土（可能为倾向造型的混凝土），可以不配钢筋（图 17-36、图 17-37）。

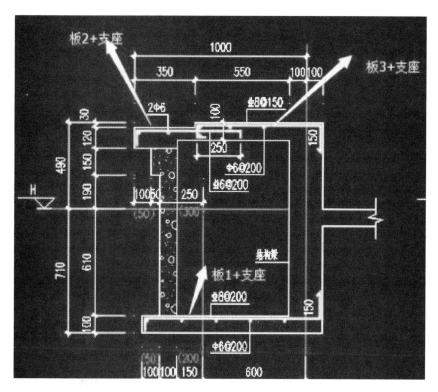

图 17-36 大样 1

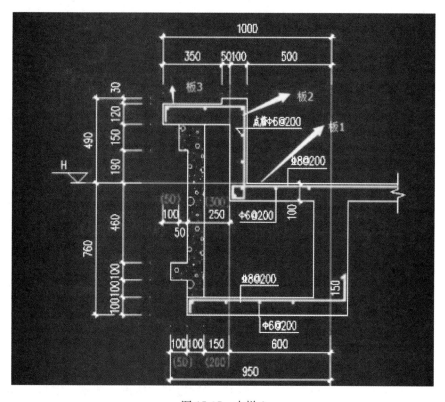

图 17-37 大样 2

18 建筑结构优化设计思维及实例

优化设计的本质，在于力（弯矩、剪力、扭矩等）的变化，有变化，在力小的地方才有优化的可能（从方案上减小梁板柱墙构件的截面，从构造上减小钢筋的使用量）；优化设计，也源于减少富余，最后达到物尽其用。优化设计，在于控制结构设计中的平衡，在于吃透结构力学，材料力学中的一些公式及一些弯矩、剪力、轴力、扭矩等的分布图，在于灵活运用结构概念去做好设计：外刚内柔，均匀，控制扭转变形、连续、传力途径短、力沿着刚度大的方向传递。对于优化设计，主要是在两个点上下功夫：方案与构造。

优化设计的思维在于"加减分合"，构件也就四种，梁板柱墙，或者类似于梁板柱墙的构件，每一个构件也就三种属性：长、宽、高，或 X、Y、Z 方向的长度；从组成的角度，每个构件基本上都是由：钢筋＋混凝土组成。从这个角度来看，那就是对梁板柱墙，或者类似于梁板柱墙的构件进行一系列的："加减分合"；但从本质上来说，是一种不同构件之间刚度协调的过程，或者力与刚度协调的过程。

18.1 建筑结构优化设计中的"加减分合"思维

18.1.1 梁

1. 加

增大梁的截面

当结构刚度不足时，应优先加大高效框架的截面，其他部位竖向构件满足竖向承重即可。对于抗侧刚度而言，加大梁高比加大竖向构件截面见效快，住宅可以利用窗台做上翻梁。

2. 减

（1）减少次梁

由于小房间的楼板承载力有较大潜力，可考虑将隔墙直接砌筑在楼板上，建议设计考虑取消部分隔墙下小梁（2~3m），以方便施工并节省工程造价，有时还可避免房间墙顶露梁；对于剪力墙住宅的屋面层梁布置，往往会减小卫生间等处的小次梁。

（2）减小剪刀梯段板的跨度

可减小剪刀梯段板的跨度，如图 18-1 所示。建议梯板中间加一条：踏步宽×300 的梯梁，两端支承在剪力墙上，梯板的板厚可减薄为 100mm 厚，面筋和底筋均改为 $\phi8@150$（335mm²），可适当降低楼梯的钢筋和混凝土用量。

（3）减小梁截面尺寸

若非刚度及连接一字形墙的需要，不宜设置高连梁，因梁越高混凝土用量越大，构造配筋越多。连接较厚（350~400mm）剪力墙的连梁宽度若非刚度需要不一定与墙相同，这样可以减少不必要的梁构造配筋量及混凝土用量，省下的空间还可满足其他建筑功能的需要。

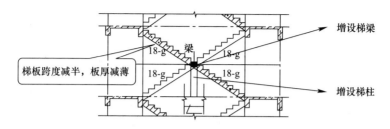

图 18-1　剪刀梯段板布置

有时候剪刀梯中的梯梁截面比较大，比如 260mm×500mm，截面高度过高，影响美观，可将截面高度由 500mm 改成 350～400mm。

（4）去掉多余的拉梁

去掉多余的拉梁，如图 18-2 所示。

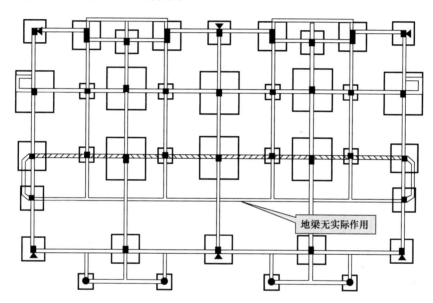

图 18-2　地梁布置

（5）取消地下室外墙顶部暗梁

一般可取消地下室外墙顶部暗梁，构造配筋 3Φ20。

（6）减小梁腰筋（表 18-1）

梁腰筋配置　　　　　　　　　　　　　　表 18-1

h_w \ b	200	250	300	350	400	450	500	550	600	650	700	750	800
450	2Φ10	2Φ10	2Φ10	2Φ12	2Φ12								
500	2Φ10	2Φ10	2Φ10	2Φ12	2Φ12	2Φ12							
550	2Φ10	2Φ10	2Φ12	2Φ12	2Φ12	2Φ14	2Φ14						
600	2Φ10	2Φ10	2Φ12	2Φ12	2Φ14	2Φ14	2Φ14	2Φ16					
650	2Φ10	2Φ12	2Φ12	2Φ14	2Φ14	2Φ14	2Φ16	2Φ16	2Φ16				
700	3Φ10	3Φ10	3Φ12	3Φ12	3Φ12	3Φ12	3Φ14	2Φ16	3Φ14	3Φ14			
750	3Φ10	3Φ10	3Φ12	3Φ12	3Φ12	3Φ14	3Φ14	3Φ14	3Φ14	3Φ16	3Φ16		

h_w \ b	200	250	300	350	400	450	500	550	600	650	700	750	800
800	3Φ10	3Φ10	3Φ12	3Φ12	3Φ12	3Φ14	3Φ14	3Φ14	3Φ16	3Φ16	3Φ16	3Φ16	
850	4Φ10	4Φ10	4Φ12	4Φ12	4Φ12	4Φ14	4Φ14	4Φ14	4Φ14	4Φ14	4Φ14	4Φ16	4Φ16
900	4Φ10	4Φ10	4Φ12	4Φ12	4Φ12	4Φ14	4Φ14	4Φ14	4Φ14	4Φ14	4Φ16	4Φ16	4Φ16
950	4Φ10	4Φ10	4Φ12	4Φ12	4Φ12	4Φ14	4Φ14	4Φ14	4Φ14	4Φ16	4Φ16	4Φ16	4Φ16
1000	4Φ10	4Φ10	4Φ12	4Φ12	4Φ12	4Φ14	4Φ14	4Φ14	4Φ14	4Φ16	4Φ16	2Φ16	4Φ16

除非内力控制计算梁的截面要求比较高，否则不要轻易取大于570mm梁高，这样能避免一些腰筋。当面筋较多时，出角筋伸至梁端外，其余尤其是第二排钢筋均可在跨中某个部位切断。

（7）减小梁架立钢筋直径

除少量次梁跨度大于6m，架立钢筋采用12mm外，其他次梁架立钢筋直径均可改为10mm。

梁配筋图中，大部分框架梁上部通长钢筋采用4Φ25的钢筋，建议可调整为2Φ25＋（2Φ12）钢筋组合配置。建议次梁上部通长钢筋可采用（2Φ12）钢筋与支座筋架立搭接，且次梁箍筋直径可采用Φ6。另外存在较多有效高度小于450mm（板厚130mm）的次梁设置了构造腰筋，建议腰筋可取消。例如图18-3所示11层某跨梁配筋。

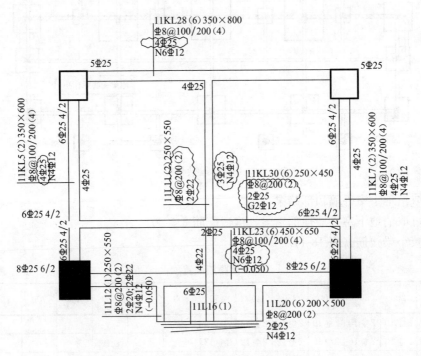

图18-3　梁平法施工图

（8）减小悬挑梁配筋

悬挑梁底筋不需要满足不小于面筋的0.3倍的规范要求。悬挑梁底筋为受压钢筋，构造即可，一般取面筋的1/4～1/5PKPM计算中，还是按照普通受弯构件底筋之最小配筋率给出结果，故经常偏大。悬挑梁箍筋可取@100全长加密，或者@100/150。

（9）地下室塔楼范围外梁柱箍筋最小直径

对塔楼相关范围（两跨）以外的地下室，柱、梁抗震等级可采用四级，以减小构造配筋量（如箍筋直径采用6mm等），以降低工程造价。

（10）减小地下室次梁宽度

梁截面宽度选择时，应尽量避免四肢箍筋的宽度（$b<350mm$），必要时可选用3肢箍筋。框架梁宽大于等于350mm时，其跨中采用两根通长筋＋两根架立钢筋的配筋形式。

（11）减小梁箍筋直径

梁箍筋采用HRB400级钢计算，框架梁抗震等级为四级或者次梁高度不大于800mm时，可以采用直径为6mm的箍筋。

（12）减小地梁腰筋直径

一般情况下，筏形基础不需要进行裂缝验算。原因是筏形基础类似于独立基础，都属于与地基土紧密接触的板，筏板和独立基础板都受到地基土摩擦力的有效约束，是属于压弯构件而非纯弯构件。因此，筏形基础和独立基础一样，不必进行裂缝验算且最小配筋率可以按0.15%取值。因为基础梁一般深埋在地面下，地上温度变化对其影响很小，同时基础梁一般截面大，机械地执行最低配筋率0.1%的构造，会造成梁侧的腰筋直径很大。一般可按构造设置，直径12～16mm，间距可取200～300mm。

3. 分

（1）梁贯通筋采用搭接

根据《抗规》第6.3.4-1条，框架梁跨中面筋在满足计算要求的前提下，不小于2根12即可，不必采用角筋贯通的方式（角筋一般较大）。

根据《混规》第11.3.7条规范，沿梁全长顶面至少应配置两根通长的纵向钢筋，因此采用角筋贯通；同时，对于跨中面筋采用2φ12搭接，会造成人工费增加，需要综合考虑才能判定各种配筋方式较优。一般根据经验，跨度较小，比如小于4.5m，面筋可采用角筋贯通的形式；跨度较大（如大于4.5m），面筋可采用小直径钢筋并接受拉搭接构造。

（2）梁布置方案的"分"

对于框架结构次梁，力流的分配要均匀，梁的布置要多连续，充分利用梁端的负弯矩来协同工作。当柱网长宽比小于1.2时，在满足建筑的前提下，次梁要沿着跨数多的方向布置。当柱网长宽比大于1.5时，宜采用加强边梁的单向次梁方案。单向次梁应沿着跨度大方向布置，落在跨度小的柱梁上，大家一起合力共同跨越大跨度，而不是依附在别人身上来跨越长距离。

（3）梁底筋不全部伸入支座

框架梁底筋通常做法是全部伸入支座。对于荷载较大、跨度较大的地下室顶板，由于配筋很大，按上述做法会造成较大浪费。可以按国家标准16G101-1的做法，部分底筋伸入支座，在支座附近阶段，以降低工程造价。

4. 合

梁柱偏心时的合：

高层梁柱偏心问题（注意多层无要求），可以采用两端水平加腋来解决，不必加大整根梁的截面。

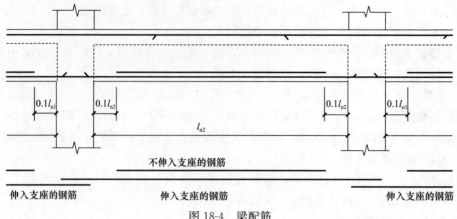

图 18-4　梁配筋

18.1.2　板

减

（1）减少首层板

设计院在设计过程中首层设计有结构板，按标准层进行梁板设计，当土质不是太差时，可取消首层结构板。梁按普通弹性地基梁设计，总荷载减少一层，基础荷载减少，首层梁配筋减少。200mm 砌体墙下设计梁，100mm 砌体基础置于建筑刚性地坪上面，并要求对回填土质量进行一定的技术控制。

（2）减小地下室防水板挑出长度

当采用筏形基础时，挑出长度一般可不取消。但是，当地下室外墙采用独立桩基础＋防水板时，一般取消挑出长度，以简化防水层施工并降低工程造价。

采用筏板时，基础外扩尺寸是否偏大；一般外扩 300mm 满足要求。

（3）减小板最小配筋率

对于受弯非悬臂板，板的最小配筋率，应是 0.15% 与 $0.45 f_t / f_y$ 取大值。100mm 厚楼板 C25 时最小配筋率为 0.16%，C30 时最小配筋率为 0.18%。

（4）减小楼梯梯段板的分布筋

楼梯梯段板的分布筋可参考表 18-2。

楼梯梯段板的分布筋　　　　　　　　　　　　　　　　　表 18-2

板厚度(mm)	50～90	100	110	120	130	140	150	160	170	180	190	200
分布钢筋	$\phi6@200$	$\phi6@180$	$\phi6@170$	$\phi6@150$	$\phi6@140$	$\phi6@130$	$\phi6@125$	$\phi8@200$	$\phi8@190$	$\phi8@180$	$\phi8@170$	$\phi10@250$

（5）减小板厚

是否可以减少板厚（阳台、卫生间、厨房处可为 90mm，其他地方板厚按地方规定。地方做法可以采用协商的方式，主要是与当地审图部门沟通）。

18.1.3　墙

1. 加（强外）

控制扭转变形，除了均匀还要外强内弱。剪力墙的布置原则是：外围、均匀、双向、适度、集中、数量尽可能少。周期比、位移比、剪重比都与扭转变形和相对扭转变形有关，结构布置均匀及用加减法都很有效果。

2. 减

（1）弱内

控制扭转变形，除了均匀，还要外强内弱。剪力墙的布置原则是：外围、均匀、双向、适度、集中、数量尽可能少。周期比、位移比、剪重比的都与扭转变形与相对扭转变形有关，结构布置均匀及用加减法都很有效果。

（2）减少剪力墙的形状

电梯机房由于受力较小，为了减小边靴效应，可以不把剪力墙伸上去，而采用异形柱或者长扁柱。

多布置 L 形、T 形剪力墙，尽量不用短肢剪力墙、一字形剪力墙、Z 形剪力墙。短肢剪力墙，一字形剪力墙受力不好且配筋大，而 Z 形剪力墙边缘构件多，不经济。对于 L 形剪力墙，其平面外有次梁搭接，可以增加一个 100mm 的小垛子，构造配筋即可，不建模。

（3）减少剪力墙的长度

200mm 厚剪力墙，剪力墙最短长度一般可控制在 1700mm。对于上部结构是一般剪力墙，底部由于稳定性要求加厚，广州地区可以同样认同为一般剪力墙，而湖南这边需要把截面变成大于 300m，比如 310mm 才不是短肢剪力墙。

广东省内项目，当墙肢在标准层为一般剪力墙时，底部加厚之后仍为一般剪力墙，不管厚度为多少。广东省外项目，剪力墙在底部加厚，避免形成短肢墙。加厚的原则如下：计算需要（包括刚度不足、稳定性不够、超筋或配筋太大等原因）才加厚上部剪力墙。若本身是一般剪力墙，在下部因计算需要加厚，应保证加厚之后仍为一般剪力墙。若上部墙长为墙长为 1700mm，直接加厚为 310mm，若上部墙长在（1700mm，2100mm）之间，可将下部墙加长至 2100mm，厚度只需加厚至 250mm 即可。上部剪力墙若本身就是短肢墙，可以仅按计算要求加厚，不必一定要加到 310mm 成为一般剪力墙。

（4）去掉多余的剪力墙

根据层间位移角的富余等指标，去掉多余的剪力墙。

（5）减小边缘构件配筋直径

减小边缘构件配筋直径，如图 18-5 所示。

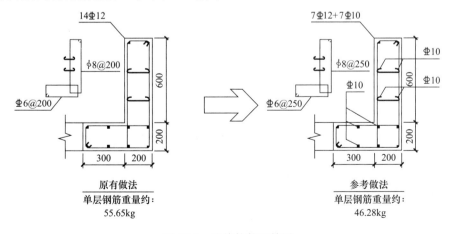

图 18-5　边缘构件配筋图

（6）减小剪力墙轴压比

小高层（≤18层）剪力墙结构可以通过提高底部混凝土强度等级或适当加厚，控制轴压比不超过0.3，从而仅设置构造边缘构件。

（7）减小剪力墙厚度

某超高层广场，248.75m筒中筒结构中部的筒体结构中的墙体厚度1～6层墙厚不变，7～9层墙厚由1000mm改为900mm，10～13层墙厚由900mm改为850mm，14～18层墙厚由800mm改为750mm，19层到屋顶层墙厚由700mm改为650mm。

18.1.4 柱

1. 减

（1）减小地下室的柱网

基本条件：

大柱网（柱网A）：7.8m×7.8m，柱截面500mm×500mm×（500mm×600mm）

大小柱网（柱网B）：7.8m×（6.0＋4.85）m，柱截面500mm×500mm

小柱网（柱网C）：5.2m×（4.9＋5.9）m，柱截面400mm×400mm(400mm×600mm)

改进型小柱网（柱网D）：5.2m×（4.4＋6.9）m，柱截面400mm×400mm(400mm×600mm)

混凝土强度：C35（顶板、底板、柱）

钢筋：HRB400

建模范围：7×7跨（柱网A）、7×9跨（除柱网A外）

附加荷载：恒载23.1kN/m²（覆土1.2m），活载5kN/m²

单纯就造价而言：不同柱网各顶板楼盖结构方案的造价差距在0～20％之间。仅考虑顶板造价，采用相同的楼盖形式，小柱网（柱网C）和改进型小柱网（柱网D）比大小柱网（柱网B）的更经济，大柱网（柱网A）最不经济。相对大柱网，小柱网可节省造价10％以上。

综合考虑顶板与底板造价（未考虑抗拔措施），采用相同的楼盖形式，柱网经济性为柱网C＞柱网D＞柱网B＞柱网A。相对大柱网（柱网A），小柱网（柱网C）可节省造价15％以上。

（2）减小构造柱配筋

对于内墙常规200mm×200mm构造柱的纵筋，建议由4φ12修改为4φ10（此处构造柱主要是起拉结作用，其配筋要求可比规范要求砌体房屋中的构造柱纵筋4φ12要低）。对于构造柱的箍筋，建议取消加密区，可采用φ6@200箍筋。

（3）减小柱子截面

某超高层结构：筒中筒结构中的1～12层外围的型钢混凝土柱1100×1100×25×35×700×300（柱长×柱宽×交叉工字形腹板厚度×交叉工字形翼缘厚度×交叉工字形截面高度×交叉工字形翼缘宽度），除角柱外，修改为1100×1100×20×25×700×300，修改的型钢混凝土柱满足《高层建筑混凝土结构技术规程》11.4.5条对最少型钢含钢率4％的要求，满足11.4.1型钢板件宽厚比限值的要求。

取消13～15层外围的型钢混凝土柱1100×1100×25×35×700×300，改为混凝土柱

1100×1100。

筒中筒结构中部的筒体结构中的 1～6 层工字钢 60×800×550×70×550×70（工字形腹板厚度×工字形截面高度×工字形上下翼缘宽度×工字形上下翼缘厚度）修改为 40×800×550×40×550×40，60×800×550×80×550×80 修改为 40×800×550×50×550×50。

2. 分

（1）柱采用分离式配筋

柱采用分离式配筋，如图 18-6 所示。

（2）造型柱分离设计

结构采用现浇钢筋混凝土制作中间的大柱，再砌窗边的小段外墙，如图 18-7、图 18-8 所示。

序号	柱截面及配筋角筋
A1,A2,A4~A7, B3~B7	KZ1 500×500 4Φ20（角筋）+4Φ16 Φ8@100/200 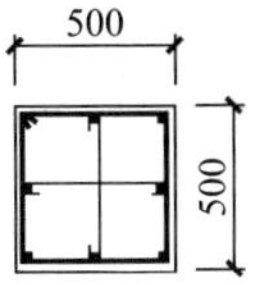
A3	KZ2 500×600 4Φ20（角筋）+6Φ16 Φ8@100/200 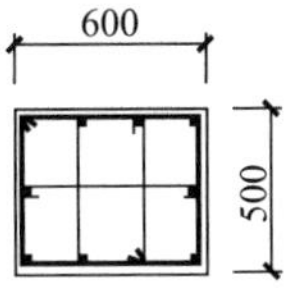

图 18-6　柱配筋

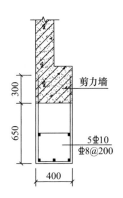

图 18-7　剪力墙外包大样（1）
建议采用砌体，楼层标高处用混凝土梁支承，优化的大样见图 18-8。

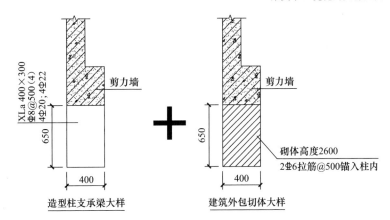

造型柱支承梁大样　　　建筑外包切体大样

图 18-8　剪力墙外包大样（2）

（3）柱子截面的分

由于上下层结构局部不对齐，设计合并小柱子，形成"大"柱子，造成浪费。对于多层建筑，当上下柱子错开较少，但无法对齐时，不要合并柱子形成大柱子，柱子之间可填充同标高素混凝土，如图 18-9 所示。

（4）改变柱子箍筋方式

框架柱箍筋的配筋方式为大箍套小箍，建议可优化调整，如图 18-10 所示。

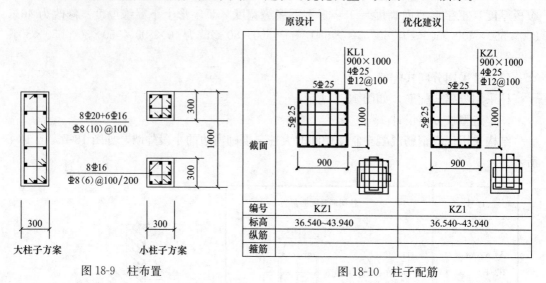

图 18-9　柱布置

图 18-10　柱子配筋

18.1.5　基础

1. 加

增加承台配筋的间距：

100mm 的承台配筋间距过小，不好浇筑，一般改为 150mm，如图 18-11 所示。

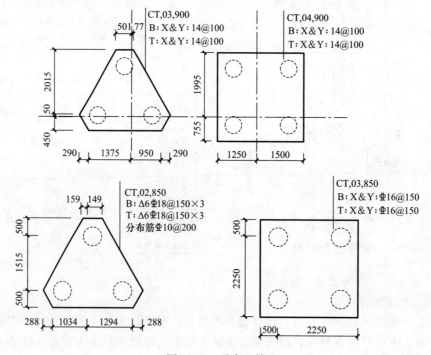

图 18-11　承台配筋

2. 减

（1）减少桩个数及截面

SD-01"地下室桩基平面图"中，管桩截面可优化。例如 E～K 轴交 8～16 轴的双桩承台，7.8m×7.8m 柱跨的柱底轴力标准值（已考虑底板自重及活荷载）约为 3400kN，设计值约为 4600kN。采用 2 根管桩 PHC-500-A-125 可优化为 PHC-500-A-100 型，其他位置的双桩承台也可以优化。由上述计算数据得出，持力层位于中风化灰岩的桩，在混凝土等级不变的情况下，完全可以采用 900mm 直径的桩代替 1000mm 直径的桩，节省富余混凝土体积 23.4%；用 1000mm 直径的桩替代 1200mm 直径的桩，节省富余混凝土体积 44.0%。优化建议对应桩径工程造价的对比如表 18-3 所示。

工程造价对比表   表 18-3

工程价值对比表（持力层为中风化灰岩桩）			
	混凝土	桩径	
图纸现用	C30	ZH10	ZH12
建议采用	C30	ZH-09	ZH-10
富余幅度	—	23.4%	44.0%

注：如设计能更进一步考虑桩体受压钢筋及提高桩体混凝土强度等级，更为经济。

（2）某工程初步设计拟采用直径 1300mm 钻孔灌注桩，一柱一桩，$Q_{uk} = 12500kN$，桩基方案论证时，提议改为每柱下 3 根直径为 600mm 的钻孔灌注桩，3 根 600mm 的钻孔灌注桩对比一根直径 1300mm 的钻孔灌注桩：抗拔承载力提高 38%，工程量减少 36%。抗拔桩设计时宜优先采用较小直径的桩分散布置，可节省桩基造价和底板材料用量。

（3）承台梁挑柱子（荷载不大），而不是柱下设置桩基础。

（4）人工挖孔桩宜优先一柱一桩。

（5）采用灌注桩时，柱下宜采用单桩，剪力墙下宜采用两桩。

（6）减小桩传力途径，尽量墙下直接传力，如图 18-12 所示。

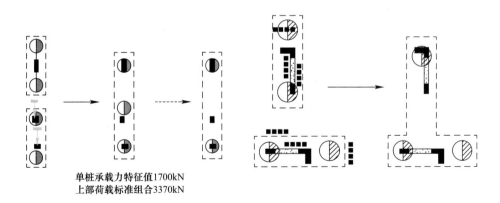

单桩承载力特征值1700kN
上部荷载标准组合3370kN

图 18-12　桩承台布置

（7）核心筒下采用灌注桩时，桩应沿着墙体轴线布置，即桩应布置在墙下，大致保证局部平衡，可以减少冲切厚度和弯曲应力。

（8）去掉五桩承台的面筋

地下室 G05《承台大样及配筋表》：钻孔桩承台尺寸及配筋表中，建议取消 CT5b 的面筋口 20@200，平面图如图 18-13 所示。

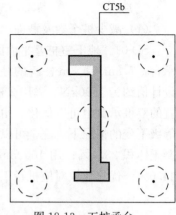

图 18-13　五桩承台

（9）减小单桩承台配筋

对于单桩承台，最小配筋可不必按最小配筋率 0.15% 进行控制，由于单柱单桩承台一般叫桩帽，其受力状态与承台是完全不同的，一般配 $\phi12@150\sim200$ 即可。

（10）柱帽的减法

当桩直径≥柱直径时，可以不设置桩帽。

（11）减小筏板厚度及配筋

对于筏形基础，江湖中一般按 50mm 每层估算一个筏板厚度，其实这只是一个传说。筏板厚度与柱网间距、剪力墙间距、楼层数量关系最大；其次，与地基承载力有关。一般来说，柱网越大、楼层数越多，筏板厚度越大。对于 20 层以上的高层剪力墙结构，6、7 度可按 50mm 每层估算，8 度区可按 35mm 每层估算（因为剪力墙比较密且墙长，可以从无梁楼盖跨度变小板厚变小的道理去类比）；对于框-剪结构或框架-核心筒结构，可按 50～60mm 每层估算。局部竖向构件处冲切不满足规范要求时可采用局部加厚筏板或置柱墩等措施处理。当按估算的板厚布置筏板后，一般可以用以下两种方法判断筏板厚度是否合适，第一，点击【筏板/柱冲板、单墙冲板】，看 R/S 值大小，柱、边剪力墙的抗冲切 R/S 应大于 1.2，因为不平衡弯矩会使得冲切力增大，对于中间的柱或剪力墙，其 R/S 应大于 1.05，留有一定的安全余量，如果比值远远大于上面的 1.2 或 1.05，说明板厚可减小；第二，点击【桩筏、筏板有限元计算/结果显示/配筋量图 ZFPJ.T】，如果单层配筋量（按 0.15% 计算）为构造，一般可能板厚有富余，可减小；如果配筋量太大，则有可能板厚偏小。

筏板的基床系数要取得准确，一般基床系数越大，配筋可能越小，筏板边的面筋当开始出现附加时，此时筏板板厚可能趋近于平衡。当筏板的强度合适但剪切不平衡时，可以局部加厚筏板，满足剪切。

（12）减小钢筋锚固长度

地下室底板底筋、柱帽底筋互锚、防水板筋锚如承台、筏形基础以及电梯井处筏板钢筋的互锚的锚固长度分别为 $l_a(32d)$ 和实标值，依据《混凝土结构设计规范》GB 50010—2010 的 8.3.2 条 5 款，锚固长度可按 0.7 倍折减，因此建议锚固长度由 $l_a(32d)$ 和实标值，统一修改为 $23d$。柱帽钢筋与底板钢筋锚固大样 a-a 的剖面，优化后如图 18-14 所示。基础钢筋锚固长度是否按非抗震锚固。

（13）减小箍筋间距

地下部分梁箍筋非计算控制，不考虑抗震延性时不加密，间距 200mm 控制。

（14）减小地下室外墙裂缝计算时的水位及保护层厚度

地下室外墙裂缝计算时的水位，可取常水位；保护层厚度大于 30mm 时，可取 30mm。

（15）减小基坑大样构造配筋

基坑大样的构造钢筋是否偏大；一般可按 $\phi10@150$ 或 $\phi12@150$ 配置。

272

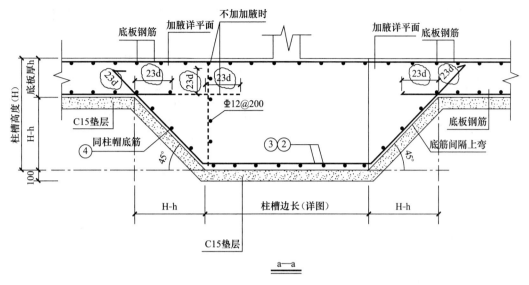

图 18-14　地下室底板柱帽

（16）减小承台配筋及截面

a. 本工程部分承台厚度稍偏厚，配筋稍偏多。

如 27 层高 17 号楼的承台 J10-6，高度取 2000mm 偏厚且其计算完全为构造配筋，建议厚度适当改薄，变为 1600～1800mm，同时满足计算冲切要求。另外，J5a-6 承台厚度取 1900mm，其实际配筋不满足最小配筋率要求，且计算完全为构造配筋，也建议改薄承台厚度为 1500～1600mm。

7 号楼承台 J4-6，依计算书，其 Y 向底筋Φ25@150（3272mm²，配筋率 0.218%）可改为Φ22@160（2376mm²，配筋率 0.158%）；另依计算书的桩反力，其可由 4 桩台改为 3 桩台。

绕承台的承台端侧筋④筋，建议由Φ16@200 或Φ14@200 改为Φ12@200。承台的底筋①、②筋，不必弯折至承台面，可另设直径较小的抗裂钢筋。

b. 减少承台之间的连系梁

7 号、10 号楼承台间的连系梁，除注明外截面均为 300×600（面筋 3Φ22 拉通，底筋 3Φ22 拉通，箍筋Φ8@100/200，抗扭筋 N4Φ12），如图 18-15 所示的 7 号楼基础图。由于承台之间的底板板厚已为 400mm（板面钢筋Φ16@150 双向拉通，板底钢筋Φ14@150 双向拉通），连系梁刚度相对很小，故建议全部取消。

（17）减少底板水平构造钢筋

本工程筏形基础板底钢筋平面图中沿筏板厚度 4000mm 方向设置 1 层构造钢筋网Φ14@150（双向）。

在《建筑结构专业技术措施》3.8.10 条指出：不论筏板的厚度为多少，皆不需在板厚的中面增设水平钢筋并作了详细说明，摘录如下：

"有些资料中提到，当基础板厚大于 1m 时，须在板厚中间部位加一层水平双向钢筋，而且规定的钢筋直径较大，从各方面看这是不必要的。北京市建筑设计研究院过去大量工程实践中，基础板厚超过 1m 者未加板中间钢筋，也从未发现由此而产生的问

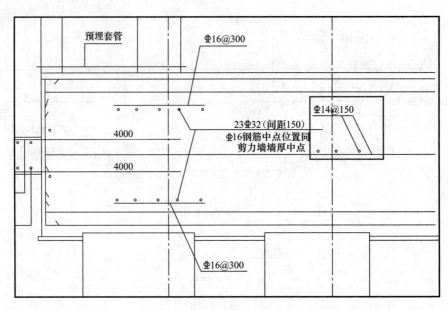

图 18-15　底板水平构造钢筋的说明

题。境外某地下铁道车站，其上有 30 层大楼，底板厚度 5.5m（跨度约为 11m），其施工详图（所有钢筋皆已编号）中，板的中间也未加任何钢筋。某美国设计公司为北京中国工商银行总行大楼绘制的基础施工图中，基础板厚 1.5m，板中间未放置任何钢筋，仅在附注中说明，在板面主筋之上，另加 $\phi 8mm@150mm$ 双向钢筋。该公司在上海设计的金茂大厦，筏板基础厚度 4m，板中面也未设置任何钢筋，仅在板面另设 $\phi 8mm@$ 150mm 双向钢筋。

由以上数例可以看出，在构造上，不设置此种钢筋，也完全没有问题。有一种意见认为，如果板的厚度较大，在施工时需将板底分成两层浇捣，就需要设置中面钢筋，这种看法也有问题。首先，在设计出图时并不一定有依据，施工单位要分两层施工；其次，即使分两层施工，在下层的表面设置较粗钢筋，对阻止或减少混凝土收缩裂缝，并无多大作用。国外有些资料认为，粗钢筋对减少裂缝反而不利。

因此，我们规定，不论基础底板厚度如何，在板厚的中间一律不应设置水平钢筋。"

此外，在《高层建筑结构概念设计》（1999 年郁彦著）和《建筑结构设计误区与禁忌实例》（刘铮著）中均有关于"基础底板中可不设置水平构造钢筋"的论述。

所以，建议在基础筏板中可不设置水平构造钢筋。

(18) 减少桩身配筋率

查看地质勘察报告，桩长范围内不存在淤泥、淤泥质土及可液化土，且采用 HRB400 级钢并不考虑受压钢筋作用时，满足《建筑桩基技术规范》，正截面配筋率 0.65%～ 0.2%，大直径取小值，根据一般做法，配筋率可控制在 0.3% 左右，原来桩纵向钢筋都可以改小，修改见表 18-4 和表 18-5。对于桩顶纵筋加密取采用 $\phi 10@100$，根据《桩基规范》，可修改为 $\phi 8@100$。对加劲箍原图设计为 $\Phi 18@2000$，可以修改为 $\Phi 14@2000$。对 ZH2、ZH3 可以和 ZH1 合并，可通过调整桩端扩大头尺寸，满足单桩承载力要求。

表18-4

桩身配筋率（1）

桩编号	混凝土强度等级	单桩承载力特征值（KN）	设计桩顶标高（m）	桩尺寸				护壁厚度	桩端扩大头尺寸				截面形式	桩配筋				箍筋加密区长L_N	承台尺寸高度H_3	备注
				D	H	H_1	H_2	A_1	b	$h1$	$h2$	h		①	$L1$	②	③			
ZH1	C30	4800	详见桩基础平面布置图	900	约7~10m	1000	100	100	400	200	800	1000	A	14Φ18	H-200	φ8@200（φ10@100）	Φ18	4500	1400	
ZH2	C30	5400		1000	约7~10m	1000	100	100	400	300	800	1000	A	16Φ18	H-200	φ8@200（φ10@100）	Φ18	5000	1400	
ZH3	C30	6100		1100	约6~10m	1100	100	100	400	300	800	1000	A	18Φ18	H-200	φ8@200（φ10@100）	Φ18	5500	1400	
ZH4	C30	8100		1200	约6~11m	1200	100	100	500	350	1000	1200	A	20Φ18	H-200	φ8@200（φ10@100）	Φ18	6000	1400	
ZH5	C30	8900		1300	约7~10m	1300	100	100	500	350	1000	1200	B	24Φ18	H-200	φ8@200（φ10@100）	Φ18	6500	1400	
ZH6	C30	9700		1400	约6~10m	1400	100	100	500	400	1000	1200	B	28Φ18	H-200	φ8@200（φ10@100）	Φ18	7000	1400	
ZH7	C30	11400		1400	约6~11m	1400	100	100	550	400	1200	1400	B	28Φ18	H-200	φ8@200（φ10@100）	Φ18	7000	1400	

调整前

表18-5

桩身配筋率（2）

调整后				桩尺寸				护壁厚度	桩端扩大头尺寸				截面型式	桩配筋					承台尺寸	备注
桩编号	混凝土强度等级	单桩承载力特征值（KN）	设计桩顶标高（m）	D	H	H_1	H_2	$A1$	b	$h1$	$h2$	h		①	L1	②	③	箍筋加密区长L_N	高度$H3$	
ZH1	C30	4800	详见桩基础平面布置图	900	约7~11m	1000	100	100	400	200	800	1000	A	14Φ14	H-200	φ8@200	Φ14	4500	900	
ZH1a	C30	4800		900	约7~11m	1000	100	100	450	300	800	1000	A	14Φ14	H-200	φ8@200	Φ14	5000	900	
ZH1b	C30	6100		900	约6~11m	1100	100	100	500	300	800	1000	A	14Φ14	H-200	φ8@200	Φ14	5500	900	
ZH4	C30	8100		1200	约6~11m	1200	100	100	500	350	1000	1200	B	18Φ16	H-200	φ8@200	Φ14	6000	900	
ZH5	C30	8900		1300	约7~10m	1300	100	100	500	350	1000	1200	B	20Φ16	H-200	φ8@200	Φ14	6500	900	
ZH6	C30	9700		1400	约6~10m	1400	100	100	500	400	1000	1200	B	24Φ16	H-200	φ8@200	Φ14	7000	900	
ZH7	C30	11400		1400	约6~11m	1400	100	100	550	400	1200	1400	B	24Φ16	H-200	φ8@200	Φ14	7000	900	

原来桩顶护筒大样及护壁加筋图中护壁钢筋采用 $\phi8@150$，可调整为 $\phi8@200$。

（19）减少单桩柱帽按桩边到承台边距离

原来单桩柱帽按桩边到承台边距离为 200mm，根据《建筑桩基技术规范》4.2.1 单桩承台桩的外边缘至承台边缘的距离不小于 150mm，单桩承台尺寸可以每边缩少 100mm。修改见图 18-16。原来设计单桩承台高度为 1400mm，根据《建筑桩基技术规范》对于柱，当柱纵向钢筋采用直线段加末端 15d 弯折的锚固方式，直线段的长度为 $0.6l_{abe}=0.6\times40\times25=600$mm。对于桩，桩纵向钢筋深入承台的锚固长度为 $35d=35\times18=630$mm，如果末端采用 15d 弯折的话，直线段锚固长度 $l_{ab}=0.6\times35\times18=378$mm。从桩锚固到承台和柱锚固的承台，承台高度 900mm 均可以满足要求。单桩承台高度可修改为 900mm。

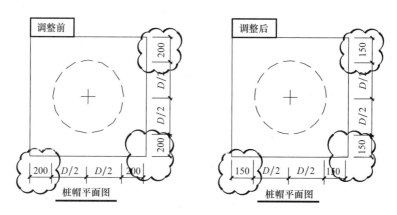

图 18-16　单桩平面布置图

（20）减小两桩承台腰筋大小

原来基础采用的两桩承台 CTL1～CTL5，上部剪力墙长度达到或超过桩形心，计算弯距为零，承台不再承受局部弯矩作用，承台下部钢筋由构造钢筋控制，满足最少配筋率。对于承台上部钢筋，可以配架立钢筋。腰筋的作用是防止 CTL 侧面出现竖向裂缝，对于两桩承台，可不考虑侧面抗裂问题，可以配置构造钢筋 $\Phi12@200$。例如，CTL1 可以做如下修改：

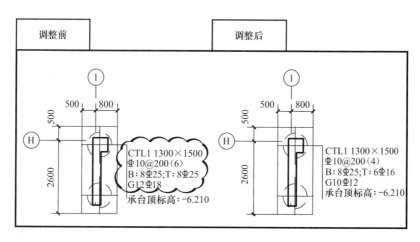

图 18-17　两桩承台布置

（21）减小防水板厚度及配筋

库底板原来设计为 PB1，板厚 $h=250mm$，B&T：X&YΦ12@200，根据地质勘察报告及结构总说明，本工程可不考虑抗浮。故地下车库底板没有净水浮力作用，防水板的实质为防潮板，PB1 的厚度及配筋均可按构造取用，故 PB1 厚度配筋可以修改为 $h=200mm$，B&T：X&YΦ8@125。

3. 分

（1）改变剪力墙下桩承台布置

剪力墙下布桩（一般布置 2 个灌注桩/人工挖孔桩/旋挖桩等＋构造承台），由于剪力墙结构具备极大整体抗弯刚度，故可将上部结构视为承台，此时布置的条形承台（梁）可以认为是"底部加强带"，同时方便钢筋锚固及满足局部受压。承台（梁）宽度可为 200mm＋桩径，高度为 600mm，在构造配筋的基础上适当放大即可。

对于剪力墙全压在桩上的两桩承台（包括条形承台），剪力墙竖向力已直接传递至桩顶，此时承台只起墙与桩连接过度，即只起剪力墙钢筋锚固作用，满足钢筋锚固即可，并构造配筋面筋 4ϕ12，腰筋 ϕ12@200，箍筋 ϕ10@200（4）即可。

（2）地下室覆土的分离

景观覆土一般不超过 1.2m，确实要种大树，可采用局部堆土方式。乔木≥1.2m，深根系≥1.5m，灌木 0.5m，草坪地被≥0.3m。

（3）地下室底板抗浮厚度的分

应采用无梁底板，经验厚度（以下数据用于大柱网，采用小柱网时减少 50mm）；

水头≤3m 时，300mm；

3m<水头≤4m 时，350mm；

4m<水头≤5m 时，400mm；

5m<水头≤6m 时，450mm；

6m<水头≤7m 时，500mm，以此类推，每增加 1m 水头板厚增加 50mm。

18.1.6 其他

（1）周期折减系数是否合理（计算指标时，可取 1.0，配筋可按规范折减；风荷载起控制作用时，配筋和指标均可取 1.0）。

（2）对剪力墙结构，检查暗柱配筋是否偏大，暗柱偏大地方是否可以采用将梁按洞口形式输入（按洞口形式输入后，指标基本不变，暗柱配筋显著减少，梁配筋稍增加，刚心变化比较明显）。

（3）对剪力墙结构，与剪力墙垂直相交的梁是否可以设铰接，这样可以减掉该处的暗柱。

（4）地下室外墙迎水面保护层内配钢丝网建议 ϕ4@200。

（5）根据《砌体规范》6.3.4 条规定，构造柱纵筋可采用 ϕ10，箍筋可采用 ϕ6@250。根据《混凝土结构构造手册》第四版 383 页，楼梯分布钢筋一般可采用 ϕ6@250，板厚不小于 150mm 时，分布钢筋可采用 ϕ8@200。

（6）板厚 250mm，作为嵌固层时，板配筋为 ϕ12@180；不作为嵌固层，板配筋为 ϕ10@150；板厚 180mm，作为嵌固层时，板配筋为 ϕ10@170；板厚 160mm 时，板配筋为 8@150。

对地下室楼层板，板厚根据跨度一般可采用 110mm 板厚。对地下室顶板，根据规范要求设置。对地下室楼层板，是否有条件采用分离式配筋。对地下室楼层板，一般单向次梁或双次梁方案比较合适（单向板）；对地下室顶板，人防区域采用大板比较合适；对消防车区域，板跨度较大（8.1m）采用井字梁比较合适，板跨度较小（5.6m 或 6.1m），采用单向次梁或双向次梁比较合适；非消防车区域，采用单向次梁或双向次梁比较合适。

（7）地下室方案选型结论（1）

对三种形式的柱网尺寸，在覆土厚度、人防等级相同的条件下，其最优的地下室顶板结构布置方案可通过技术经济比较来确定。

对大柱网（8.1m×8.1m），覆土厚度 1.5m，在平时荷载或消防车荷载作用下，其结构布置形式从综合成本考虑，从小到大排列顺序均为：无梁楼盖、井字梁、十字梁、大梁大板（双次梁或单次梁方案因主梁梁高差异较大，影响地下室层高，暂不考虑；十字梁和井字梁价格差异较小，井字梁梁高稍小，对层高有利）。

对大柱网（8.1m×8.1m），覆土厚度 1.5m，人防荷载作用下，如果采用弹性算法，其结构布置形式从综合成本考虑，从小到大排列顺序均为：无梁楼盖、井字梁、十字梁、大梁大板。如果采用塑性算法，其结构布置形式从综合成本考虑从小到大排列顺序可为：无梁楼盖、大板、十字梁、井字梁。

对大小柱网 [8.1m×（5.2＋6.6＋5.2）m]，覆土厚度 1.5m，在平时荷载、消防车、人防荷载分别作用下，其结构布置形式从综合成本考虑，从小到大排列顺序可为：无梁楼盖、单次梁、大梁大板、十字梁。

对小柱网 [5.4m×（5.2＋6.6＋5.2）m]，覆土厚度 1.5m，在平时荷载、消防车、人防荷载分别作用下，其结构布置形式从综合成本考虑，从小到大排列顺序均为：无梁楼盖、大梁大板、十字梁。对上海地区或苏南地区，地下车库基础做法常规采用筏形基础加柱帽。

（8）地下室方案选型结论（2）

地下室和裙房在常见的约 8.1m×8.1m 的柱网中，不考虑层高因素，不同结构布置方案与成本关系定量分析结果如下：

① 地下室顶板覆土 1.2m，考虑消防车的荷载情况（估算恒载 31kN/m²，活载 20kN/m²），项目综合成本从小到大的排列顺序为：

a. 单向平行等间距两道次梁布置方案（假设造价＝1）

b. 带柱帽的无梁楼板布置方案（约 1.06 倍）

c. 无柱帽的无梁空心楼板布置方案（约 1.15 倍）

d. 井字形次梁布置方案（约 1.2 倍）

e. 十字形次梁布置方案（约 1.35 倍）

② 地下室顶板覆土 1.2m，不考虑消防车的荷载情况（估算恒载 31kN/m²，活载 3.5kN/m²），项目综合成本从小到大的排列顺序为：

a. 带柱帽的无梁楼板布置方案（假设造价＝1）

b. 单向平行等间距两道次梁布置方案（约＝1）

c. 井字形次梁布置方案（约 1.06 倍）

d. 十字形次梁布置方案（约 1.12 倍）

e. 无柱帽的无梁空心楼板布置方案（约 1.22 倍）

③ 地下室顶板覆土 0.6m，不考虑消防车的荷载情况（估算恒载 18kN/m²，活

$3.5kN/m^2$），项目综合成本从小到大的排列顺序为：

    a. 带柱帽的无梁楼板布置方案（假设造价＝1）

    b. 单向平行等间距两道次梁布置方案（约1.02倍）

    c. 十字形次梁布置方案（约1.12倍）

    d. 井字形次梁布置方案（约1.15倍）

    e. 无柱帽的无梁空心楼板布置方案（约1.25倍）

④ 裙房商业或地下室中间楼板的荷载情况（估算恒载$4.5kN/m^2$，活载$3.5kN/m^2$），项目综合成本从小到大的排列顺序为：

    a. 单向平行等间距两道次梁布置方案（假设造价＝1）

    b. 十字形次梁布置方案（约1.1倍）

    c. 井字形次梁布置方案（约1.12倍）

    d. 无柱帽的无梁空心楼板布置方案（约1.24倍）

    e. 带柱帽的无梁楼板布置方案（约1.3倍）

⑤ 核六人防顶板的荷载情况（估算恒载$8kN/m^2$，顶板等效荷载$60kN/m^2$。）项目综合成本从小到大的排列顺序为：

    a. 主梁＋厚板布置方案（假设造价＝1）

    b. 单向平行等间距两道次梁布置方案（约0.93倍）

    c. 带柱帽的无梁楼板布置方案（约0.93倍）

    d. 十字形次梁布置方案（约0.97倍）

    e. 井字形次梁布置方案（约1.06倍）

对于地下室顶板当必须考虑抗震的嵌固层要求时，应优先采用单向等间距平行梁布置方案；当可以不考虑抗震的嵌固层要求时，应优先采用带柱帽无梁楼板结构。多层地下室中间层楼板布置优先采用带柱帽无梁楼板或无梁空心楼板布置方案。地下室底板、顶板建议结构找坡。另外，因项目地下室层高不同，底板下土层承载力不同，梁截面选取不同，各项目比较会产生不同的结果，故每个项目设计时均应进行结构布置方案比较。需注意的是涉及景观配合部分，如景观泳池的架空做法，微地形的架空做法，景观挡土墙设置，架空层的做法（立面、天花等）、岗亭内部装饰等需在合同中明确。

（9）地下室设计时，可选"梁柱重叠部分简化为刚域"；对地下室顶板梁，可按T形截面计算。对8.1m×8.1m柱网，1.5m覆土，平时荷载作用下，按T形梁计算时，主梁底筋比正常减少15％～20％（数据从具体工程中摘录）；人防荷载作用下，顶板计算要采用塑性算法。对8.1m×8.1m柱网，1.5m覆土，核六人防荷载作用下，对大梁大板结构形式，弹性算法比塑性算法钢筋量多$20kg/m^2$左右（数据从具体工程中摘录）。对基础底板和柱帽计算时，宜采用YJK。对8.1m×8.1m柱网，1.5m覆土，两种软件的钢筋量差在$20kg/m^2$左右（数据从具体工程中摘录）。

正常情况下，单层地下室基础底板厚度不宜大于400mm，柱帽按冲切控制，不宜加大高度。柱帽尺寸不宜大于柱网尺寸的1/3。基础底板通长钢筋和柱帽钢筋的配筋率按0.15％控制（防水板按0.2％，人防详见《人防规范》）。

（10）梁箍筋加密区

高层户型总说明总说明第四.5.（3）条：当框架梁（JKL、KL、WKL）净跨与梁高之比＜4 时，箍筋全长加密，间距为 100mm。依《建筑抗震设计规范》GB 50011—2010 表 6.3.6 条规定，梁端箍筋加密区的长度，对抗震等级小于一级的框架梁为 Max（$1.5h_b$，500）；一级框架梁为 Max（$2h_b$，500）。建议总说明中框架梁箍筋全长加密的条件修改为净跨与梁高之比不大于 4（一级）或不大于 3（二级～四级），以减少不必要的箍筋加密，降低工程造价。

对高层户型的总说明的第五.5.（1）～（2）条，建议圈梁梁高统一为 150mm，纵筋用 $\phi 10$，箍筋为 $\phi 6@200$。对于顶板框架梁底筋，建议模型计算时，在调整信息中点选"混凝土矩形梁转 T 形"选项，可节约 10％～15％ 的底筋。

（11）基坑及边坡工程

a. 常规支护方案有自然土方放坡，喷浆，挂网喷浆，预应力锚杆＋喷射，挡墙，深层搅拌桩，深搅桩＋围护桩＋锚杆，钢板桩等；设计须提供支护比选方案（合同中明确），成本配合。

b. 达到 5m 以上的深基坑，优先考虑阶梯放坡。

另：基坑深度超过 5m 的属于深基坑，边坡高度岩石≥25m、土坡≥15m 的为高边坡。高边坡及深基坑均需专家评审，根据项目经验，评审应在施工图完成后尽快召开，以免影响施工进度。评审也可由设计单位找熟悉的专家，私下对图纸进行审查，提高报建效率。

（12）基础选型

各类型基础成本大致按以下顺序递增：天然浅基础＜管桩（如需引孔时费用增加）＜筏板＜人工挖孔桩（规范限制较多）＜冲孔桩。

（13）总说明

总说明直径大于或等于 16mm 的钢筋，应优先采用焊接接头或机械连接接头。建议连接方式框架梁、框架柱、剪力墙、次梁等钢筋连接方式区别对待，补充钢筋连接方式：建

议框架梁、剪力墙的主筋直径大于等于 12mm 且小于 25mm 时，采用焊接；直径大于等于 25mm 时，应采用机械连接；直径大于 16mm 且小于等于 25mm 的次梁纵向钢筋，采用焊接；直径大于 25mm 的次梁纵向钢筋，应采用机械连接。

建议地梁伸出承台内锚固长度由原设计 l_{ae} 改用 l_a；板钢筋采用 HRB400 级钢时，补充说明"板附加钢筋不做弯钩"。

（14）梁高一致

结构设计时梁高不一致，房间墙设计为 100mm 时，梁会露在房间，因此梁底标高不一致，观感不佳，根据结构需要调整梁高，可改善此情况。如图 18-18 所示。

图 18-18　梁布置

18.2　项目 1

第一部分　概述

1. 项目简介

该项目位于×××市×××，总建筑面积为 154358m²。

2. 优化设计依据

2.1 设计使用年限：50 年。

2.2 自然条件

2.2.1 基本风压为 $0.40kN/m^2$（$n=50$）。

2.2.2 基本雪压为 $0.40kN/m^2$（$n=50$）。

2.2.3 抗震设防烈度为 6 度（$0.05g$）。

第二部分 主楼咨询意见

一、结构计算模型

1. 建议连梁钢筋折减系数在计算指标时选"1.0"，在计算配筋时，选取"0.6"；

2. 建议中梁刚度放大系数采取手工填写，建议值"1.8"；

3. 建议考虑"矩形混凝土梁转 T 形"；

4. 建议墙柱钢筋实配系数由原设计"1.15"改为"1.0"；

5. 建议电梯井外走廊活荷载由原设计 $3.5kN/m^2$ 改为 $2.5kN/m^2$；

6. 局部楼板板厚可减薄，例如局部楼板板厚 140mm 均可减小为 120mm；

7. 平面布置图调整：建议取消局部墙垛，局部小墙可取消；

8. 模型布置调整建议（按实际计算确定）。

调整思路：

X 方向考虑去掉部分墙体，Y 向墙体考虑在不减少墙体情况下适当优化，以减少暗柱数量和降低暗柱配筋量。

二、结构设计总说明咨询意见

1. 地下室顶板除消防车道外有 1.2m 覆土处活荷载可由原设计 $5.0kN/m^2$ 改为 $4.0kN/m^2$；

2. 补充说明："墙暗柱纵筋的加密区箍筋最小间距可按 $10d$ 及 100mm 的最小值"（依据《混规》8.3.1 第 3 条）；

3. 补充钢筋连接方式：建议框架梁、剪力墙的主筋直径大于等于 12mm 且小于 25mm 时，采用焊接；直径大于等于 25mm 时，应采用机械连接；直径大于 16mm 且小于等于 25mm 的次梁纵向钢筋，采用焊接；直径大于 25mm 的次梁纵向钢筋，应采用机械连接；

4. 当梁、柱中的钢筋保护层厚度大于 50mm 时，可在离构件表面 25mm 处设置Φ4@150×150 镀锌钢筋网片改用 "$\phi4@200×200$ 镀锌钢筋网片"；

5. 板钢筋采用 HRB400 级钢时，补充说明"板附加钢筋不做弯钩"。

6. 补充说明"地下室框架梁梁底部钢筋做法：底筋最下面一排锚入支座，其余断开（见平法 16G101）"。

7. 建议地梁伸出承台内锚固长度由原设计 l_{ae} 改用 l_a；

8. 局部圈梁构造柱可取消或配筋减少。

三、基础施工图咨询意见

1. 基础底板 1400mm，偏厚可减少到 1200mm，配筋率按 0.15％控制，Φ25@150 改为Φ22@180 双层双向通长配筋，不足处附加。

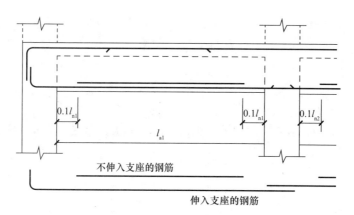

图 18-19　地下室框架梁底部钢筋做法

2. 建议用 YJK 计算基础。

四、板施工图咨询意见

1. 建议构造柱纵筋、箍筋由原设计 4Φ12、Φ6@100/200 改用 4Φ10、Φ6@250，例如，结施-11 中节点详图 GZ1；

2. 根据《××省住宅质量通病》，建议卫生间、阳台等楼板板厚由原设计 100mm 改用 90mm，配筋亦作相应减小；

3. 局部楼板板厚减小，相应的配筋亦可减小，例如，结施—11 中楼板板厚 140mm 减小为 120mm，板洞南侧板配筋可由原设计 Φ8@150 改用 Φ8@200；

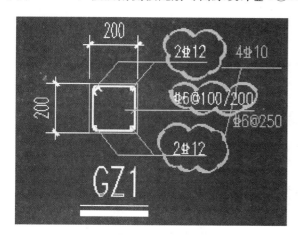

图 18-20　构造柱

图 18-21　板平法施工图

4. 板厚为 100mm 时或 90mm 时，板底钢筋建议 Φ6@150。

五、梁施工图咨询意见

1. 建议抗震等级为四级时，梁箍筋加密区箍筋间距选取 $h/4$、$8d$、150mm 的最小值，箍筋间距可以 10mm 为模数；

2. 局部连梁配筋可按计算面积减小，满足计算与构造要求即可，例如：结施 17 中 LLax701（1）200×800；

3. 建议框架梁支座上部纵筋满足计算与构造要求即可，实际配筋不宜超过计算面积的 1.05 倍，可减小实际配筋，例如，结施 17 中 KLax705（1）200×800；

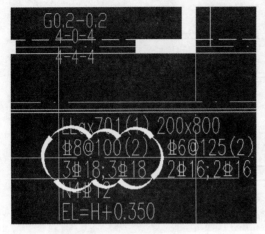

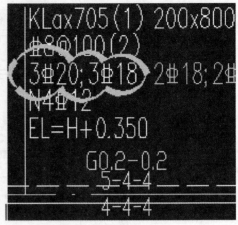

图 18-22　梁平法施工图（1）　　　　　　　图 18-23　梁平法施工图（2）

4. 建议取消局部框架梁计算无抗扭钢筋的抗扭筋，按构造配筋设置即可；

5. 建议减小框架梁通长钢筋的直径，支座上部端部钢筋不满足计算要求时，可附加钢筋以满足设计要求，可减小实际配筋，例如，结施 17 中 KLax707（1）200×400；

6. 建议框架梁底部纵筋在满足计算与构造要求条件下，可不人为地放大配筋，以减小实际配筋；

7. 建议框架梁支座上部纵筋、底部纵筋可采用大直径＋小直径的方式搭配使用，使得实际配筋面积接近计算配筋面积，可经济合理地利用配筋；

8. 建议次梁通长钢筋采用直径 12mm 的钢筋，例如，结施-17 中 Lax703（1）200×450；

图 18-24　梁平法施工图（3）　　　　　　　图 18-25　梁平法施工图（4）

9. 建议调整模型中局部梁梁截面，控制在经济合理配筋率。

六、竖向构件施工图咨询意见

1. 标高为 $-0.750\sim11.550$m 范围内除楼电梯，端开间等特殊位置之外剪力墙墙身配筋可减小，如表 18-6 所示。

剪力墙墙身配筋　　　　　　　　　　　　　　表 18-6

Q1	$-0.750\sim11.550$	200	⽥8@200（外侧）	⽥8/10@200（内侧）
			⽥8@250（外侧）	⽥8/10@250（内侧）

2. 抗震等级为四级时，剪力墙底部加强区可不设置约束边缘构件，仅需按照构造设置即可。

3. 建议局部剪力墙暗柱拉筋间距不超过 300mm 及两倍的竖向纵筋间距；局部拉筋可取消，例如：结施 08 中 GBZ1。

4. 建议局部构造边缘构件竖向纵筋在满足规范要求纵筋配筋率要求时，可增大纵筋间距，间距不超过 300mm。

5. 建议边缘构件纵向钢筋配筋满足计算要求与构造配筋率时，可采用大直径＋小直径的方式搭配，可减小实际配筋。

七、楼梯、节点施工图咨询意见

1. 建议减小 PTB 板配筋，可由原设计Φ8@150 改用Φ8@200；

2. 楼梯梯板分布钢筋可减小，例如，板厚为 120mm 时，分布钢筋由原设计Φ8@200 改用Φ8@250；

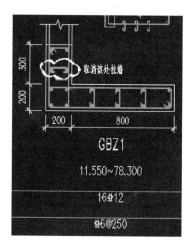

图 18-26 边缘构件

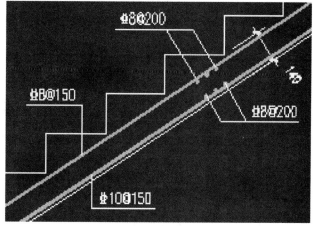

图 18-27 楼梯配筋

3. 楼梯梯梁配筋可按计算确定，局部可减小。

第三部分 地下车库咨询意见

一、基础施工图咨询意见

1. 地下室外墙，拉筋 φ8@600×600 改为 φ6@600×600

2. 地下底板配筋率按 0.15％控制，可根据计算文件复核，不足处附加。建议用 YJK 复核计算基础配筋。

3. 8.1m×8.1m 跨度柱墩截面可减少到 3000mm×3000mm。

4. B 轴处和其他跨度较小位置，抗拔桩可减少一根。

5. 地下室底板外挑 500mm 偏厚，挑出 300mm 为宜。

6. 地下室底板板厚可按计算复核减少；一般按 0.15％配筋率控制，不够处附加钢筋。需请甲方提供计算模型复核；

7. 筏板钢筋深入柱帽满足锚固长度即可，不需拉通布置。

二、梁、柱、板施工图咨询意见

1. 地下室顶板需进行多方案经济性比较，按经济性比较结果选取；

2. 地下室顶板梁箍筋偏大，请设计院提供计算书复核；

3. 地下室顶板主梁纵筋偏大，请设计院提供计算书复核；钢筋可按两种钢筋组合；

4. 次梁架立钢筋（2Φ14）改为2Φ12；

5. 梁支座与跨中配筋由计算决定，梁实配钢筋不宜放大。各层可复核减少；柱箍筋可复核减少。

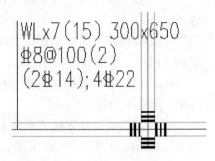

图18-28 梁平法施工图（5）

18.3 项目2

一、设计条件

本工程位于××市××区，抗震等级为三级。设1层地下车库，顶板覆土厚度为1.5m，框架抗震等级为三级。抗震设防烈度为7度，设计基本地震加速度为0.10g，场地类别为Ⅲ类；结构阻尼比为0.05。

二、合同指标及算量结果

××地块项目优化工程量计算汇总（优化工程量计算汇总）　　表18-7

序号	分项部位	面积	钢筋限额	钢筋量	平米含量	优化钢筋量	混凝土限额	混凝土量	平米含量	优化混凝土
1	××（8层）地上部分	5641	40.5	200	35.51	28	0.340	1780	0.316	137
2	××（8层）地上部分	5641	40.5	200	35.51	28	0.340	1780	0.316	137
3	××（8层）地上部分	5641	40.5	200	35.51	28	0.340	1780	0.316	137
4	××（8层）地上部分	5641	40.5	200	35.51	28	0.340	1780	0.316	137
5	××（8层）地上部分	5641	40.5	200	35.51	28	0.340	1780	0.316	137
6	××（8层）地上部分	5641	40.5	200	35.51	28	0.340	1780	0.316	137
7	××（18层）地上部分	6173	42.5	235	38.02	28	0.360	2298	0.372	0
8	××（18层）地上部分	6080	42.5	244	40.05	15	0.360	2296	0.378	0
9	××（18层）地上部	6078	42.5	227	37.28	32	0.360	2227	0.366	0
10	××（17层）地上	3628	42.5	135	37.11	20	0.360	1310	0.361	0
11	××（18层）地上部分	6177	42.5	235	37.99	28	0.360	2296	0.372	0
12	××（18层）地上部分	6177	42.5	235	38.07	27	0.360	2301	0.373	0
13	××（16层）地上部分	5548	42.5	202	36.37	34	0.360	1951	0.352	46
14	××（2层）	1058	39.5	39	36.98	3	0.340	284	0.269	76
15	××（2层）	306	39.5	12	38.11	1	0.340	69	0.227	35
16	××（1层）	108	39.5	5	42.74	0	0.340	30	0.277	7
17	××（1层）	108	39.5	4	40.50	0	0.340	30	0.274	7
18	××（2层）	412	39.5	16	37.97	1	0.340	137	0.333	3
19	××（1层）地下部分	821	150.0	104	126.3	19	1.120	1033	1.258	0
20	××（1层）地下部分	821	150.0	103	125.9	20	1.120	1029	1.254	0

序号	分项部位	面积	钢筋限额	钢筋量	平米含量	优化钢筋量	混凝土限额	混凝土量	平米含量	优化混凝土
21	××（1层）地下部分	821	150.0	91	110.6	32	1.120	993	1.209	0
22	××（1层）地下部分	821	150.0	93	112.7	31	1.120	1007	1.227	0
23	××（1层）地下部分	821	150.0	94	114.8	29	1.120	1024	1.247	0
24	××（1层）地下部分	821	150.0	92	111.9	31	1.120	1002	1.220	0
25	××（1层）地下部分	369	150.0	48	129.7	7	1.570	599	1.622	0
26	××（1层）地下部分	370	150.0	46	125.5	9	1.570	562	1.520	19
27	××（1层）地下	418	150.0	46	109.	17	1.570	550	1.317	106
28	××（1层）地下	283	150.0	28	97.03	15	1.570	324	1.144	121
29	××（1层）地下部分	339	150.0	51	149.4	1	1.570	629	1.857	0
30	××（1层）地下部分	361	150.0	51	140.6	3	1.570	585	1.620	0
31	××（1层）地下部分	417	150.0	48	115.7	14	1.570	573	1.375	81
32	××（1层）	12941	105.0	1061	81.99	298	0.750	10771	0.832	0
33	××（1层）	3525	135.0	381	108.1	95	1.000	3590	1.018	0
34	合计	99647		5125		976		50182		1324

三、主楼结构指标分析

1. 墙柱布置调整，取消部分墙肢、墙垛，合并部分墙体，减短部分墙长。预估塔楼可以降低的量折算成钢筋约 $2\sim3kg/m^2$。

2. 提出统一技术措施与配筋原则并与设计单位沟通，达成一致，确定了项目各部分的配筋设计方法，这对项目成本的有效控制提供了有力保障并经过复核施工图，继续提出施工图意见，落实配筋原则。估算塔楼可以降低的量折算成钢筋约 $2\sim4kg/m^2$；简要列举部分内容如下。

1）边缘构件不要采取直径 10mm 的纵筋，以减少搭接。

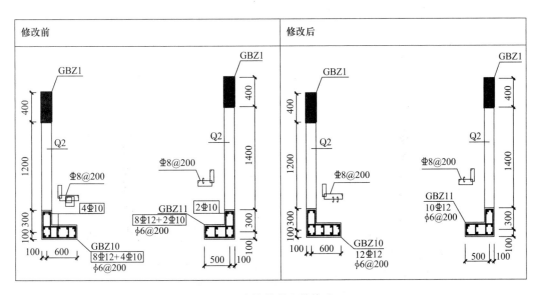

图 18-29　边缘构件配筋修改（1）

2) 构造边缘构件除外套大箍采用闭合箍外，其余均可采用拉筋。

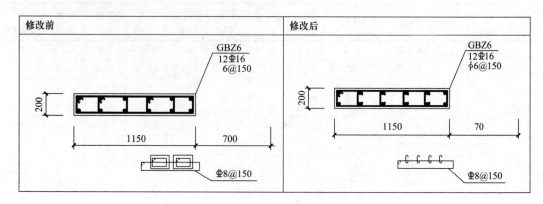

图 18-30　边缘构件配筋修改（2）

3) 部分边缘构件配筋偏大，建议改减小，举例：

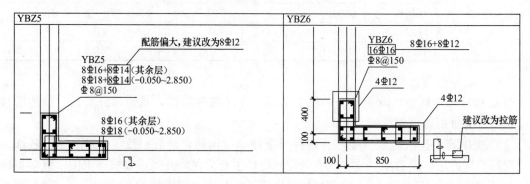

图 18-31　边缘构件配筋修改（3）

4) 次梁沿梁全长顶面和底面应最少配两根纵向钢筋，直径为 ⊈ 12；非框架梁箍筋直径可用 6，以节省配筋；当梁长大于 4.000m 时，梁跨中可采用通长钢筋 ⊈ 12 或 ⊈ 14 搭接。

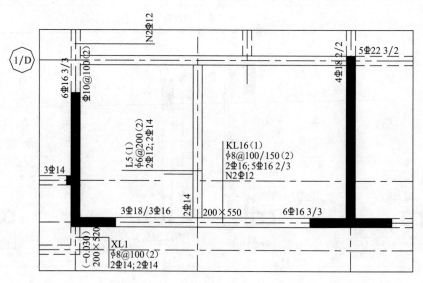

图 18-32　梁平法施工图（6）

5）主梁面筋贯通筋尽量选用小直径钢筋，支座附加，连续梁各跨底筋尽量采用相同直径和不同根数配置，但要满足拉通钢筋的截面面积等构造要求和支座锚固宽度限制。（例：2Φ25 替换为 4Φ18，其中 2Φ18 拉通），底筋亦应尽量减少钢筋排数。

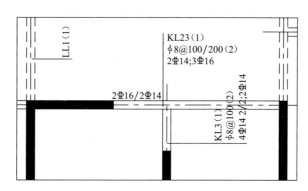

图 18-33　梁平法施工图（7）

6）多层阁楼层板厚 120mm 偏大，修改为 110mm。

7）板配筋边跨 φ8@100 双层双向偏大，建议按 φ8@200 处理，角部加 φ8@200 网片。

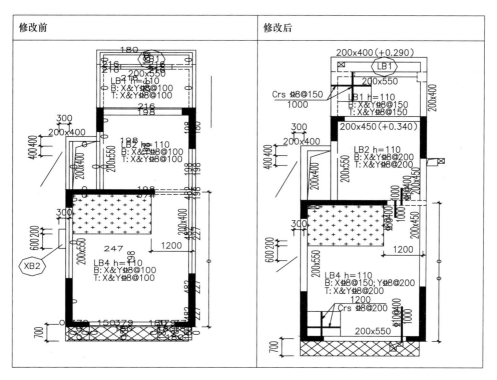

图 18-34　板平法施工图

8）墙下无梁处加强筋由 4Φ12 修改为 4Φ10。

9）地下室梁配筋建议按配筋量与计算比不宜超过 1.1 倍考虑。

10）挡土墙按分离式配筋改小。

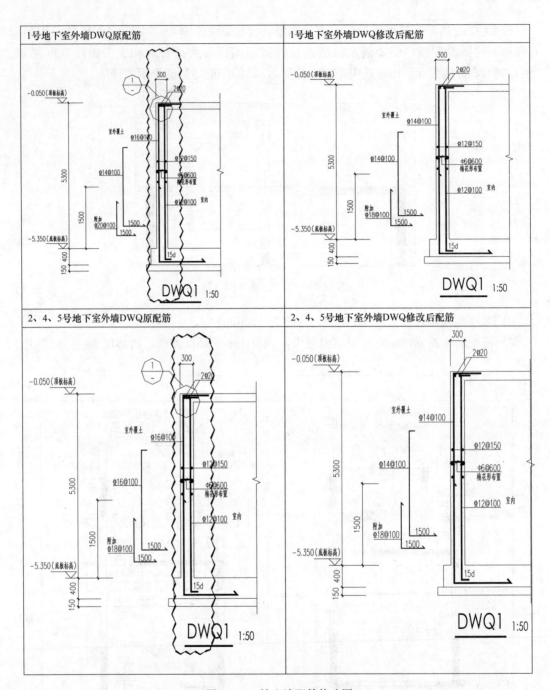

图 18-35　挡土墙配筋修改图

3. 据算量结果，主楼地上部分钢筋量接近限额指标，混凝土量超标 0.01～0.02。

（1）普通楼板的板厚按 110mm，符合当地要求，配筋按双层双向 Φ8@200，满足经济性要求；

（2）阳台和卫生间板厚按 100mm，满足经济性要求；

（3）楼梯间上侧连廊处考虑开洞薄弱加强，板厚按 130mm，混凝土量和钢筋量均有所增加；

（4）端开间角部采用较经济的配筋方式，节省了配筋。

剪力墙墙身 表 18-8

剪力墙身表

编号	标高	墙厚	垂直分布筋	水平分布筋	拉筋（双向）
Q₁（2排）	8.650~52.200	200	Φ8@200	Φ8@200	ϕ6@600@600
Q₂（2排）	8.650~52.200	200	Φ8@200	Φ8@200	ϕ6@600@600

注：未注明剪力墙均为 Q₁。

（5）高层的墙体偏多，与设计院积极沟通，减少墙体。考虑到实际工程中桩基础正施工，经业主、设计院、沟通并达成一致意见，对高层墙体不做修改。这是高层指标超标的原因之一。

（6）多层部分墙体根据优化意见部分墙体缩短。多层墙体指标合适。

（7）部分墙肢因为户型原因需有墙垛搭梁，混凝土量和钢筋量均有部分增加。

（8）少部分墙垛因计算控制，计算较大，按计算值配筋，配筋比构造稍大。

（9）墙身分布筋配筋经济合理。

（10）外侧考虑建筑梁高按 550mm，内部梁按 400mm，小次梁按 300mm，梁截面设置合理；

（11）楼梯间处连廊适当加强，梁宽度和高度为 200mm×550mm，混凝土及钢筋量有所增加；

（12）梁配筋纵筋基本选较小直径及次梁箍筋基本为 ϕ6@200，配筋较合理。

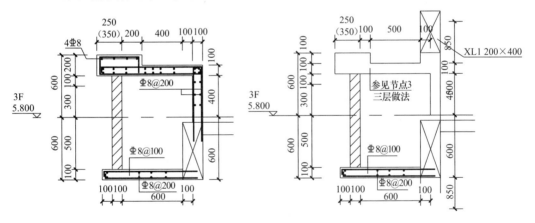

图 18-36　建筑墙身大样

（13）本工程因方案原因，采用凸窗方案，墙身节点较多，造型较复杂，混凝土及钢筋量有所增加；

（14）12 号楼为例，外圈构造柱数量为 32 个，每层消耗混凝土约 3m³。

（15）根据以往上海地区工程经验，楼梯、构造柱、圈过梁等二次构件混凝土含量一般为 0.03~0.04m³/m²，而本工程的含量达到了 0.07m³/m² 左右（墙身节点多 0.02~0.03m³，构造柱多 0.01m³）。

4. 面积计算方式

从指标限额中可以看到，塔楼混凝土指标计算的分母采用的是合约指标，由于合约指标建筑面积中大量结构板未算作面积，分母对结构来说为不利因素，导致相应混凝土指标偏高；混凝土超标分析结论：综上所述，墙柱梁板在满足规范和计算要求下，均已考虑成本因素尽可能优化，因桩基础施工，高层塔楼部分剪力墙不调整，墙体偏多。因户型原因，本工程的节点及构造柱相比同类工程偏多，根据 xx 抗震办、审图的部分要求加强增加了部分剪力墙及加强了部分梁板配筋，混凝土量和钢筋量相比正常情况均有所增加，以上原因导致了算量结果混凝土超标。

四、地库结构指标分析

1. 与设计单位确定配筋原则，对项目成本的有效控制提供了有力保障。

a. 地库梁考虑楼板的有利作用按 T 形梁计算。

b. 竖向构件直径 12mm 电渣压力焊，建议边缘构件配筋取消 10mm 直径纵筋。

c. 地下室抗震等级，主楼范围及主楼相关范围（取外延 1~2 跨）地下一层抗震等级为三级，其他区域，地下一层抗震等级为四级。

d. 地下室框架梁梁底部钢筋做法：底筋最下面一排锚入支座，其余断开（见平法 11G101-1 中 87 页）。

e. 地下室顶板梁配筋图及主楼地上各层，腹板高度（梁有效高度减去楼板厚度）大于 450mm 的梁，设计有构造腰筋的，在满足单边 0.1% 的前提下，直径 12mm 的腰筋修改为 10mm，直径为 14mm 的腰筋修改为 12mm。

f. 人防顶板、外墙、临空墙按塑性板计算。

g. 部分梁钢筋比计算值大较多，细化钢筋，建议复核配筋，两种直径搭配。

h. 地下室底板配筋为双层双向并应满足 0.15% 最小配筋率要求，不够时在支座附加钢筋。底板底筋深入基础内满足锚固或搭接长度即可。

i. 独立基础归应根据柱轴力细分进行。

j. 独立基础高度根据冲切计算结果确定，而且钢筋采用多种间距。

k. 地下室外墙计算时按上部铰支、下部嵌固的纯弯构件计算。

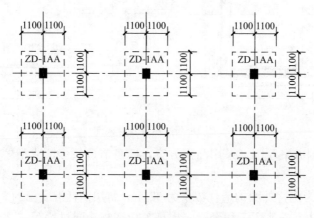

图 18-37　下柱墩平面图（局部）

2. 据算量结果，地下部分钢筋量满足限额指标，混凝土量超标 0.27。本工程为一层地库，柱网主要是 5.3m×5.3m、5.4m、5.7m 等，主体结构高度 3.55m，±0.000 高度 5.3m（绝对标高），抗浮设计水位 4.5m（绝对标高）。本工程地下室顶板采用大梁大板结构，基础采用筏板加柱帽。现分析施工图如下：

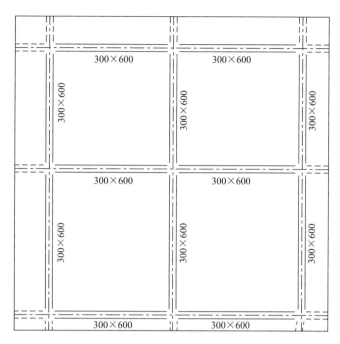

图 18-38 地库顶板平面

1）板

未注明板厚按 250mm，未注明板顶板底配筋⊈12@180，不足处附加。配筋率和板厚取规范下限，满足优化设计要求。

2）梁

a. 采用框架梁大板，梁截面基本为 300mm×600mm，少部分为 300mm×700mm 及 400mm×600mm、400mm×800mm；

b. 相关范围外地库抗震等级降低一级；梁高满足优化设计要求。

3）墙柱

a. 柱截面基本为 400mm×500mm，截面及配筋较经济合理；

b. 地库挡土墙截面为 300mm 厚，配筋分层阶段，配筋均已减小；

4）基础

地库筏板 400mm 厚，下柱墩基本为 850mm 厚，截面为 2.2m×2.2m，配筋主要为⊈16@150 及⊈22@180，配筋均满足计算并接近最小配筋率。本工程为小柱网，筏板厚 400mm，偏厚，同类的外地项目，筏板厚度可取 300mm 厚，但是上海项目中，审图一般要求取 400mm 厚。

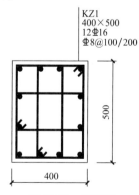

KZ1
400×500
12⊈16
⊈8@100/200

图 18-39 柱配筋

地库混凝土超标分析结论：综上所述，墙柱梁板均在满足计算和规范的情况，考虑成本因素尽可能优化，顶板、梁、墙柱、基础筏板及下柱墩等截面及配筋均较合理、经济。地下室部分混凝土算量结果为 0.832m³/m²，大于限额指标 0.75m³/m²。筏板偏厚，后续项目对小柱网的筏板厚度会继续与审核沟通，争取采用 300mm 厚。

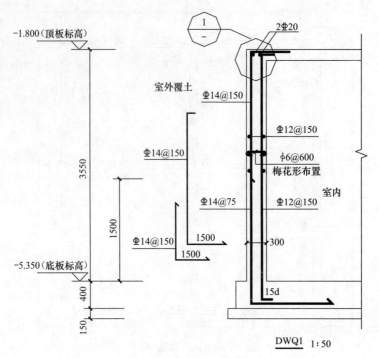

图 18-40　挡土墙配筋

柱墩结构详图　1:25

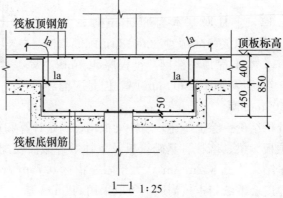

1—1　1:25

图 18-41　筏板＋墩基础

参 考 文 献

[1] 混凝土结构设计规范 GB 50010—2010. 北京：中国建筑工业出版社，2010.

[2] 建筑抗震设计规范 GB 50011—2010. 北京：中国建筑工业出版社，2010.

[3] 高层建筑混凝土结构技术规程 JGJ 3—2010. 北京：中国建筑工业出版社，2010.

[4] 建筑结构荷载规范 GB 50009—2012. 北京：中国建筑工业出版社，2002.

[5] 建筑桩基技术规范 JGJ 94—2008. 北京：中国建筑工业出版社，2008.

[6] 建筑地基基础设计规范 GB 50007—2011. 北京：中国建筑工业出版社，2002.

[7] 门式刚架轻型房屋钢结构技术规范 CECS 102：2002. 北京：中国建筑工业出版社，2002.

[8] 钢结构设计规范 GB 50017—2003. 北京：中国建筑工业出版社，2003.

[9] 冷弯薄壁型钢结构技术规范 GB 50018—2002. 北京：中国建筑工业出版社，2002.

[10] 徐传亮，光军. 建筑结构设计优化及实例. 北京：中国建筑工业出版社，2012.

[11] 徐传亮. 刚度理论在工程结构设计中的应用. 同济大学硕士论文，2006.

[12] 朱炳寅. 建筑结构设计问答及分析. 北京：中国建筑工业出版社，2009.

[13] 朱炳寅，娄宇，杨琦. 建筑地基基础设计方法及实例分析. 北京：中国建筑工业出版社，2007.

[14] 杨星. PKPM 结构软件从入门到精通. 北京：中国建筑工业出版社，2008.

[15] 刘铮. 建筑结构设计快速入门. 北京：中国电力出版社，2007.

[16] 刘铮. 建筑结构设计误区与禁忌实例. 北京：中国电力出版社，2009.

[17] 周献祥. 结构设计笔记. 北京：中国水利水电出版社，2008.

[18] 北京市建筑设计研究院. 建筑结构专业技术措施. 北京：中国建筑工业出版社，2007.

[19] 郁彦. 高层建筑结构概念设计. 北京：中国铁道出版社，1999.

[20] 林同炎，S. D. 斯多台斯伯利著，结构概念和体系. 第二版. 高立人，方鄂华，钱稼茹译，北京：中国建筑工业出版社，1999.

[21] 孙芳垂，汪祖培，冯康曾. 建筑结构设计优化案例分析. 北京：中国建筑工业出版社，2010.

[22] www.OKOK.org. 结构理论与工程实践——中华钢结构论坛精华集. 北京：中国计划出版社，2005.

[23] 莫海鸿，杨小平. 基础工程. 北京：中国建筑工业出版社，2003.

[24] 中国建筑科学研究院 PKPM CAD 工程部. SATWE（2010 版）用户手册及技术条件. 北京：中国建筑工业出版社，2010.

[25] 中国建筑科学研究院 PKPM CAD 工程部. JCCAD（2010 版）用户手册及技术条件. 北京：中国建筑工业出版社，2010.

[26] 沈蒲生. 混凝土结构设计原理. 北京：高等教育出版社，2006.

[27] 伊国强. 某高层剪力墙住宅转角窗设计. J 城市建设理论研究. 2012（16）.

[28] 冯中伟，刘宜丰. 高层剪力墙住宅结构优化设计. J 建筑结构. 2010，40（9）：124-127.

[29] 郑少青. 利用弯矩图快速设计预应力框架梁. 结构工程师. 2003，（2）：1-9.

[30] 范美玲，韶光信. 预应力筋束形设计及 PREC 软件应用. J 建筑结构. 2006，3：57-59.